Argumentieren in mathematischen Spielsituationen im Kindergarten

Julia Böhringer

Argumentieren in mathematischen Spielsituationen im Kindergarten

Eine Videostudie zu Interaktions- und Argumentationsprozessen bei arithmetischen Regelspielen

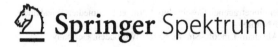 Springer Spektrum

Julia Böhringer
Ravensburg, Deutschland

Dissertation an der Universität Kassel, Fachbereich 10: Mathematik und Naturwissenschaften, Tag der Disputation: 28.01.2021
Erstgutachterin: Prof'in Dr. Elisabeth Rathgeb-Schnierer, Universität Kassel
Zweitgutachter: Prof. Dr. Gerald Wittmann, Pädagogische Hochschule Freiburg

ISBN 978-3-658-35233-2   ISBN 978-3-658-35234-9   (eBook)
https://doi.org/10.1007/978-3-658-35234-9

Die Deutsche Nationalbibliothek verzeichnet diese Publikation in der Deutschen Nationalbibliografie; detaillierte bibliografische Daten sind im Internet über http://dnb.d-nb.de abrufbar.

Planung/Lektorat: Marija Kojic
Springer Spektrum ist ein Imprint der eingetragenen Gesellschaft Springer Fachmedien Wiesbaden GmbH und ist ein Teil von Springer Nature.
Die Anschrift der Gesellschaft ist: Abraham-Lincoln-Str. 46, 65189 Wiesbaden, Germany

Vorwort

Seit meinem Studium interessiere ich mich für die mathematischen Entwicklungsprozesse von Kindern, die Gestaltung von mathematisch ergiebigen Lerngelegenheiten, die Diagnose von mathematischen Lernschwierigkeiten bei Kindern sowie die Förderung des mathematischen Verständnisses vorrangig im Primarbereich. Die daraus resultierende Begeisterung hielt sich auch während meines Referendariats an einer Grund- und Werkrealschule und motivierte mich zur Mitarbeit im Forschungsprojekt *spimaf* („Spielintegrierte mathematische Frühförderung"). Hier erhoffte ich mir eine weitere, intensive Auseinandersetzung mit theoretischen und praktischen Inhalten zum mathematischen Lernen von Kindern und das Erweitern meines Horizontes, insbesondere auf die mathematischen Kompetenzen, die Kinder bereits vor der Schule erwerben (sollten). Diese gewünschte, intensive Auseinandersetzung traf ein und ich habe mich dazu entschieden, im Bereich der frühen mathematischen Bildung im Kindergarten mein Dissertationsprojekt zu verankern.

Ganz herzlich möchte ich mich zu allererst bei meiner Erstgutachterin Prof. Dr. Elisabeth Rathgeb-Schnierer und meinem Zweitgutachter Prof. Dr. Gerald Wittmann bedanken.

Prof. Dr. Elisabeth Rathgeb-Schnierer hat meinen Weg von Anfang an begleitet, in mir das Potenzial gesehen zu promovieren und mich darin bestärkt, mein eigenes Forschungsinteresse zu finden. Bei allen Meilensteinen meiner Arbeit wurde ich stets von ihr unterstützt und konnte darauf zählen, dass sie immer ein offenes Ohr für mich und meine Arbeit hat. Ihre engagierte Betreuung und ihr Vertrauen in mich macht meine Arbeit zu dem, was sie heute ist. Deshalb möchte ich ihr an dieser Stelle meinen ganz besonderen Dank aussprechen.

V

Ebenso danke ich meinem Zweitgutachter Prof. Dr. Gerald Wittmann für seine Bereitschaft, meine Arbeit mitzubetreuen. Bei hochschulübergreifenden Forschungskolloquien, auf verschiedenen Tagungen und bei persönlichen Treffen unterstützte er durch konstruktive Rückmeldungen meinen Forschungsprozess.

An nächster Stelle möchte ich meinen Kolleginnen und Kollegen aus dem Projekt *spimaf* danken, die es mir ermöglichten, mein Forschungsinteresse darin einzugliedern. Insbesondere Prof. Dr. Bernhard Hauser, Prof. Dr. Rathgeb-Schnierer, Dr. Rita Stebler und Prof. Dr. Franziska Vogt. In diesem Zuge geht mein Dank auch an die Internationale Bodensee-Hochschule (IBH), die das Projekt *spimaf* sowie teilweise meine Dissertation finanzierte.

Das Projekt *spimaf* und meine Arbeit hätten aber nicht ohne die teilnehmende Kindergartengruppen mit ihren pädagogischen Fachkräften und den zahlreichen Kindern durchgeführt werden können, weshalb ich diesen einen besonderen Dank aussprechen möchte.

Im Rahmen eines hochschulübergreifenden Forschungskolloquiums, das von Prof. Dr. Elisabeth Rathgeb-Schnierer (Universität Kassel), Prof. Dr. Silvia Wessolowski (Pädagogische Hochschule Ludwigsburg) und Prof. Dr. Gerald Wittmann (Pädagogische Hochschule Freiburg) geleitet wird, konnte ich meinen Arbeitsstand immer wieder in einem geschützten Raum präsentieren und diskutieren. Dieser fachliche Austausch in kontinuierlichen Zeitabständen unterstützte meinen Forschungsprozess und trug zu dessen Weiterentwicklung bei. Hierfür allen Teilnehmenden vielen Dank!

Ergänzend dazu hat Prof. Dr. Elisabeth Rathgeb-Schnierer ein regelmäßiges, hochschulinternes Doktorandentreffen organisiert. In diesem Zuge möchte ich meinen herzlichen Dank an Prof. Dr. Charlotte Rechtsteiner, Dr. Dorothea Hertling und Dr. Julia Weinsheimer aussprechen, die meinen Weg in konstruktiven Treffen mit gebahnt haben.

Des Weiteren danke ich meiner studentischen Hilfskraft Christina Bucher, die mich bei der Videografie, der Überprüfung prozentualer Übereinstimmungen sowie der Transkription unterstützt hat. Diese Unterstützung wurde durch die Finanzierung seitens des IBH-Projekts *spimaf* sowie des Zentrums für Primar- und Elementarbildung der Pädagogischen Hochschule Weingarten ermöglicht, denen ich an dieser Stelle Danke sagen möchte.

Danken möchte ich auch meinem Freudeskreis. Sie haben mich auf meinem Weg begleitet und sind, trotz Phasen in denen wir uns kaum sehen konnten, immer für mich da. Besonderer Dank gebührt Grit Augustin und Arnold Aerdken für das Korrekurlesen meiner Arbeit.

Von ganzen Herzen möchte ich nicht zuletzt meiner Familie danken. Meine Eltern haben mich in allen Lebensphasen tatkräftig unterstützt und liebevoll begleitet. Ohne ihr Vertrauen, ihre Wertschätzung und den stets vorhandenen Rückhalt wäre diese Arbeit nie entstanden. Dankbar bin ich auch meinem Mann Jan und meiner Tochter Rosalia. Sie haben mit mir diesen, manchmal auch steinigen, Berg erklommen und haben mir in gemeinsamen Stunden wieder Kraft und die nötige Weitsicht geschenkt, den Weg bis zum Ende zu gehen.

Julia Böhringer

Einleitung

Nach der erstmaligen Veröffentlichung von PISA-Ergebnissen (Baumert et al., 2001) bekamen bis dato eher nebensächliche frühpädagogische Bereiche, wie beispielsweise die mathematische Bildung, vermehrt Aufmerksamkeit (Gasteiger, 2010; Hasselhorn & Schneider, 2011; Hellmich, 2008; Krajewski, 2003; Rathgeb-Schnierer, 2012; Roux, 2008; Royar, 2007a; Wittmann, 2006). Aufgrund dieser Neuorientierung im Elementarbereich geht es darum, „bereichsspezifisch, am individuellen Lernweg des Kindes orientierte Fördermöglichkeiten zu erkunden und nach adäquaten Formen zu suchen, das kindliche Interesse an der Erkundung dieser Bereiche zu wecken" (Roux, 2008, S. 14).

In diesem Kontext kam es zunehmend zur Veröffentlichung mathematischer Konzepte und Programme für Kindergärten[1] (z. B. Benz, 2010a; Friedrich & de Galgóczy, 2004; Hoenisch & Niggemeyer, 2007; Kaufmann & Lorenz, 2009; Krajewski, Nieding, & Schneider, 2007; Lee, 2014; Preiß, 2007; Royar & Streit, 2010; Wittmann & Müller, 2009). Ziel aller Konzepte und Programme für die frühe mathematische Bildung ist die Anregung und Entwicklung mathematischer Kompetenzen bei den Vorschulkindern, da diese für das schulische Mathematiklernen bedeutsam sind (Krajewski & Schneider, 2006; Lüken, 2012). Es stellte sich heraus, dass die mathematischen Fähigkeiten, die Kinder zu Schulbeginn haben, zentrale Bedeutung für das weitere schulische Lernen haben. Wittmann und Deutscher (2013) deuten in diesem Zusammenhang darauf hin, „dass Kinder vor der Schule in weit höherem Maße zu echten mathematischen Denkleistungen fähig sind, als man gegenwärtig für möglich hält" (ebd., S. 215).

---

[1] In der vorliegenden Studie wird der Begriff Kindergarten für alle vorschulischen Einrichtungen (auch die in Österreich und der Schweiz) genutzt. Mit inbegriffen sind auch Kindertagesstätten.

Obige Perspektiven bezüglich der zunehmenden Bedeutung früher mathematischer Bildung ziehen eine Diskussion um adäquate Vorgehensweisen zur mathematischen Förderung in dem speziellen Setting des Kindergartens nach sich (z. B. Gasteiger, 2010; Hildenbrand, 2016; Schuler, 2013). Dabei entsteht die Problematik, das Lernen der Kinder nicht zu verschulen, aber dennoch gezielt mathematische Kompetenzen aufzubauen. Eine Möglichkeit zur Förderung mathematischer Kompetenzen im Kindergarten stellen spielorientierte Ansätze dar (z. B. Gasteiger, 2013; Kamii & Yasuhiko, 2005; Ramani & Siegler, 2008; Rechsteiner, Hauser & Vogt, 2012). Die spielerischen Aktivitäten können nach Wittmann (2004) das Lernen positiv beeinflussen. Kinder erfahren Mathematik auf spielerische Weise durch eine altersangemessene, praktische und konkrete Darbietung (Hasemann, 2003).

Die vorliegende Studie ist in der spielorientierten mathematischen Förderung im Kindergarten verortet. Im Zentrum steht die Analyse von Interaktionsprozessen beim Spielen arithmetischer Regelspiele und damit einhergehend die Analyse von Argumentationen, die als spezifische Form der Interaktion gelten. Die zentrale Leitfrage lautet:

Wie gestalten sich Interaktions- und Argumentationsprozesse in mathematischen Spielsituationen unter Kindergartenkindern?

Dieser Frage wurde im Rahmen meiner Studie, die ein Teilprojekt des IBH-Forschungsprojekts spimaf („Spielintegrierte mathematische Frühförderung")[2] ist, gezielt nachgegangen. Im Projekt spimaf erprobte das Projektteam zwölf arithmetische Regelspiele in 30 Kindergärten aus Deutschland, Österreich und der Schweiz (vgl. Abschnitt 5.1). Zur Analyse der Interaktions- und Argumentationsprozesse der Kindergartenkinder konnte ich auf das im Projekt spimaf erhobene Videomaterial zurückgreifen. Das Videomaterial wurde mittels eines Eventsamplings strukturiert und die Interaktionen beim Spielen arithmetischer Regelspiele unter den Kindern herausgefiltert (vgl. Abschnitt 6.2). Mit Hilfe eines eigens entwickelten Kategoriensystems (vgl. Abschnitt 6.3) fand die Analyse der Interaktionsausschnitte statt. Anhand dieses Kategoriensystems ist es möglich, über die strukturellen Eigenschaften der Interaktionen, die Interaktionsauslöser, die interaktionsbezogenen Reaktionen, die Tiefe der Argumentationen, die thematisierten mathematischen Sachverhalte in den Argumentationen sowie spezifische Zusammenhänge der einzelnen Kategorien Aussagen zu machen (vgl. Kapitel 8 und

---

[2] Das IBH-Forschungsprojekt spimaf finanzierte die vorliegende Studie teilweise mit.

Kapitel 9). Der durchgeführte Forschungsprozess mündete neben dem genannten Kategoriensystem unter anderem in der Entwicklung theoretischer Modelle zur Relevanz von Interaktionen beim Spielen von Regelspielen (vgl. Abschnitt 3.1), zur Bestimmung der Argumentationstiefe im Bereich Elementarbildung (u. a. Abschnitt 3.2.2 und Abschnitt 6.3.2.4) sowie zur Beschreibung von Interaktionen und Argumentationen in mathematischen Spielsituationen (vgl. Kapitel 7). Diese Studie ist in folgende Teile gegliedert:

- Teil I: Mathematische Bildung im Kindergarten
- Teil II: Interaktions- und Argumentationsprozesse erfassen und analysieren
- Teil III: Ergebnisse und Interpretationen
- Teil IV: Zusammenfassung, Diskussion und Ausblick

Der *erste Teil zur mathematischen Bildung im Kindergarten* arbeitet die theoretischen Hintergründe zur frühen mathematischen Bildung im Kindergarten auf, die für diese Arbeit relevant sind. In *Kapitel* 1 steht die Entwicklung früher mathematischer Kompetenzen im Mittelpunkt. Hierbei findet eine Klärung des Kompetenzbegriffs statt und es wird die Diskussion zur Relevanz vorschulischer mathematischer Kompetenzen dargestellt. Nach der Beschreibung von Bereichen früher mathematischer Bildung aus mathematikdidaktischer Perspektive folgt in Bezug auf den Inhaltsbereich *Zahlen und Operationen* das Aufzeigen verschiedener Modelle zur Zahlbegriffsentwicklung und deren Bezug zueinander. Auf Basis dieser Überlegungen werden aktuelle Ansätze zur Förderung von mathematischen Kompetenzen im Elementarbereich aufgezeigt. Das *Kapitel* 2 fokussiert auf mathematisches Lernen mit Regelspielen. Es nimmt zunächst Lernen und Spielen getrennt voneinander in den Blick und setzt diese beiden Tätigkeiten dann in Beziehung zueinander, um abschließend Lernen im Spiel sowie mathematisches Lernen im Spiel zu betrachten. Inhalte des *Kapitels* 3 sind zum einen der Interaktionsbegriff und ein entwickeltes Modell zur Relevanz von Interaktionen für das Mathematiklernen beim Spielen von Regelspielen. Zum anderen wird das Argumentieren in verschiedenen Facetten als ein Bestandteil von Interaktionen dargestellt sowie ein Begriffsverständnis für die vorliegende Studie erarbeitet.

In *Teil II Interaktions- und Argumentationsprozesse erfassen und analysieren* liegt der Schwerpunkt auf dem methodischen Vorgehen der Studie. Zunächst wird in *Kapitel* 4 die zentrale Leitfrage mit den dazugehörigen Fragestellungen dargelegt. *Kapitel* 5 erläutert daran anschließend die Datenerhebung, die im Rahmen der Gesamtstudie *spimaf erfolgte*. Das *Kapitel* 6 bezieht sich auf die Datenanalyse der vorliegenden Studie. Zunächst werden methodische Entscheidungen und

Grundlagen aufgezeigt, danach die Erfassung der Interaktionen zur Datenstrukturierung dargelegt sowie die vorgenommenen Analyseschritte zur Erforschung
der Interaktionen in mathematischen Spielsituationen unter Kindern verdeutlicht.
Dabei stehen die Entwicklung verschiedener Analyseelemente, daraus resultierende Kategoriensysteme sowie die Darstellung eingehaltener Gütekriterien im
Fokus.

   Teil III bezieht sich auf die *Ergebnisse der vorliegenden Studie.* Es beinhaltet
die Darstellung eines entwickelten Modells zur Beschreibung von Interaktionen in mathematischen Spielsituationen im Kindergarten (vgl. Kapitel 7), die
Deskription von Häufigkeiten mit Blick auf Oberflächenmerkmale und inhaltliche
Merkmale (vgl. Kapitel 8) sowie die Darstellung von Zusammenhängen verschiedener Analyseelemente (vgl. Kapitel 9). Eine Interpretation der Ergebnisse findet
sich am Ende jedes Unterkapitels.

   In *Teil IV* findet sich die Zusammenfassung zentraler Erkenntnisse (vgl.
Kapitel 10), die Beantwortung der Forschungsfragen mit Diskussion der dargestellten Ergebnisse (vgl. Kapitel 11) sowie der Ausblick auf weiterführende
Forschungsfelder (vgl. Kapitel 12).

Inhaltsverzeichnis

Teil I
Mathematische Bildung im Kindergarten

Die ersten zentralen Erkenntnisse zur Entwicklung früher mathematischer Kompetenzen stammen von Piaget, der in seinen Forschungsarbeiten aufzeigte, dass sich der Zahlbegriff erst mit circa sieben Jahren in der Phase konkreter Operationen entwickelt (z. B. Piaget & Szeminska, 1975). Diesbezüglich betont er, dass die „Zahlen, welche *vor* dem Augenblick liegen, an dem das Kind die Wiederholung der Einheit verstanden hat (die Möglichkeit, durch die Addition der Einheit jedes Mal eine neue Zahl zu bilden), noch keine wirklichen Zahlen sind. Es sind lediglich *wahrnehmbare Figuren*" (Piaget, 1958, S. 358, Hervorhebungen im Original). Diese Ansicht widerlegen vielfache Arbeiten und man ist heute aufgrund von verschiedenen Untersuchungen der Auffassung, dass bereits Säuglinge über mathematische Kompetenzen verfügen (z. B. Dehaene, 1999; Starkey, Spelke & Gelman, 1990; Wynn, 1992).

Zum Beispiel geht Dehaene (1999) davon aus, dass die Erfassung numerischer Größen beim Menschen angeboren ist und bezeichnet dies als „*Zahlensinn*" (ebd., S. 15, Hervorhebung im Original). Der *Zahlensinn* ermöglicht es dem Menschen Veränderungen an kleinen Mengen, wie das Hinzufügen oder Wegnehmen eines Elements, zu erkennen, ohne die Veränderung konkret beobachtet zu haben (ebd.). Bereits Säuglinge können den Unterschied zwischen Anzahlen von zwei und drei erkennen, wie Starkey et al. (1990) aus ihren Versuchen zur Mengendiskrimination folgern. Auch sind Säuglinge sensibel gegenüber Mengenveränderungen, was Wynn (1992) im Rahmen einer Habituationsstudie untersuchte. Diese und weitere Ergebnisse zeigen, dass Kinder bereits sehr früh über mathematische Kompetenzen verfügen.

In *Teil I* stehen die Entwicklung früher mathematischer Kompetenzen (vgl. Kapitel 1), das mathematische Lernen mit Regelspielen (vgl. Kapitel 2) sowie mathematische Interaktionen und Argumentationen (vgl. Kapitel 3) im Fokus.

Entwicklung früher mathematischer Kompetenzen 1

Verschiedene Autoren heben die Bedeutung von mathematischen Kompetenzen, die bereits im Kindergarten gefördert werden sollen, hervor und weisen diesen eine entscheidende Rolle für ein erfolgreiches schulisches Lernen der Kinder zu (z. B. Dornheim, 2008; Faust-Siehl, 2001; Gasteiger, 2010; Krajewski & Schneider, 2006; Lorenz, 2008). Faust-Siehl (2001) beschreibt in diesem Zusammenhang, dass unter anderem die Zahlbegriffsentwicklung in der frühen Kindheit beginnt und sich während dieser Zeit auch die zentralen Vorläuferfähigkeiten für das Lernen in der Schule entwickeln. Der Begriff der mathematischen Vorläuferfähigkeiten (z. B. Hellmich, 2008; Schuler, 2008) oder auch mathematischen Vorläuferfertigkeiten (z. B. Krajewski, 2005; Krajewski & Schneider, 2006) ersetzt Steinweg (2008a) durch den Begriff mathematische Kompetenzen im Kindergarten. Damit wird der Vorstellung Rechnung getragen, dass Lernen kein linearer Prozess ist, sondern kumulativ, assoziativ und sprunghaft (ebd.). Auch Hess (2012) übt Kritik an dem Begriff der mathematischen Vorläuferfertigkeiten aus und stellt heraus:

- „Jede Kompetenz hat den Status der Vorläufigkeit bzw. jede Kompetenz bewegt sich auf einem Kontinuum fortschreitender Abstraktion, mentaler Flexibilität und zunehmender Komplexität.
- ‚Vorläufer‘ ist einseitig in Richtung Schulmathematik ausgerichtet. Kindergärten erfüllen aber den berechtigten Anspruch, die ‚Zone der bisherigen, der aktuellen und der nächsten Entwicklung einzubeziehen‘. [...]
- Der Aufbau mathematischer Grundkompetenzen hängt mit Verstehen bzw. Konzepten, Begriffen und zunehmenden differenzierteren Schemata zusammen. ‚Fertigkeiten‘ weisen einseitig auf Prozeduren hin und weniger auf Wissens- und Verstehensleistungen.

© Der/die Autor(en), exklusiv lizenziert durch Springer Fachmedien
Wiesbaden GmbH, ein Teil von Springer Nature 2021
J. Böhringer, *Argumentieren in mathematischen Spielsituationen im Kindergarten*,
https://doi.org/10.1007/978-3-658-35234-9_1

– Und schließlich sind mathematische Konzepte [...] keine abzulösenden ‚Vorläufer', sondern mathematische Grundkonzepte, die in der schulischen Fortsetzung bestehen bleiben und *kumulative* Differenzierungen, Erweiterungen und Flexibilisierungen erfahren" (Hess, 2012, S. 66, Hervorhebungen im Original).

In Anlehnung an die Ausführungen von Hess (2012) und Steinweg (2008a) nutzt die hier vorliegende Studie für die häufig beschriebenen Vorläuferfertigkeiten beziehungsweise Vorläuferfähigkeiten den Begriff der *mathematischen Kompetenzen*. Dies begründet sich darin, dass Vorläuferfertigkeiten beziehungsweise Vorläuferfähigkeiten Kompetenzen sind, „die in einem Kontinuum von Präkonzepten stehen. «Jeder Vorläufer hat Vorläufer und Nachläufer»" (Hess, 2011, S. 386, Hervorhebung im Original).

Nachfolgend wird die Entwicklung mathematischer Kompetenzen im Kindergarten aus verschiedenen Perspektiven beleuchtet. Abschnitt 1.1 klärt, was Kompetenz im Allgemeinen ausmacht. In Abschnitt 1.2 konzentriert sich der Blick auf die frühkindliche mathematische Bildung und die Darstellung der Relevanz vorschulischer mathematischer Kompetenzen für die spätere Schullaufbahn. Die Beschreibung der allgemeinen mathematischen Kompetenzen, der mathematischen Denk- und Handlungsweisen sowie der mathematischen Inhaltsbereiche für den Elementarbereich findet sich in Abschnitt 1.3. Der Fokus von Abschnitt 1.4 liegt auf der Betrachtung von zentralen Modellen zur Zahlbegriffsentwicklung. Abschnitt 1.5 zeigt verschiedene Ansätze, die auf unterschiedliche Weise versuchen, mathematische Bildung in den Elementarbereich zu integrieren.

1.1 Kompetenz

Es gibt verschiedene Ansätze, die versuchen, den Begriff der Kompetenz zu fassen. Letztendlich bezieht man sich bei der Auseinandersetzung mit dem Kompetenzbegriff auf das menschliche Denken und Tun mit Bezug auf dessen Qualität (Klieme & Hartig, 2007). Je nach Autor gibt es unterschiedliche Schwerpunktsetzungen. Autoren wie beispielsweise Bromme (1992) und Seeber et al. (2010) reduzieren den Begriff der Kompetenz vorwiegend auf inhaltliches Wissen und somit auf kognitive Prozesse (Fröhlich-Gildhoff, Nentwig-Gesemann, Pietsch, Köhler & Koch, 2014). Es gibt aber auch Ansätze, die nicht nur kognitive Bereiche in den Mittelpunkt stellen, sondern weitere Aspekte, wie zum Beispiel die Motivation integrieren. Hier lässt sich die Definition von Weinert (2004) einordnen:

Dabei versteht man unter Kompetenzen die bei Individuen verfügbaren oder durch sie erlernbaren kognitiven Fähigkeiten und Fertigkeiten, um bestimmte Probleme zu lösen, sowie die damit verbundenen motivationalen, volitionalen und sozialen Bereitschaften und Fähigkeiten, um die Problemlösungen in variablen Situationen erfolgreich und verantwortungsvoll nutzen zu können. (Weinert, 2004, S. 27 f.)

Diese viel rezipierte und zitierte Begriffsbestimmung betont, dass Wissen und die verschiedenen genannten Fähigkeiten in konkreten Situationen verfügbar sein müssen. Somit sind nicht nur kognitive Aspekte wichtig, sondern unter anderem auch die Motivation und das soziale Verhalten. Le Boterf (1994) ermöglicht es mit seiner Definition, den Begriff noch enger zu fassen, indem er hervorhebt, dass sich Kompetenzen erst in konkreten Situationen realisieren.

Daran anknüpfend formuliert Max (1997) ein präzises Verständnis von Kompetenz:

Eine solche Mobilisierung sämtlicher Wissensressourcen im Hinblick auf die Bewältigung einer bestimmten Aufgabe bezeichnen wir als Kompetenz im Sinne von LE BOTERF (1994). Sie reduziert sich nicht auf ein festgelegtes, durch intensives Üben in unterschiedlichen Situationen automatisiertes Wissen oder Können. Sie realisiert sich erst in der Handlung, geht ihr aber nicht voraus. Die zu mobilisierenden Ressourcen machen demnach nicht die Kompetenz aus, sie sind lediglich Voraussetzungen, welche die Kompetenz ermöglichen. Damit sie den Kompetenzstatus erlangen, bedarf es eines Aktes der Umsetzung und Veränderung dieser Ressourcen in der Situation. Kompetenz besteht in diesem Mobilisierungsakt selbst; sie ist keine einfache Anwendung, sondern eine *Konstruktion in der Situation.* (Max, 1997, S. 82, Hervorhebungen im Original)

Dieses Verständnis lässt sich in einem vereinfachten Kompetenzmodell veranschaulichen (vgl. Abbildung 1.1):

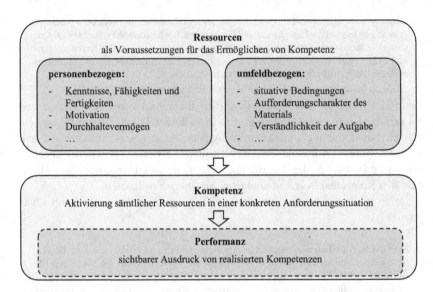

Abbildung 1.1   Vereinfachtes Kompetenzmodell. (in Anlehnung an Le Boterf, 1997, 1994; Max, 1997)

Das in Abbildung 1.1 gezeigte Begriffsverständnis von Kompetenz zeigt auf, dass nicht nur inhaltsbezogene Kenntnisse, Fähigkeiten und Fertigkeiten wichtig für kompetentes Handeln sind. Gerade Le Boterf (1997) hebt die Bedeutung verschiedener Ressourcen, die als Einflussfaktoren für die Realisierung der Kompetenz maßgebend sind, hervor. Hierzu zählen einerseits personenbezogene Ressourcen (z. B. wissensbasierte Kenntnisse, Fähigkeiten und Fertigkeiten, Motivation, Durchhaltevermögen) als auch Ressourcen des Umfeldes (z. B. situative Bedingungen, Aufforderungscharakter des Materials, Verständlichkeit der Aufgabe). Diese Ressourcen gelten als Voraussetzungen für das Aktivieren von Kompetenzen (Max, 1997). Die Realisierung der Kompetenz selbst zeigt sich dann in der Performanz. Hier muss man nun verschiedene Ressourcen aktivieren, um der Anforderungssituation gerecht zu werden. „Angesichts der ‹Situiertheit› der Kenntnisse geht Kompetenz über das rein individuelle Können und Wissen hinaus und erfordert einen permanenten Austausch mit anderen, so dass die Kommunikationssituation mit ihren möglichen Konfrontationen und Neukombinationen erst *Kompetenz kreiert*" (ebd., S. 82 f., Hervorhebungen im Original).

Lenkt man den Blick in dem oben beschriebenen Kompetenzmodell (vgl. Abbildung 1.1) auf den Bereich *Kenntnisse, Fähigkeiten und Fertigkeiten* und deren Anwendung in konkreten, fachbezogenen Situationen zeigt sich, dass sich Kompetenzen durch Handeln in konkreten Anforderungssituationen erlernen und erweitern lassen (Gasteiger, 2010). Ein entsprechender Kontext beziehungsweise eine mögliche Domäne zum Kompetenzerwerb stellt im Kindergarten die frühe mathematische Bildung dar. In Anlehnung an Hartig (2008) sowie Reiss, Heinze und Pekrun (2007) charakterisiert Gasteiger (2010) den Kompetenzbegriff und versteht unter Kompetenzen „erlernbare kontextspezifische kognitive Leistungsdispositionen" (Hartig, 2008, S. 17), „die in verschiedenen Situationen angewendet werden können" (Reiss et al., 2007, S. 109).

In der vorliegenden Studie wird in Anlehnung an obige Ausführungen unter Kompetenz die Aktivierung sämtlicher Ressourcen in einer konkreten Anforderungssituation verstanden. Als Ressourcen gelten dabei personenbezogene (z. B. kognitive Fähigkeiten und Fertigkeiten, Motivation, Durchhaltevermögen) und umfeldbezogene (z. B. situative Bedingungen, soziale Konstellationen, Aufforderungscharakter des Materials) Aspekte, die Voraussetzungen für die Realisierung der Kompetenz sind.

1.2   Relevanz vorschulischer mathematischer Kompetenzen für die Schullaufbahn

Der Frage, warum mathematische Kompetenzen bereits im Kindergarten zu fördern sind, gingen verschiedene Studien nach (z. B. Aunola, Leskinen, Lerkkanen & Nurmi, 2004; Jordan, Glutting & Ramineni, 2010; Krajewski, 2003; von Aster, Schweiter & Weinhold Zulauf, 2007; Weißhaupt, Peucker & Wirtz, 2006). Diese untersuchten unter anderem, inwiefern die mathematischen Kompetenzen am Ende der Kindergartenzeit als Prädiktoren für arithmetische Leistungen in der Grundschule gelten. Diesem Sachverhalt gingen unter anderen die Studien von Weißhaupt et al. (2006), Krajewski (2003) sowie Krajewski und Schneider (2006) nach. Diese Studien wurden zur Beschreibung ausgesucht, da sich diese auf verschiedene Untersuchungszeiträume (Ende Klasse 1, Ende Klasse 2 und Ende Klasse 4) beziehen.

Weißhaupt et al. (2006) führten eine Längsschnittstudie durch und untersuchten unter anderem, inwiefern das mathematische Vorwissen die Entwicklung von Fertigkeiten beim Rechnen bis Ende der ersten Klasse beeinflusst. Zu den untersuchten Komponenten zählen: der Mengenvergleich, die Mengeninvarianz, die Simultanerfassung, Kenntnis und flexibler Umgang mit der Zahlwortreihe, das

Kardinal- und Ordinalzahlverständnis, Zählstrategien, Zahlenrepräsentationen, das Teile-Ganzes-Schema und die Anwendung von Zahlwissen. Die Analysen ergaben, dass es aufgrund des mathematischen Vorwissens möglich ist, die schulischen Rechenleistungen vorherzusagen. Zudem liefern die Ergebnisse die Erkenntnis, dass die Intelligenz sechs Monate vor Schuleintritt das zahlbezogene Vorwissen signifikant beeinflusst, jedoch nicht mehr darüber hinaus. Das zahlbezogene Vorwissen ist bis zur Einschulung sehr stabil und ermöglicht am Ende der ersten Klasse, die Rechenleistungen vorherzusagen.

Auch Krajewski (2003) erforschte in einer Längsschnittstudie unter anderem den Einfluss von mathematischem Vorwissen im Bereich Mengen und Zahlen im letzten Kindergartenjahr auf die Leistungen im ersten und zweiten Grundschuljahr. Für die Erfassung der mathematischen Kompetenzen der Kinder kam es zur Entwicklung spezieller Aufgaben zum Mengen- und Zahlenvorwissen sowie zum Zahlenspeed (z. B. schnelles Erkennen von Würfel- und Zahlbildern). Die Auswertungen zeigen große Differenzen in Bezug auf das entwickelte Vorwissen der Kinder im letzten Kindergartenjahr. Die Unterschiede nehmen Einfluss auf die mathematischen Kompetenzen der Kinder im ersten und zweiten Schuljahr. Es wurde nachgewiesen, dass die unterschiedlichen Mathematikleistungen am Ende der ersten und der zweiten Klasse von der Ausprägung des Mengenvorwissens (Seriation, Vergleich von Mengen, Vergleich von Längen) und des Zahlenvorwissens (Zählkompetenz, Zahlenwissen, elementare Rechenfertigkeiten) ein halbes Jahr sowie zwei Monate vor Schuleintritt abhängen.

Krajewski und Schneider (2006) weiteten ihren Blick in einer Langzeitstudie zur Vorhersagekraft mathematischer Vorläuferfertigkeiten von Vorschulkindern für die Mathematikleistungen am Ende der Grundschule aus. Im Fokus dabei standen spezifisch mathematische Kompetenzen (z. B. Aufsagen der Zahlenfolge, Kenntnis der arabischen Zahlen, Mengenvergleich, Seriation) sowie unspezifische kognitive Fähigkeiten (z. B. Intelligenz, soziale Schicht, Sprachverständnis). Nach dieser Studie sind „numerische Basisfertigkeiten sowie die darauf aufbauenden Invarianz- und Anzahlkonzepte als bedeutende spezifische Vorläufer der Schulmathematik zu betrachten […] [, die] bis zum Ende der Grundschulzeit für den Großteil der Varianz in den mathematischen Schulleistungen verantwortlich gemacht werden" (Krajewski & Schneider, 2006, S. 260).

Die Relevanz arithmetischer Kompetenzen vor Schuleintritt als Prädiktoren für die schulischen Mathematikleistungen Ende Klasse 1, Ende Klasse 2 und Ende Klasse 4 stellen die vorgestellten Studien von Weißhaupt et al. (2006), Krajewski (2003) sowie Krajewski und Schneider (2006) heraus. Diese zentralen Ergebnisse bestätigen weitere Studien vielfach (z. B. Aunio & Niemivirta, 2010; Aunola et al., 2004; Dornheim, 2008; Jordan et al., 2010; Kaufmann, 2003; Stern, 1998;

von Aster et àl., 2007). Über die verschiedenen Studien hinweg zeigt sich, dass das Zahlen-Vorwissen und das Mengen-Vorwissen der Vorschulkinder wesentliche Prädiktoren für die arithmetischen Kompetenzen in der Grundschule sind. Untersuchungen zeigen aber auch, dass zum Beispiel die Einflüsse vom Arbeitsgedächtnis und automatisiertem Zugreifen auf Zahlwörter und numerische Fakten im Langzeitgedächtnis (z. B. Geary, Hoard, Byrd-Craven, Nugent & Numtee, 2007; Krajewski & Schneider, 2006; Passolunghi, Vercelloni & Schadee, 2007), der Aufmerksamkeitsregulierung (z. B. von Aster et al., 2007), der Fähigkeit zur mentalen Rotation (z. B. Krajewski & Schneider, 2006) oder des Konventions- und Regelwissens (z. B. Ennemoser, Krajewski & Schmidt, 2011) mit zu bedenken sind (Krajewski, 2013). Nach Krajewski und Schneider (2006) hat zudem die soziale Schicht einen nicht zu vernachlässigenden Einfluss auf die mathematischen Kompetenzen in der vierten Klasse. Betrachtet man die Entwicklung des Zuwachses von mathematischen Kompetenzen in der Grundschule, macht die finnische Studie von Aunola et al. (2004) darauf aufmerksam, dass die Weiterentwicklung der mathematischen Kompetenz bei den Kindern, die mit höheren mathematischen Fähigkeiten in die Schule kamen, zügiger voranging. Die schulische Entwicklung der mathematischen Kompetenzen von Kindern verlief langsamer, sofern die Kinder über ein geringeres mathematisches Vorwissen verfügt haben (Aunola et al., 2004).

Die obigen Studien bestätigen die Relevanz der vorschulischen mathematischen Bildung. Und auch ein Blick in die Rahmenvorgaben der Kindergärten aus Deutschland[1], Österreich[2] und der Schweiz[3] geben aus bildungspolitischer Sicht einen Hinweis darauf, dass die vorschulische Bildung und damit auch die Entwicklung mathematischer Kompetenzen relevant sind.

Aus den Studien zur Relevanz vorschulischer mathematischer Kompetenzen und den Rahmenvorgaben der Kindergärten ergibt sich für den Elementarbereich

---

[1] Die Bildungspläne für die Kindergärten aller Bundesländer aus Deutschland können online abgerufen werden unter (Zugriff am 27. September 2019): http://www.bildungsserver.de/ Bildungsplaene-der-Bundeslaender-fuer-die-fruehe-Bildung-in-Kindertageseinrichtungen-2027.html.

[2] Der bundesländerübergreifende Bildungsrahmenplan für elementare Bildungseinrichtungen in Österreich kann abgerufen werden unter (Zugriff am 27. September 2019): https://bildung. bmbwf.gv.at/ep/v_15a/paed_grundlagendok.html.

[3] Der Lehrplan 21 der Schweiz kann online abgerufen werden unter (Zugriff am 27. September 2019): www.lehrplan21.ch

ein konkreter Bildungsauftrag im Bereich *Entwicklung mathematischer Kompetenzen*. Eine weitere Spezifizierung der Bereiche für die frühe mathematische Bildung findet im folgenden Kapitel anhand verschiedener mathematikdidaktischer Arbeiten statt.

1.3   Bereiche mathematischer Bildung im Kindergarten

Die Relevanz früher mathematischer Bildung ist empirisch gesichert (vgl. Abschnitt 1.2) und in der mathematikdidaktischen Diskussion herrscht Konsens darüber, dass mathematische Kompetenzen durch anregende Lernumgebungen gefördert werden können. Gasteiger (2010) sieht als Grundlage einer kompetenzorientierten Förderung von Mathematik im Elementarbereich das Bereitstellen einer mathematisch ergiebigen Lernumgebung und versteht dabei unter *mathematisch* den Bezug zu den grundlegenden Ideen des Faches. Diese fachlichen Grundideen zur Förderung mathematischer Kompetenzen im Elementarbereich sind in der Literatur mit unterschiedlichen Schwerpunktsetzungen vielfach beschrieben (Benz, Peter-Koop & Grüßing, 2015; Gasteiger, 2010; Kaufmann, 2011; Lorenz, 2012; Rathgeb-Schnierer, 2017)[4]. Dabei findet größtenteils eine Orientierung an den für die Grundschule formulierten allgemeinen mathematischen und inhaltsbezogenen mathematischen Kompetenzen der Bildungsstandards, mit Blick auf anschlussfähiges Lernen, statt.

Die allgemeinen mathematischen Kompetenzen umfassen (KMK, 2005)[5]: *Problemlösen, Argumentieren, Darstellen von Mathematik, Kommunizieren* sowie *Modellieren*. Zu den inhaltlichen Leitideen zählen die Bereiche (ebd.)[6]: *Zahlen und Operationen, Raum und Form, Muster und Strukturen, Größen und Messen* sowie *Daten, Häufigkeit und Wahrscheinlichkeit*.

Rathgeb-Schnierer (2012, 2017) stellt mit Blick auf die Bildungsstandards relevante Grunderfahrungen heraus, die für Kindergartenkinder mit Blick auf fachdidaktische Begründunglinien als zentral gelten. Sie wirft dabei den Blick auf die mathematischen Inhaltsbereiche, die mathematischen Denk- und Handlungsweisen sowie allgemeine mathematische Kompetenzen (vgl. Abbildung 1.2). Mit dieser Betrachtungsweise der Bereiche früher mathematischer Bildung hebt sich

---

[4] Eine theoretische Aufarbeitung hierzu findet sich in Schuler und Wittmann (2020). Diese analysierten Konzeptionen früher mathematischer Bildung und entwickelten darauf aufbauend einen ersten Vorschlag für ein anschlussfähiges Kompetenzmodell zwischen Kindheitspädagogik und Grundschulmathematik.

[5] Die allgemeinen mathematischen Kompetenzen sind zitiert nach KMK (2005, S. 7 f.).

[6] Die inhaltlichen Leitideen sind zitiert nach KMK (2005, S. 8 ff.)

Rathgeb-Schnierer (2017) von einer rein inhaltsorientierten Einteilung, wie sie beispielsweise bei Fthenakis, Schmitt, Daut, Eitel und Wendell (2014)[7] zu finden ist, ab.

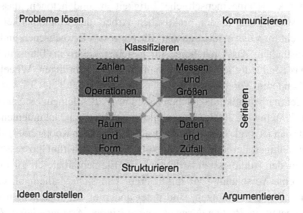

Abbildung 1.2 Bereiche der frühen mathematischen Bildung (Rathgeb-Schnierer, 2017, S. 11)

Rathgeb-Schnierer (2012, 2017) ordnet in ihren Ausführungen den Bereich *Muster und Strukturen* nicht direkt den Inhaltsbereichen zu und trägt damit dem Aspekt Rechnung, „dass grundlegende mathematische Denk- und Handlungswei-sen, wie z. B. Klassifizieren und Strukturieren, nicht mit bestimmten Inhalten ver-bunden sind, sondern sich durch alle Inhaltsbereiche ziehen" (Rathgeb-Schnierer, 2012, S. 52). Auch Wittmann und Müller (2012) sprechen sich dafür aus, den Bereich *Muster und Strukturen* in die anderen Inhaltsbereiche zu integrieren und diesen somit als übergeordnet und grundlegend anzusehen.

1.3.1   Allgemeine mathematische Kompetenzen

Die frühe mathematische Bildung umfasst neben den inhaltsbezogenen Kompe-tenzen und den mathematischen Denk- und Handlungsweisen auch die prozess-bezogenen beziehungsweise allgemeinen mathematischen Kompetenzen (KMK,

---

[7] Fthenakis et al. (2014) beschreiben die inhaltsbezogenen Bereiche: Sortieren und Klassi-fizieren; Muster und Reihenfolgen; Zeit; Raum und Form; Mengen, Zahlen und Ziffern als Ziele der mathematischen Bildung.

2005). Der Prozesscharakter der Mathematik zeigt sich in einer Sichtweise auf Mathematik. Freudenthal (1982) betont, dass Mathematik „keine Menge von Wissen, sondern eine Tätigkeit, eine Verhaltensweise, eine Geistesverfassung" (Freudenthal, 1982, S. 140) ist. Und auch Davis und Hersh (1996) sehen die Mathematik als eine menschliche Tätigkeit an und betonen, dass sich die eigentliche Mathematik in der praktischen Arbeit der Mathematiker manifestiert. Vergleicht man das mathematische Tätigsein von Erwachsenen und Kindern, lässt sich festhalten, dass sich beide im gleichen kreativen Tätigsein befinden. Dabei hat das Kind lediglich andere Hilfsmittel und Erfahrungen (Wheeler, 1970). Um diesen anderen Voraussetzungen gerecht zu werden, gibt es verschiedene Ansätze in der mathematikdidaktischen Literatur (z. B. Clements & Sarama, 2009; Copley, 2006; Steinweg, 2007a) und in bildungspolitischen Dokumenten verschiedener Bundesländer (vgl. hierzu Benz et al., 2015; Peter-Koop, 2009). Mit Blick auf anschlussfähiges Lernen ist es sinnvoll, sich an den fünf prozessbezogenen Kompetenzen der Bildungsstandards auch im Elementarbereich zu orientieren, ohne damit eine Verschulung zu implizieren. Um sich Mathematik erfolgreich anzueignen und diese zu nutzen, sind unter anderem die allgemeinen mathematischen Kompetenzen *Problemlösen, Kommunizieren, Argumentieren, Darstellen* und *Modellieren* (KMK, 2005) zentral (vgl. Tabelle 1.1).

Die genannten „Kompetenzen [...] beziehen sich auf den Prozess der Auseinandersetzung mit mathematischen Aktivitäten und somit auf zentrale überinhaltliche Aspekte des Mathematiklernens" (Rathgeb-Schnierer, 2017, S. 11). Überträgt man die allgemeinen mathematischen Kompetenzen auf die frühe Bildung (vgl. Tabelle 1.1), so haben diese unterschiedliches Gewicht. Das Modellieren spielt in der Elementarbildung eine untergeordnete Rolle (Rathgeb-Schnierer, 2017; Schuler & Wittmann, 2020) und wird deshalb in der vorliegenden Studie nicht weiter aufgegriffen. Die allgemeinen mathematischen Kompetenzen sind in der Praxis teilweise sehr schwierig voneinander zu trennen und häufig regen Aktivitäten verschiedene der genannten Kompetenzen an (Walther, Selter & Neubrand, 2012). Die Bildungsstandards formulieren als übergreifende Ziele der allgemeinen mathematischen Kompetenzen: positive Einstellungen und Haltungen zum Fach, Freude im mathematischen Tätigsein sowie das Fördern und Ausbauen einer Entdeckerhaltung bei den Kindern (KMK, 2005).

Tabelle 1.1 Beschreibung der allgemeinen mathematischen Kompetenzen für den Elementarbereich (KMK, 2005; Rathgeb-Schnierer, 2017)

allgemeine mathematische Kompetenzen (KMK, 2005, S. 7 f.)	Beschreibung mit Blick auf die Umsetzung im Elementarbereich (KMK, 2005; Rathgeb-Schnierer, 2017)
Problemlösen	– Anwendung von mathematischen Kenntnissen, Fertigkeiten und Fähigkeiten – Entwicklung eigener Lösungsstrategien und Nutzung dieser – Entdecken und Nutzen von Zusammenhängen
Kommunizieren	– Beschreibung eigener Vorgehensweisen und Verstehen von Lösungswegen anderer – Aufbau mathematischer Begrifflichkeiten – gemeinsame Bearbeitung von Aufgaben mit Absprachen
Argumentieren[8]	– Hinterfragen von mathematischen Sachverhalten und deren Überprüfung – Suchen mathematischer Zusammenhänge und Aufstellen von Vermutungen – Suchen und Nachvollziehen von Begründungen
Darstellen	– Entwicklung, Auswahl und Anwendung geeigneter Darstellungen für mathematische Sachverhalte, Ideen und Lösungswege

1.3.2 Mathematische Denk- und Handlungsweisen

Der Bereich *Muster und Strukturen* (KMK, 2005) geht in die Idee der mathematischen Denk- und Handlungsweisen über. Dabei zählen zu den wesentlichen Aktivitäten:

– „Klassifizieren – Dinge konkret oder mental [nach einem oder mehreren Merkmalen] zusammenfassen [z. B. bunte Perlen farblich sortieren;] [...]
– Seriieren – Rangordnungen schaffen [z. B. Stöcke der Größe nach anordnen sowie] [...]

---

[8] Das Argumentieren, das unter anderem Grundlage der Analysen im empirischen Teil ist, wird in Abschnitt 3.2, Abschnitt 3.3 und Abschnitt 3.4 näher beschrieben.

- Strukturieren – Muster finden, erfinden und nutzen [z. B. abwechselnd je 2 rote und 2 grüne Perlen auffädeln]" (Rathgeb-Schnierer, 2017, S. 13).

Diese drei regelgeleiteten Aktivitäten bringen Ordnung in ungeordnete, komplexe Situationen. So entsteht ein Überblick über die jeweilige Situation und Zusammenhänge können entdeckt werden. Diese „Herstellung von Ordnung ist gleichbedeutend mit der Auflösung von «Widerständen» und deren Überwindung macht einen Hauptteil der mathematischen Arbeit aus" (Heintz, 2000, Hervorhebung im Original). Dies betont auch Sawyer (1955) und hält fest, dass Mathematik das Klassifizieren und das Untersuchen verschiedener Muster ist. Unter dem Begriff Muster versteht er dabei das Erkennen von Regelmäßigkeiten jeglicher Art. Mathematik gilt heutzutage als Wissenschaft von den Mustern (Devlin, 2002; Sawyer, 1955; Steinweg, 2003) und zeigt sich in den genannten mathematischen Denk- und Handlungsweisen. Das Denken in Mustern und Strukturen entlastet unser kognitives System, da das Gehirn nicht in der Lage ist, alle auftretenden Einzelfälle gesondert zu betrachten. Die Entlastung des Gedächtnisses gelingt umso besser, je mehr mathematische Inhalte ein Mensch miteinander verknüpfen kann. Dadurch ergibt sich auch eine bessere Übersicht über die mathematischen Inhalte, was das gezielte Einsetzen des jeweiligen Wissens und der vorhandenen Kenntnisse ermöglicht (Wittmann & Müller, 2012).

Die Erprobung zum Osnabrücker Test zur Zahlbegriffsentwicklung (van Luit, van de Rijt & Hasemann, 2001) erfassen unter anderem die Kompetenzen im Klassifizieren und Seriieren. 67 % der teilnehmenden Kinder konnten ein Objekt nach zwei Merkmalen gleichzeitig klassifizieren und 75 % der Kinder ordneten mehrere Objekte der Größe nach korrekt (Hasemann & Gasteiger, 2014).

Der Bereich des Strukturierens betrachtet zum Beispiel Deutscher (2012). In ihrer Studie mussten Schulanfängerinnen und Schulanfänger ein Plättchenmuster fortsetzen. Das erste Muster (rot, blau, rot, blau, rot, …) konnten 97,2 % der Kinder fortsetzen. Das zweite Muster (rot, rot, blau, blau, blau, rot, rot, blau, blau, blau, rot, rot, …) legten 69,4 % der Kinder richtig weiter. Nur noch 15,7 % der Kinder führten das dritte Muster (rot, blau, blau, rot, rot, rot, blau, blau, blau, blau, rot, rot, rot, rot, rot) korrekt fort.

Die oben beschriebenen mathematischen Denk- und Handlungsweisen sind in allen mathematischen Inhaltsbereichen umsetzbar.

1.3.3   Mathematische Inhaltsbereiche

Anknüpfend an die vorangegangenen Ausführungen zählen zu den mathematischen Inhaltsbereichen: *Zahlen und Operationen, Raum und Form, Größen und Messen* sowie *Daten, Häufigkeit und Wahrscheinlichkeit*. Vor allem für den Bereich *Zahlen und Operationen* liegen zahlreiche empirische Studien vor (Krajewski, Grüßing & Peter-Koop, 2009) und es wird diesem eine zentrale Bedeutung in der frühen mathematischen Bildung sowie im Grundschulunterricht zugeschrieben (Clements & Sarama, 2007). Dies begründet sich in der Relevanz arithmetischer Kompetenzen im Vorschulalter als Prädiktoren für die späteren schulischen Leistungen der Kinder (vgl. Abschnitt 1.2). Daher greift dieses Kapitel ausschließlich den Inhaltsbereich *Zahlen und Operationen* auf. Die anderen Inhaltsbereiche sind bei der frühen mathematischen Bildung trotzdem mitzudenken (Benz et al., 2015; Schuler & Sturm, 2019b). Zum Beispiel hat im Inhaltsbereich *Raum und Form* das räumliche Vorstellungsvermögen einen ebenso großen Einfluss auf die schulischen Leistungen in Mathematik (z. B. Clements, 2004; Grüßing, 2005; van Nes & Lange, 2007).

Zahlen und Operationen
Wie in kognitions- und entwicklungspsychologischen Untersuchungen aufgezeigt, beginnt die Zahlbegriffsentwicklung mit der Geburt (z. B. Antell & Keating, 1983; Feigenson, Carey & Hauser, 2002a; Starkey & Cooper, 1980; Starkey, Spelke & Gelman, 1983; Wynn, 1992; Xu & Arriage, 2007; Xu, Spelke & Goddard, 2005). In ihrer Umwelt begegnen Kinder den Zahlen in verschiedenen Kontexten. Je nach Situation haben diese aus fachdidaktischer Perspektive unterschiedliche Bedeutungen und Funktionen, die in diesem Zusammenhang als Zahlaspekte (Krauthausen & Scherer, 2007; Padberg & Benz, 2011; Radatz & Schipper, 1983) bezeichnet werden. Rechtsteiner-Merz (2013) systematisiert die in der Literatur vorzufindenden Zahlaspekte und bündelt diese in drei Stränge (vgl. Abbildung 1.3):

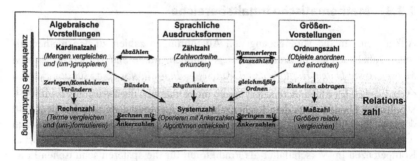

Abbildung 1.3   Gliederung der Zahlaspekte (Rechtsteiner-Merz, 2013, S. 57)[9]

Das in Abbildung 1.3 dargestellte theoretische Modell zur Gliederung der Zahlaspekte zeigt, dass für eine umfassende Zahlbegriffsentwicklung „Erfahrungen in allen drei Entwicklungssträngen notwendig [sind], ebenso wie intensive Erfahrungen mit Aktivitäten, die die Übergänge innerhalb eines Strangs und zwischen den Strängen betonen" (Rechtsteiner-Merz, 2013, S. 56). Grundlegend und auch bereits für Kinder im Kindergartenalter relevant sind insbesondere der *Kardinalzahlaspekt, der Zählzahlaspekt* und der *Ordnungszahlaspekt* (Rechtsteiner-Merz, 2013; Schuler, 2013; Wember, 1989). Kardinalzahlen drücken die Mächtigkeit einer Menge beziehungsweise die Anzahl an Elementen aus, z. B. „Ich habe fünf Äpfel!". Als Zählzahl versteht man die Folge der natürlichen Zahlen, deren Erkundung von den Kindern zunächst mit Hilfe des Zählens stattfindet. Die Ordnungszahl bezieht sich darauf, an welcher Stelle man sich in der Rangfolge befindet und gibt somit einen konkreten Rangplatz an, z. B. „Ich stehe auf der vierten Stufe!". Der Zählzahlaspekt und der Ordnungszahlaspekt sind dem Ordinalzahlaspekt untergeordnet (Benz et al., 2015; Rechtsteiner-Merz, 2013). Als weiterführend gelten dann der *Rechenzahlaspekt, der Maßzahlaspekt* und der *Systemzahlaspekt* (Rechtsteiner-Merz, 2013). Bei der Rechenzahl unterscheidet man zwischen dem algebraischen und algorithmischen Aspekt. Der algebraische Aspekt meint das Nutzen der natürlichen Zahlen zum Rechnen unter Berücksichtigung algebraischer Gesetzmäßigkeiten, z. B. $3 + 2 = 2 + 3 = 5$. Später gelangt man zu einer algorithmischen Betrachtungsweise, die durch das Rechnen mit Ziffern schriftliche Rechenverfahren ermöglicht. Der Maßzahlaspekt ist

---

[9] Das Modell zur Gliederung der Zahlaspekte wurde das erste Mal von Baireuther und Rechtsteiner-Merz (2012, S. 2) veröffentlicht. Das hier dargestellte Modell der Gliederung der Zahlaspekte ist daran anlehnend von Rechtsteiner-Merz (2013) im Rahmen ihrer Dissertation modifiziert und neu veröffentlicht worden.

gekennzeichnet durch das Zuordnen von Zahlen zu einer Größeneinheit, z. B. „Ich brauche 1 kg Kartoffeln!". Die Systemzahl bezeichnet die Idee des Bündelungssystems von Zahlen und die Zuordnung zu einem entsprechenden Stellenwert, zum Beispiel regelmäßige Zehnerbündelung im dekadischen Stellenwertsystem (Benz et al., 2015; Rechtsteiner-Merz, 2013). Der *Relationszahlaspekt* ist ein beziehungsorientiertes Denken mit Blick auf unterschiedliche Zahlaspekte (Schuler, 2013) und stellt eine Verbindung zwischen der algebraischen Vorstellung und der Größenvorstellung auf übergeordneter Ebene her (Rechtsteiner-Merz, 2013). Im Kindergarten erstreckt sich dies auf die Einsicht der Zerlegbarkeit von Zahlen unter Rückgriff auf die ordinale und die kardinale Zahlvorstellung (Schuler, 2013). Sind die Kinder in der Lage Beziehungen zwischen den verschiedenen Zahlaspekten herzustellen, entwickelt sich nach und nach ein umfassender Zahlbegriff, der verschiedene Zahlaspekte integriert (Padberg & Benz, 2011).

Gerade Kinder im Vorschulalter haben eine „völlig ungestörte Einstellung und Überzeugung in […] [B]ezug auf den Umgang mit Zahlen und Mächtigkeiten; ihre Problemlösungen laufen natürlich ab und führen meist zu einem bedeutungsvollen Ergebnis, mit dem das Kind etwas anfangen kann (Sinnstiftung auf natürliche Weise)" (Steiner, 1997, S. 172). Darauf kann die mathematische Bildung im Kindergarten aufbauen und verschiedene mathematische Kompetenzen fördern, unter anderen im arithmetischen Bereich. Hieran anschließend folgt nun die Beschreibung der arithmetischen Grunderfahrungen im Bereich *Zahlen und Operationen*, die Kinder bereits im Kindergarten erwerben sollten. Dazu gehören das Aufsagen der Zahlwortreihe, das Bestimmen von Anzahlen, das Aufbauen, Herstellen und Untersuchen der Zahlenreihenfolge, das Zuordnen von Anzahl- und Zahldarstellungen, das Vergleichen von Mengen, das Zerlegen und Zusammensetzen von Mengen von Dingen, das Erkennen von Zahleigenschaften sowie das erste Rechnen (Hertling, Rechsteiner, Stemmer & Wullschleger, 2017; Rathgeb-Schnierer, 2012, 2017; Schuler, 2013).

Aufsagen der Zahlwortreihe
Mit dem *Aufsagen der Zahlwortreihe* beginnen Kinder im Alter von etwa zwei Jahren (Hasemann, 2008).

Fuson (1988) beschreibt fünf Niveaustufen, die die Kinder durchlaufen müssen, um die Zahlwortreihe zu durchdringen. Dabei entwickelt sich die Zahlwortreihe vom string level, in dem sie als Ganzheit gesehen wird zum bidirectional chain level, in dem das flexible vor- und rückwärts durchlaufen der Zahlwortreihe möglich ist[10]:

---

[10] Die Niveaustufen zur Durchdringung der Zahlwortreihe wurden vielfach in die deutsche Sprache übersetzt. Die hier vorliegenden Ausführungen sind in Anlehnung an Moser Opitz (2008) verfasst worden.

– Zahlwortreihe als Ganzheit („*string level*"[11]):
Das Kind erkennt die einzelnen Zahlwörter der Zahlwortreihe nicht und kann
diese nur als Ganzes in der Form „einszweidreivierfünf..." aufsagen. Da das
Eindeutigkeitsprinzip noch nicht gekannt wird, ist ein richtiges Abzählen nicht
möglich.

– Unflexible Zahlwortreihe („*unbreakable list level*"):
Das Kind erkennt nun die einzelnen Zahlwörter der Zahlwortreihe und kann
somit auch Abzählen. Hierfür muss es aber immer bei der Eins beginnen, das
Weiterzählen von anderen Startzahlen ist noch nicht möglich.

– Teilweise flexible Zahlwortreihe („*breakable chain level*"):
Das Kind kann nun ab jeder beliebigen Startzahl zählen, sowie Vor- und Nachfolger einer Zahl bestimmen. Auf dieser Stufe entwickelt sich ebenso langsam
das Rückwärtszählen, wobei dies meist nur in Ansätzen gelingt.

– Flexible Zahlwortreihe ("*numberable chain level*"):
Das Kind kann erste Rechenaufgaben lösen, indem es von einer Zahl um eine
vorgegebene Anzahl weiterzählt.

– Vollständig reversible Zahlwortreihe („*bidirectional chain level*"):
Das Kind kann die Zahlwortreihe von beliebigen Startzahlen aus flexibel vor-
und rückwärts, sowie in Schritten aufsagen.

Der Erwerb der Zahlwortreihe in den genannten Phasen bezieht sich größtenteils
auf den Zahlenraum bis 20. Für die nachfolgenden Zahlenräume können dann
erkannte Analogien genutzt werden (Fuson, 1988). Als zentrale Grunderfahrungen
für Kindergartenkinder im Bereich *Aufsagen der Zahlenwortreihe* gelten:

– „Zahlwortreihe vorwärts aufsagen
– Zahlwortreihe rückwärts aufsagen
– Zahlwortreihe mit Variationen aufsagen: Zahlwortreihe vorwärts von verschie-
denen Startzahlen aus aufsagen, Zahlwortreihe rückwärts von verschiedenen
Startzahlen aus aufsagen, Zahlwortreihe mit Unterbrechungen aufsagen" (Hert-
ling et al., 2017, S. 62)[12]

---

[11] Die englischen Begriffe *string level, unbreakable list level, breakable chain level, numberable chain level und bidirectional chain level* in der Aufzählung zur Entwicklung der
Zahlwortreihe sind zitiert aus Fuson (1988, S. 50 ff.). Der Begriff des *unbreakable chain
level* wurde in Fuson (ebd.) nicht mehr als angemessen betrachtet und durch den Begriff
unbreakable list level ersetzt.

[12] Die Grunderfahrungen im Bereich *Zahlen und Operationen* sind in Hertling et al. (2017)
in Tabellenform aufgelistet. Zur besseren Übersichtlichkeit werden diese in der vorliegenden

Nach einer Untersuchung von Schmidt (1982a) zeigt sich, dass 99 % der Schulanfänger mindestens bis zur Zahl fünf, 97 % der Kinder bis zur Zahl zehn, 70 % der Kinder bis zur Zahl 20, 45 % der Kinder bis zur Zahl 30 und 15 % der Kinder bis zur Zahl 100 zählen können. Differenzierte Ergebnisse bezüglich arithmetischer Vorkenntnisse von Vorschulkindern liefert auch die Erprobung des Osnabrücker Tests zur Zahlbegriffsentwicklung (van Luit et al., 2001). Hinsichtlich des flexiblen Umgangs mit der Zahlwortreihe, ist zu erkennen, dass 77 % der Kinder die Zahlwortreihe bis 20 aufsagen können, 72 % der Kinder von neun bis 15 weiterzählen können und es 50 % der Kinder möglich ist, von zwei bis 14 in Zweierschritten weiterzuzählen (Hasemann & Gasteiger, 2014). Grassmann, Klunter, Köhler, Mirwald, Raudies und Thiel (2002) untersuchten die mathematischen Kompetenzen von Schulanfängern mit Blick auf das Rückwärtszählen. Beim Rückwärtszählen mussten die Kinder von der 10, 9, 8, … weiter rückwärts zählen und die nächstfolgende Ziffer 7 in einer Gedankenblase ankreuzen. Dies gelang 59,5 % der Kinder (Grassmann et al., 2002). Vielfältige Zählsituationen fördern die Entwicklung der Zahlwortreihe, wobei auch die kardinale Bedeutung zu beachten ist (Gasteiger, 2010). Damit hängt das *Bestimmen von Anzahlen* zusammen.

Bestimmen von Anzahlen
Beim *Bestimmen von Anzahlen* stehen den Kindern zwei Strategien zur Verfügung: die Anzahlbestimmung durch Abzählen oder durch (quasi-) simultanes Erfassen (z. B. Hertling et al., 2017; Schuler, 2013). Während Piaget (1964) davon ausging, dass Zähl- und Zahlenfähigkeiten keinen Einfluss auf die Zahlbegriffsentwicklung haben, hebt Clements (1984) die Bedeutung dieser Fähigkeiten in seiner durchgeführten Interventionsstudie hervor. Clements (1984) kam unter anderem zu dem Ergebnis, dass die Kinder die innerhalb Gruppe 1 in den logischen Grundlagen (Klassifikation und Seriation) sowie die Kinder aus Gruppe 2, die im Bereich der Zähl- und Zahlenfähigkeiten trainiert wurden, in beiden Bereichen bezogen auf die erworbenen Kenntnisse signifikant besser abschnitten als die Kinder aus der Kontrollgruppe. Zudem schnitt die Gruppe 2 im Vergleich zur Gruppe 1 signifikant besser in dem Test zu den numerischen Fähigkeiten ab, während es keinen signifikanten Unterschied im Bereich der logischen Operationen ergab.

Studie entsprechend der Systematik in Hertling et al. (ebd.) in eine Aufzählungsliste umgewandelt. Dieses Vorgehen wird auch für die weiteren zitierten Grunderfahrungen im Bereich *Zahlen und Operationen* nach Hertling et al. (ebd.) übernommen.

Heutzutage besteht Konsens darüber, dass für die Zahlbegriffsentwicklung die Fähigkeiten zur Erfassung von Anzahlen und im Zählen zentral sind (z. B. Schuler, 2013).

Bei dem Bestimmen von Anzahlen durch *Abzählen* müssen die Kinder neben der Zahlwortreihe auch die fünf Abzählprinzipien nach Gelman und Gallistel (1986) beherrschen. Die ersten drei Prinzipien beziehen sich dabei auf das „how-to-count" (ebd., S. 83, Hervorhebung im Original) und die letzten beiden auf das *„what-to-count"* (ebd., S. 83, Hervorhebung im Original). Zu den Abzählprinzipien zählen[13]:

- Eindeutigkeitsprinzip (*„one-one principle"*[14]):
  Das Kind ordnet jedem zu zählenden Objekt genau ein Zahlwort zu.
- Prinzip der stabilen Ordnung (*„stable-order principle"*):
  Das Kind weiß, dass jedes Zahlwort seinen festen Platz in der Zahlwortreihe hat.
- Kardinalzahlprinzip (*„cardinal principle"*):
  Das Kind weiß, dass die zuletzt genannte Zahl beim Abzählen die Anzahl an Objekten angibt.
- Abstraktionsprinzip (*„abstraction principle"*):
  Das Kind weiß, dass der Zählprozess bei jeder beliebigen Menge angewendet werden kann, egal welche Objekte vorliegen.
- Prinzip der Irrelevanz der Anordnung (*„order-irrelevance principle"*):
  Das Kind weiß, dass die Anordnung der Objekte oder die Reihenfolge beim Abzählen das Ergebnis nicht beeinflussen.

Kinder müssen einen längeren Lernprozess durchlaufen, um die genannten fünf Zählprinzipien zu beherrschen (Hasemann & Gasteiger, 2014). Die Erprobung des Osnabrücker Tests zur Zahlbegriffsentwicklung (van Luit et al., 2001) zeigen, dass 58 % der Kinder zu Schulbeginn 20 geordnete Klötze abzählen können, 49 % der Kinder in der Lage sind 20 ungeordnete Klötze abzuzählen und 32 % der Kinder 17 Klötze rückwärts zählen können. Gerade das Eindeutigkeitsprinzip macht den Kindern zu Schulbeginn noch Schwierigkeiten. Schmidt (1982a) kam in seiner Untersuchung mit Kindern am Schulanfang zu dem Ergebnis, dass 64 % der Kinder neun Plättchen und 45 % der Kinder 14 Plättchen richtig abzählen

---

[13] Die Abzählprinzipien nach Gelman und Gallistel (1986) wurden vielfach in die deutsche Sprache übersetzt. Die hier vorliegenden Ausführungen sind in Anlehnung an Padberg & Benz (2011) verfasst worden.

[14] Die kursiv geschriebenen englischen Begriffe in Anführungszeichen in der Aufzählung zur Entwicklung der Zahlwortreihe sind zitiert aus Gelman und Gallistel (1986, S. 77 ff.).

können. Um richtig Zählen und Abzählen zu können, müssen demnach zwei verschiedene Voraussetzungen gegeben sein. Zum einen müssen die Kinder die fünf Niveaustufen nach Fuson (1988) durchlaufen, zum anderen müssen Kinder die fünf Abzählprinzipien nach Gelman und Gallistel (1986) beherrschen. Der Zählentwicklung kommt beim Erwerb des Zahlbegriffs eine große Bedeutung zu und ist deshalb zu unterstützen (z. B. Baroody, 1987; Krajewski, 2003; Moser Opitz, 2001; Resnick, 1989).

Eine zweite Möglichkeit zum Bestimmen von Anzahlen ist das *(quasi-) simultane Erfassen*. Kleine Anzahlen (drei bis vier Objekte) sind vom Menschen ohne zu zählen auf einen Blick, das heißt simultan erfassbar (Dehaene, 1999; Gerster & Schultz, 1998). Schon lange wird dieser Strategie eine zentrale Bedeutung in der Zahlbegriffsentwicklung zugeordnet (Douglass, 1925; Freeman, 1912) und in verschiedenen Studien zeigt sich, dass diese Art der Anzahlbestimmung auch tatsächlich so möglich ist (z. B. Feigenson, Dehaene & Spelke, 2004; Hannula, Räsänen & Lehtinen, 2007). Anzahlen, die größer sind, bestimmt der Mensch durch quasi-simultanes Erfassen. Dabei zerlegt der Mensch eine Menge von Dingen durch Gruppieren, Umgruppieren oder Bündeln in überschaubare Teile, um daraus die Gesamtmenge zu bestimmen (z. B. Benz, 2010a; Gerster & Schultz, 1998; Radatz, Schipper, Ebeling & Dröge, 1996; Royar & Streit, 2010; Schütte, 2004b; Wittmann & Müller, 2009). Ein Heranziehen anderer Zahlbilder wie Finger- oder Punktebilder ist auch möglich (z. B. Benz, 2010b; Eckstein, 2011; Freudenthal, 1973; Gerster & Schultz, 1998; Hess, 2012).

Benz (2014) führte eine Untersuchung mit Kindergartenkindern zur Wahrnehmung von Mengen durch. Dabei untersuchte sie, ob und wie die Kinder bei der Bestimmung von Punkterepräsentationen Strukturen nutzen. Die Ergebnisse zeigen, dass die Hälfte aller Kinder zwischen strukturierten und nicht-strukturierten Darstellungen unterscheiden und dass sie diese Wahrnehmung nutzen, um Mengen zu bestimmen. Etwas mehr als die Hälfte der Kinder haben in ihren eigenen Darstellungen die Punkte strukturiert angeordnet. Hier zeigte sich auch, dass mit steigendem Alter der Kinder die Wahrnehmung und das Nutzen von Strukturen zunehmen. Bei der Darstellung und Wahrnehmung von Punkten im Zehnerfeld war festzustellen, dass die Kinder die Struktur des Zehnerfeldes kaum nutzen. Als Struktur des Zehnerfelds versteht man die dahinterliegende Idee, dass die Anzahl zehn als Zusammensetzung von zwei Mengen mit je fünf Elementen wahrgenommen wird. Die Studie legt dar, dass viele Kinder Strukturen in Punkterepräsentationen wahrnehmen können. Kinder sind in der Lage, Strukturierungen vorgegebener Mengendarstellungen zu erkennen und zu erklären, sowie das Zusammensetzen von Teilmengen zur Bestimmung der Gesamtmenge zu erläutern.

Des Weiteren gehen Schöner und Benz (2018) der Frage nach, inwiefern man mit Hilfe von Eye-Tracking Erkenntnisse über die Anzahlwahrnehmung und Anzahlbestimmung von Vorschulkindern gewinnen kann. Unter anderem kam es zu der Erkenntnis, dass Kinder beim Betrachten häufig Strukturen der Anzahlen wahrnehmen, ihnen aber die Worte gefehlt haben, dies zu erklären. Auf Nachfrage, die Vorgehensweise zu erklären, verwiesen die Kinder oft auf Beschreibungen bekannter Strategien, wie beispielsweise das Zählen. Deshalb ist es wichtig, neben der Anregung und der adäquaten Frage nach der Wahrnehmung von Strukturen bei der Bestimmung von Mengen auch eine spezifische Sprache bei den Kindern zu entwickeln. Dies unterstützt die Kinder dabei, ihre Wahrnehmungsprozesse und die genutzten Strukturen bei der Anzahlbestimmung zu erklären.

Die Erprobung des Osnabrücker Tests zur Zahlbegriffsentwicklung (van Luit et al., 2001) machen deutlich, dass viele Kinder bereits vor Schulbeginn Anzahlen erfassen können. Es waren 83 % der Kinder fähig, beim Vergleichen (mehr/ weniger) von bis zu fünf Objekten das simultane Erfassen als Strategie anzuwenden (Hasemann & Gasteiger, 2014).

Aufbauen, Herstellen und Untersuchen der Zahlenreihenfolge
Als zentrale Grunderfahrungen gelten im Bereich *Aufbauen, Herstellen und Untersuchen der Zahlenreihenfolge*:

- „Zahlen der Größe nach ordnen: von Beginn an, von einer bestimmten Position aus vorwärts, von einer bestimmten Position aus rückwärts
- Erkennen, dass zu nächsten (An-)Zahl immer eins dazu kommt
- Einordnen einzelner Zahlen in die Zahlreihenfolge
- Bestimmen der genauen Position einzelner Zahlen in der Zahlenreihenfolge
- Bestimmen/Nennen der Nachbarzahl(en) zu einer vorgegebenen Zahl" (Hertling et al., 2017, S. 63)

Das *Aufbauen, Herstellen und Untersuchen der Zahlenreihenfolge* meint den Blick auf die Position von einzelnen Zahlen in der Zahlwortreihe, die spezifische Reihenfolge der Zahlen und damit einhergehend die Beziehungen zwischen den Zahlen (Kaufmann & Wessolowski, 2006; Radatz et al., 1996; Schuler, 2013). Eine zentrale Aktivität ist hierbei das Herstellen einer Vorgänger- und Nachfolger-Beziehung (z. B. Padberg & Benz, 2011).

Deutscher (2012) untersucht in ihrer Studie unter anderem den Bereich der Zahlenreihe und geht dabei auch auf Zahlnachfolger und Zahlvorgänger ein. Von den teilnehmenden Schulanfängerinnen und Schulanfänger konnten 93,5 % den Nachfolger zur Zahl sechs und 75 % den Vorgänger zur Zahl neun finden.

Zuordnen von Anzahl- und Zahldarstellungen
Beim *Zuordnen von Anzahl- und Zahldarstellungen* müssen die Kinder fähig sein, verschiedene Darstellungsformen von Anzahlen einander zuzuordnen. Zu den Darstellungsformen zählen konkrete Objekte, bildhafte Darstellungen oder Zahlzeichen und Zahlwörter (Radatz et al., 1996). Zu den Grunderfahrungen gehören:

- „Erfassen von symbolischen Zahlzeichen
- Verschiedene Repräsentationsformen (Finger …) einander zuordnen
- Zuordnung Menge-Zahlzeichen und umgekehrt: Zuordnung einer Menge zu einem vorgegebenen Zahlzeichen, Zuordnung eines Zahlzeichens zu einer vorgegebenen Menge" (Hertling et al., 2017, S. 63)

Schuler (2013) betont mit Bezug auf neurowissenschaftliche Ansätze, dass Kinder erst dann über eine umfassende Zahlvorstellung verfügen, sobald sie verschiedene Darstellungsformen erworben haben und eine Verknüpfung derer möglich ist. Werden die Kinder bei den Zuordnungen mit Zahlen konfrontiert, kommt eine weitere Anforderung auf sie zu.

Die Untersuchung von Schmidt (1982b) zur Ziffernkenntnis und zum Ziffernverständnis von Schulanfänger stellt dar, dass die teilnehmenden Kinder im Schnitt neun von zehn Ziffern richtig lesen. Alle Ziffern von null bis neun lasen drei Viertel der Kinder richtig. Hingegen fällt den Kindern das Ziffern schreiben wesentlich schwerer.

Grassmann et al. (2002) überprüften die Ziffernkenntnis von Schulanfängern. 90,8 % der Kinder erkannten die Ziffer 5. Die Fähigkeit, eine Menge zu einer gegebenen Zahl anzugeben, hatten 77,7 %. Hierzu mussten die Kinder in einem vorgegebenen Punktebild neun der insgesamt 20 Kreise ausmalen. Bei der Zuordnung von Punktebildern zu einer Ziffer und umgekehrt, lag die Lösungsquote bei 59,9 %. Hier mussten die Kinder zu einem Würfelbild die entsprechende Zahl schreiben, sowie zu einer Zahl ein entsprechendes Punktebild malen.

Vergleichen von Mengen
Das *Vergleichen von Mengen* hat eine zentrale Bedeutung in der mathematischen Entwicklung der Kinder. Die Fähigkeit, Mengen von Dingen aufgrund ihrer Ausdehnung beziehungsweise Fläche zu unterscheiden, haben Säuglinge bereits ab

der Geburt. Kommt nun in der weiteren Entwicklung die Sprache hinzu, lernen Kinder Begriffe wie *mehr als* und *weniger als* kennen und können diese gezielt nutzen. Die Verbindung von Zahlworten mit einer konkreten Mengenvorstellung beginnt im Alter von drei bis vier Jahren (Krajewski et al., 2009). Zum Vergleichen von Mengen stehen den Kindern folgende Herangehensweisen zur Verfügung:

- „durch Überblicken (mehr / weniger / gleich viel)
- durch Eins-zu-Eins-Zuordnung ([d. h.] handelnd [wird ein Element der einen Menge einem Element der anderen Menge zugeordnet])
- durch das Vergleichen von Anzahlen: Anzahlen durch Abzählen bestimmen und vergleichen, Anzahlen durch (quasi-)simultanes Erfassen bestimmen und vergleichen, Anordnen der Anzahlen der Größe nach (mit/ohne deren genauen Bestimmung) [z. B. Kartenstapel bilden]" (Hertling et al., 2017, S. 62)

Kinder eignen sich vor und während des Kindergartens ein umfassendes kardinales Wissen an (Steiner, 1997). Diese Einsicht unterstützt die Untersuchung von Schmidt (1982c), die aufzeigt, dass 95 % der Kinder eine Menge von fünf Plättchen und eine Menge von sechs Plättchen richtig unterscheiden können. Bei der Unterscheidung zweier Mengen von 13 und 14 Plättchen liegen immerhin noch knapp 80 % der Kinder richtig. In beiden Fällen durften die Kinder das Zählen als Herangehensweise zum Vergleichen der Mengen nutzen.

Das Vergleichen von Mengen ausschließlich aufgrund von genannten Zahlen untersuchte die Erprobung des Osnabrücker Tests zur Zahlbegriffsentwicklung (van Luit et al., 2001). Hier wussten 69 % der Kinder, dass 13 Bonbons mehr als neun Bonbons sind. Das Vergleichen zweier Reihen der Größe nach war für 67 % der Kinder möglich. Die Eins-zu-Eins-Zuordnung unter Rückbezug auf das Zählen gelang 75 % der Kinder und die Eins-zu-Eins-Zuordnung ohne Zählen beherrschten 61 % der Kinder (Hasemann & Gasteiger, 2014).

Zerlegen und Zusammensetzen von Mengen von Dingen
Einen weiteren Schwerpunkt in der Zahlbegriffsentwicklung stellt das *Zerlegen und Zusammensetzen von Mengen von Dingen* beziehungsweise das Verständnis des Teile-Ganzes-Schemas dar (Gerster & Schultz, 1998; Krajewski, 2003; Resnick, 1989). Hier werden Beziehungen zwischen einem Ganzen und dessen Teilen hergestellt (Gerster & Schultz, 1998). Dies geht mit der Einsicht einher, dass ein Ganzes in Teilmengen zerlegbar ist und Teilmengen zu einem Ganzen zusammensetzbar sind. Die Entwicklung des Teile-Ganzes-Schemas wird zunächst auf

handelnder und ikonischer Ebene mit Aktivitäten zum Gruppieren und Umgruppieren von Anzahlen gefördert. Später erfolgt dann der Übertrag zum konkreten Rechnen. Somit dient das Zerlegen und Zusammensetzen von Mengen von Dingen unter anderem als Basis für die Addition und Subtraktion (z. B. Padberg & Benz, 2011). Grunderfahrungen in diesem Bereich sind:

– „Angleichen von zwei Teilmengen durch Ergänzen oder Wegnehmen
– Zerlegen von (Gesamt-)Anzahlen in Teilmengen
– Zusammensetzen von Teilmengen zu einer Gesamtzahl / Ermitteln der Anzahl der Gesamtmenge
– Flexibles Zerlegen und neu Zusammensetzen von Anzahlen ohne quantitative Veränderung" (Hertling et al., 2017, S. 62 f.)

Die Erprobung des Osnabrücker Tests zur Zahlbegriffsentwicklung (van Luit et al., 2001) fand in diesem Zusammenhang heraus, dass von 300 Kindern 51 % die Augensumme von zwei Würfeln zusammenzählen konnte (Hasemann & Gasteiger, 2014).

Erkennen von Zahleigenschaften
Das *Erkennen von Zahleigenschaften* spielt im Kindergarten eine untergeordnete Rolle. Die Kinder beschäftigen sich in diesem Alter vorrangig mit den Zahleigenschaften *größer oder kleiner* und *gerade oder ungerade*. Bei größer oder kleiner-Entscheidungen stützen sich die Kinder größtenteils auf die ordinale Vorstellung der Zahlwortreihe und das Wissen, welche Zahl zuerst gezählt wird beziehungsweise vorher oder nachher beim Zählen auftaucht (Kaufmann & Wessolowski, 2006). Die Eigenschaft *gerade oder ungerade* lernen die Kinder zunächst aufgrund zahlreicher Alltagssituationen zum Austeilen implizit kennen. Diese Erfahrungen können dann mit Hilfe von Zahldarstellungen im Zehnerfeld thematisiert werden, wobei es zur Betrachtung des Unterschieds von Zahlen *mit Ecke* (1, 3, 5 und 7) und Zahlen *ohne Ecke* (2, 4, 6, 8 und 10) kommt. Als Grunderfahrungen sind hier zu formulieren:

– „Zwei Zahlen, die als Ziffern dargestellt sind, in Bezug auf ihre Größe in Beziehung setzen (kleiner-größer-Relation): Wert (kardinal), Position (ordinal)
– Erkennen von geraden und ungeraden Zahlen" (Hertling et al., 2017, S. 63)

Erstes Rechnen
Auch das *erste Rechnen* auf symbolischer Ebene zählt im Rahmen früher Bildung nicht zu den zentralen Zielen. In verschiedenen Alltagssituationen kann

es aber dennoch vorkommen. Zum Beispiel beim Spielen von Regelspielen mit Zahlen, in denen diese zusammengerechnet werden müssen oder sobald beim Vergleichen von Mengen der Unterschied zwischen zwei Zahlen mit einer Zahl anzugeben ist. Zu den Grunderfahrungen im Bereich *erstes Rechnen* zählen:

- „Zerlegen und Zusammensetzen von Zahlen auf der symbolischen Ebene
- Angeben eines Unterschieds zwischen zwei Zahlen mit einer Zahl (Differenzmenge/Anzahlunterschied): symbolisch, Anzahl/ Menge" (Hertling et al., 2017, S. 63)

Grundlage für das Lösen erster Aufgaben ist das Verstehen und Nutzen der triadischen Struktur (Teil-Teil-Ganzes) von Aufgaben (Fritz & Ricken, 2005). Als grundlegende Basis hierfür ist die Einsicht in das Teile-Ganze-Schema zu erwähnen. Für Kindergartenkinder ist das Rechnen auf symbolischer Ebene ($3 + 2 = 5$) noch

> keine entwicklungsangemessene Vorgehensweise. Aber: Wenn Kinder mit konkreten Mengen hantieren, Objekte hinzufügen und wegnehmen, Mengen zusammenfügen und aufteilen, erschließen sie dabei die Grundideen der Addition, Subtraktion, Multiplikation und Division. Viele Kinder sind vor dem Schulalter in der Lage, die Operationen ‚Hinzufügen' und ‚Wegnehmen', die sie mit konkreten Mengen vornehmen, auch als Rechenoperationen (Addition und Subtraktion) durchzuführen (‚Ich habe zwei Pferde in den Stall gestellt, wenn ich noch eins dazu tue, sind es drei.'). (Fthenakis et al., 2014, S. 139)

Dies unterstützt auch eine Untersuchung von Deutscher (2012), die zeigt, dass 90,7 % der Kinder zum Schulbeginn die Aufgaben $3 + 2$ und 87 % die Aufgabe $4 + 4$ mit Plättchen richtig lösen. Ohne das Legen von Plättchen lösen 83,3 % der Kinder die Verdopplungsaufgabe $2 + 2$ und 80,6 % die Verdopplungsaufgabe $5 + 5$ richtig. Bei den schwierigeren Aufgaben können 55,6 % der Kinder die Tauschaufgabe $6 + 5$ und ebenso 55,6 % der Kinder die Aufgabe $5 + 6$ ohne Material lösen.

Für das Lösen von ersten Additions- und Subtraktionsaufgaben stellen neben dem konkreten Handeln mit Objekten auch das Zählen und der Rückgriff auf Automatisierungen wesentliche Voraussetzungen dar (Baroody, 1987; Fuson, 1988; Ginsburg, 1975; Stern, 1998). Dabei beschreiben Carpenter und Moser (1984)[15] folgende informelle Zählstrategien für die Addition:

---

[15] Die Zählstrategien für die Addition wurden vielfach in die deutsche Sprache übersetzt. Die hier vorliegenden Ausführungen sind in Anlehnung an Padberg & Benz (2011) verfasst worden.

- vollständiges Auszählen („*counting-all*"[16]):
  Beide Summanden werden komplett ausgezählt, meist mit Hilfe konkreter Objekte oder Fingerbildern.

- Weiterzählen vom ersten Summanden aus („*counting-on from first*"):
  Vom ersten Summand wird die Anzahl des zweiten Summanden mit Objekten oder der bloßen Zahlwortreihe weitergezählt.

- Weiterzählen vom größeren Summanden aus („*counting-on from larger*"):
  Vom größeren der beiden Summanden wird die Anzahl des kleineren Summanden weitergezählt.

- Weiterzählen vom größeren Summanden aus in größeren Schritten:
  Vom größeren der beiden Summanden wird die Anzahl des kleineren Summanden in größeren Schritten, z. B. Zweier-, Dreier- oder Fünferschritte, weitergezählt.

- Automatisierungen („*recall*"):
  Das Ergebnis ist automatisiert und kann auswendig genannt werden.

- Abgeleitete Fakten („*derived facts*"):
  Es werden Zusammenhänge zwischen Aufgaben erkannt und das Ergebnis wird über eine automatisierte Aufgabe abgeleitet.

Bei der Subtraktion unterscheiden sich folgende Strategien (Carpenter & Moser, 1984)[17]:

- Wegnehmen („*seperating from*"[18]):
  Vom Minuend wird der Subtrahend mit Hilfe von Objekten oder Fingerbildern weggenommen.

- Ergänzen („*adding on*"):
  Vom Subtrahenden aus werden so viele Objekte ergänzt, bis der Minuend entsteht.

- Zuordnen („*matching*"):
  Mittels der Eins-zu-Eins-Zuordnung werden Minuend und Subtrahend gegenübergestellt.

---

[16] Die kursiv geschriebenen englischen Begriffe in Anführungszeichen in der Aufzählung zu den informellen Zählstrategien für die Addition sind zitiert aus Carpenter und Moser (1984, S. 181).

[17] Die Zählstrategien für die Subtraktion wurden vielfach in die deutsche Sprache übersetzt. Die hier vorliegenden Ausführungen sind in Anlehnung an Padberg & Benz (2011) verfasst worden.

[18] Die kursiv geschriebenen englischen Begriffe in Anführungszeichen in der Aufzählung zu den Subtraktionsstrategien sind zitiert aus Carpenter und Moser (1984, S. 182).

– Rückwärtzählen („*counting down from*"):
Vom Minuenden wird um die gegebene Anzahl von Schritten (Subtrahenden) rückwärts gezählt oder es wird bis zur gegebenen Anzahl (Subtrahend) rückwärts gezählt.
– Vorwärtszählen ("*counting up from given*"):
Ausgehend vom Subtrahend wird bis zum Minuend vorwärts gezählt.

Bereits ab drei Jahren beobachtet man erste Zählstrategien bei Kindern (Hughes, 1986). In einer Längsschnittstudie untersuchten Carpenter und Moser (1984) den Erwerb von Additions- und Subtraktionskonzepten von Grundschulkindern. Die Ergebnisse der Studie zeigen, dass zwei Drittel der Kinder Anfang der ersten Klasse die Additions- und Subtraktionsaufgaben nicht lösen konnten beziehungsweise das vollständige Auszählen und das Ergänzen genutzt haben. Zählstrategien ohne Rückgriff auf Materialien konnten bei etwa einem Drittel der Kinder beobachtet werden. Im Laufe der ersten drei Grundschuljahre änderte sich das Lösungsverhalten und die Kinder griffen größtenteils auf Zahlenwissen sowie auf Zählstrategien ohne Rückgriff auf Material zurück. Verfügen Kinder über mehrere Zählstrategien, sind diese bei der Wahl ihrer Zählstrategie nicht immer konsequent und nutzen nicht immer die effizienteste. So kommt es zum Beispiel häufig vor, dass Kinder das vollständige Auszählen nutzen, obwohl bereits das Weiterzählen vom größeren Summanden beherrscht wird.

Zusammenfassend folgt in Tabelle 1.2 nochmals überblicksartig die Darstellung aller zentralen Grunderfahrungen im Bereich *Zahlen und Operationen*[19].

Über die notwendigen Grunderfahrungen bei der Zahlbegriffsentwicklung besteht in der Literatur weitestgehend Konsens. Der Schwerpunkt liegt auf dem Erwerb der Zählkompetenz, der (quasi-)simultanen Erfassung strukturierter Mengen, des Mengenverständnisses und der Entwicklung eines Teile-Ganzes-Konzepts (z. B. Clements, 1984; Fritz & Ricken, 2005; Krajewski, 2013; Moser Opitz, 2008; Resnick, 1983). Mathematisch fortgeschrittene Kinder „fallen [zu Schulbeginn] durch ihre weit entwickelten Zählfähigkeiten auf, durch den sicheren Umgang mit Mengen, durch das schnelle Auffassen von Zahlstrukturen und durch den fast spielerischen Erwerb des Rechnens" (Rasch & Schütte, 2012, S. 73).

---

[19] Die Zusammenfassung der Grunderfahrungen im Bereich *Zahlen und Operationen* erfolgt anhand der im Projekt *spimaf* entwickelten Tabelle. Diese ist Grundlage für verschiedene Analysebereiche in Teil II der vorliegenden Studie.

Tabelle 1.2 Grunderfahrungen im Bereich *Zahlen und Operationen* (Hertling et al., 2017, S. 62 f.)

Grunderfahrungen im Bereich *Zahlen und Operationen* (Hertling et al., 2017, S. 62 f.)		
Vergleichen von Mengen	durch Überblicken (mehr / weniger / gleich viel)	
	durch Eins-zu-Eins-Zuordnung (handelnd)	
	durch das Vergleichen von Anzahlen	Anzahlen durch Abzählen bestimmen und vergleichen
		Anzahlen durch (quasi-)simultanes Erfassen bestimmen und vergleichen
		Anordnen der Anzahlen der Größe nach (mit / ohne deren genaue Bestimmung)
Aufsagen der Zahlwortreihe	Zahlwortreihe vorwärts aufsagen	
	Zahlwortreihe rückwärts aufsagen	
	Zahlwortreihe mit Variationen aufsagen	Zahlwortreihe vorwärts von verschiedenen Startzahlen aus aufsagen
		Zahlwortreihe rückwärts von verschiedenen Startzahlen aus aufsagen
		Zahlwortreihe mit Unterbrechungen aufsagen
Bestimmen von Anzahlen	Abzählen von Dingen / Tätigkeiten	Bestimmen der Anzahl von Dingen durch Abzählen
		Ausführen einer Tätigkeit so oft wie vorgegeben
	Erfassen von Anzahlen (Bestimmen der Anzahl von Dingen durch (quasi-)simultanes Erfassen)	
Zerlegen und Zusammensetzen von Mengen von Dingen	Angleichen von zwei Teilmengen durch Ergänzen oder Wegnehmen	
	Zerlegen von (Gesamt)anzahlen in Teilmengen	
	Zusammensetzen von Teilmengen zu einer Gesamtzahl / Anzahl der Gesamtmenge ermitteln	
	Flexibles Zerlegen und neu Zusammensetzen von Anzahlen ohne quantitative Veränderung	

(Fortsetzung)

Tabelle 1.2 (Fortsetzung)

**Grunderfahrungen im Bereich *Zahlen und Operationen*
(Hertling et al., 2017, S. 62 f.)**

Aufbauen, Herstellen und Untersuchen der Zahlenreihenfolge	Zahlen der Größe nach ordnen	von Beginn an
		von einer bestimmten Position aus vorwärts
		von einer bestimmten Position aus rückwärts
	Erkennen, dass zur nächsten (An)Zahl immer eins dazu kommt	
	Einordnen einzelner Zahlen in die Zahlenreihenfolge	
	Bestimmen der genauen Position einzelner Zahlen in der Zahlenreihenfolge	
	Bestimmen / Nennen der Nachbarzahl(en) zu einer vorgegebenen Zahl	
Zuordnen von Anzahl- und Zahl-darstellungen	Erfassen von symbolischen Zahlzeichen	
	Verschiedene Repräsentationsformen (Finger, …) einander zuordnen	
	Zuordnung Menge-Zahlzeichen und umgekehrt	Zuordnung einer Menge zu einem vorgegebenen Zahlzeichen
		Zuordnung eines Zahlzeichens zu einer vorgegebenen Menge
Erkennen von Zahleigenschaften	Zwei Zahlen, die als Ziffern dargestellt sind, in Bezug auf ihre Größe in Beziehung setzen (kleiner-größer-Relation)	Wert (kardinal)
		Position (ordinal)
	Erkennen von geraden und ungeraden Zahlen	
Erstes Rechnen	Zerlegen und Zusammensetzen von Zahlen auf der symbolischen Ebene	
	Angeben eines Unterschieds zwischen zwei Zahlen mit einer Zahl (Differenzmenge/ Anzahlunterschied)	symbolisch
		Anzahl / Menge

Es lässt sich festhalten, dass die mathematische Bildung im Kindergarten verschiedene Bereiche umfasst: allgemeine mathematische Kompetenzen, mathematische Denk- und Handlungsweisen sowie mathematische Inhaltsbereiche. Der nachfolgende Abschnitt dient nun zur Vertiefung des mathematischen Inhaltbereichs *Zahlen und Operationen*. Hierzu werden verschiedene Modelle beschrieben, die aufzeigen, wie sich der Zahlbegriff entwickelt.

1.4 Modelle zur Entwicklung des Zahlbegriffs

Von Geburt bis zum Schuleintritt durchlaufen Kinder verschiedene Entwicklungs-
bausteine und eigenen sich Kompetenzen in ganz verschiedenen Bereichen an.
Kinder nutzen dabei „jede Aktivität, um [solche] ‚Bausteine' zu entwickeln,
auf denen [sie] komplexere und reifere Entwicklungsschritte aufbauen können"
(Ayres, 2013, S. 21, Hervorhebung im Original). Die kognitiven Leistungen, das
Verhalten sowie das emotionale Wachstum gelten als „Endprodukt[e] von vielen Bausteinen, die sich während der sensomotorischen Aktivitäten in der frühen
Kindheit und Vorschulzeit aneinanderreihen" (ebd., S. 21). Zu einer der kognitiven
Leistungen im Bereich *Mathematik* gehört die Entwicklung des Zahlbegriffs. In
der Antike lag das Interesse zunächst auf der Frage, was eine Zahl ist. Ausgehend
von diesen ersten Überlegungen entwickelten sich verschiedene Zahlentheorien.
Die Frage nach der Entwicklung eines Zahlbegriffs war zu dieser Zeit noch nicht
von Interesse. Diese kam erst durch einen vermehrt psychologischen Zugang zum
Zahlbegriff und der experimentellen Forschung in den Fokus (Moser Opitz, 2008).
In Anlehnung an verschiedene Autoren der Psychologie (Fritz & Ricken, 2005;
Krajewski, 2003; Stern, 1998) und der Mathematikdidaktik (Clements, Sarama &
DiBiase, 2004; Hasemann, 2003; Wittmann, 2006) liegt in dieser Arbeit der Fokus
auf dem Erwerb des Zahlbegriffs[20]. Aus heutiger Perspektive zeigt sich mit Blick
auf die Zahlbegriffsentwicklung ein Wechsel von Piagets „logical foundations
model" (Clements, 1984, S. 766) zu verschiedenen „skills integration model[s]"
(ebd., S. 766), der nachfolgend dargestellt wird.

1.4.1 Das Logical-Foundation-Modell

Das Logical-Foundation-Modell (Clements, 1984) geht auf Piaget (1972) zurück
und hat einen psychologischen Hintergrund. Piaget hebt die Beherrschung
logisch-formaler Operationen beziehungsweise pränumerischer Kompetenzen hervor. Dazu gehören die Seriation, Klassifikation, Eins-zu-Eins-Zuordnung und das
Invarianzverständnis. Piaget (1964) stellt heraus, „daß [sic] die Zahl die Logik
voraussetzt, daß [sic] eine vorgängige logische Organisation notwendig ist, damit
sich eine Zahl bildet. Andererseits ist die Zahl nicht reine Logik, sondern sie setzt

---

[20] Die Entwicklung von mathematischen Kompetenzen in den anderen Inhaltsbereichen (vgl.
Abschnitt 1.3.3) gilt aber als ebenso zentral und sollte bei der frühen mathematischen Bildung
mitbedacht werden.

zunächst eine Synthese logischer Operationen voraus" (ebd., S. 51). In ihren Versuchen beschreiben Piaget und Szeminska (1975) diese drei Schwerpunkte der Zahlbegriffsentwicklung:

- Erhalten von Quantitäten und Mengeninvarianz
- Stück-für-Stück-Korrespondenz auf der kardinalen und ordinalen Ebene sowie
- Kompositionen auf Grundlage der Addition und Multiplikation

Das Invarianzprinzip bedeutet, dass sich bei einer Veränderung von Elementen im gleichen Verhältnis der Gesamtwert nicht verändert (Piaget & Szeminska, 1975). Dies wird als Ausgangspunkt für die Mengen- beziehungsweise Zahlvorstellung angesehen. Um zwei Mengen nun vergleichen zu können, kommt die Tätigkeit hinzu, nach und nach die einzelnen Elemente einander zuzuordnen. In diesem Bereich ergänzen sich dann die Kardinal- und Ordinalzahlen:

> Es verwirklicht sich [...] [die] kardinale Wertung mit Hilfe der Stück-für-Stück-Korrespondenz, die eine Ordination voraussetzt. Umgekehrt begreift das Kind bei jeder anschaulichen Reihenbildung, daß [sic] jedes Glied gezählt werden kann und mit den vorhergehenden Gliedern eine Gruppe bildet, die kardinal gezählt werden kann. (Piaget & Szeminska, 1975, S. 204)

Daran anknüpfend werden die Additions- und Multiplikations-Operationen untersucht, die als solche in Zahlen enthalten sind. Zum einen ist eine Zahl durch Addition verschiedener Teile herstellbar und zum anderen repräsentiert die Stück-für-Stück-Korrespondenz von zwei Teilen eine Multiplikation (Piaget & Szeminska, 1975). Es geht also darum, das Teile-Ganzes-Schema zu durchdringen und die Beziehungen zwischen Mengen zu erkennen. Betrachtet man die Schlussfolgerungen, die sich aus den Versuchen ergeben, geht Piaget (1972) davon aus, dass sich der Zahlbegriff erst im Alter von circa sieben Jahren entwickelt und zwar nach der Beherrschung aller logischer Operationen. Gerade das Zählwissen, dass Kinder bereits mit zwei bis fünf Jahren in der prä-operationalen Phase erwerben, hat demnach keine Relevanz für die Entwicklung des Zahlbegriffs (Piaget & Inhelder, 1986; Piaget & Szeminska, 1975). Vielfach wurde zu den Versuchsanordnungen Piagets Kritik geäußert. Dazu zählen unter anderem der methodologische und wissenschaftstheoretische Aufbau seiner Versuche, undeutliche sprachbezogene Anforderungen, die Situation der Untersuchungen, das homogene Stufenkonzept sowie die zugrundeliegende Auffassung von Entwicklung und Lernen (Moser Opitz, 2008). Lenkt man den Blick spezifisch auf die Zahlbegriffsentwicklung, finden sich weitere Kritikpunkte wie zum Beispiel

die Umsetzung der Invarianzaufgabe und die daraus resultierenden Ergebnisse
(z. B. Acredolo, 1982; Becker, 1989; Fischer & Beckey, 1990; Schmidt, 1982a;
Sophian, 1988).

Mit einem anderen Blick schauen die Skills-Integration-Modelle auf die Entwicklung des Zahlbegriffs und grenzen sich insofern davon ab, dass die logischen
Operationen zwingende Voraussetzung für die Zahlbegriffsentwicklung sind.

1.4.2   Skills-Integration-Modelle

Die Skills-Integration-Modelle berufen sich nach Clements (1984) auf neuere
entwicklungspsychologische und fachdidaktische Befunde und sehen die von Piaget dargestellten pränumerischen Kompetenzen nicht als Grundvoraussetzung für
die Zahlbegriffsentwicklung. Als Basis für die Entwicklung des Zahlbegriffs gilt
hier die Integration von Teilfähigkeiten (number skills), wozu das Zählen, die
Simultanerfassung und das Vergleichen von Mengen gehören. Nach einer Untersuchung von Clements (ebd.) fördert das Training von numerischen Fähigkeiten
die logisch-formalen Operationen, die Piaget betont, mit.

Verschiedene Entwicklungsmodelle zeigen mit jeweils anderen Schwerpunkten, wie sich die mathematischen Fähigkeiten der Kinder heranbilden.

1.4.2.1   Triple-Code-Modell nach Dehaene

Mit „the human number-processing architecture" (Dehaene, 1992, S. 30) befasst
sich das Triple-Code-Modell. In diesem Modell sind zwar keine Entwicklungsverläufe dargestellt, aber es wird beschrieben, welche Zahlenrepräsentationen für
das Rechnen wichtig sind. Erwachsene verfügen aus seiner neuropsychologischen
Perspektive über drei miteinander verbundene neuronale Netzwerke, die in unterschiedlichen Regionen des Gehirns lokalisiert sind und unabhängig voneinander
arbeiten: sprachlich alphabetisches, visuell arabisches und semantisches Modul.
Das Triple-Code-Modell geht davon aus, dass das Unterscheiden kardinaler Mengen ab dem Säuglingsalter möglich ist. Das sprachlich alphabetische Modul legt
sich bereits vor Schulbeginn an und bezieht sich auf gehörte und geschriebene
Zahlen, die aufgenommen und wiedergegeben werden. Das visuell arabische
Modul bildet sich im Schulalter aus und beinhaltet das Lesen und Schreiben von
Zahlen, das Operieren mit mehrstelligen Zahlen und das Erkennen der Zahleigenschaft gerade und ungerade. Diese beiden Module sind Voraussetzung für das
Konstruieren des semantischen Moduls, bei dem kardinale Mengenvorstellungen
in eine ordinale Zahlenstrahldarstellung transformiert werden und dessen Ent-
wicklung in den ersten Grundschuljahren anzusiedeln ist. Es gibt also nicht das

eine Rechenzentrum im Gehirn. Dehaene (1992) betont in diesem Zusammenhang: "Adult human numerical cognition can therefore be viewed as a layered modular architecture, the preverbal representation of approximate numerical magnitudes supporting the progressive emergence of language-dependent abilities such as verbal counting, number transcoding, and symbolic calculation" (ebd., S. 35). Ein „echtes numerisches Wissen besteht in der flexiblen Übertragung zwischen den Repräsentationsformen, also [...] in der Verknüpfung der ungenauen Mengenwahrnehmung mit der Zahlwortreihe und den Ziffern" (Schuler, 2008, S. 723). Da das Modell von Dehaene (1992) keine entwicklungspsychologische Betrachtungsweise einnimmt, gibt es kaum Erkenntnisse über die Entwicklung der Zahlrepräsentationen im Kindesalter (z. B. Dornheim, 2008). Die Entwicklung des Zahlbegriffs wurde mit nachfolgenden Modellannahmen, die jeweils andere Schwerpunktsetzungen haben, rekonstruiert.

1.4.2.2 Vier-Stufen-Modell der Entwicklung zahlenverarbeitender Hirnfunktionen nach von Aster

Von Aster (2005, 2013) bindet das Modell von Dehaene (1992) in entwicklungspsychologische Zusammenhänge ein und beschreibt das Vier-Stufen-Modell der Entwicklung zahlenverarbeitender Hirnfunktionen. In diesem Modell sind verschiedene Komponenten zahlenverarbeitender Hirnfunktionen in einen hierarchisch gegliederten Entwicklungszusammenhang gebracht (von Aster, 2013)[21]:

– Stufe 1: *„Repräsentation konkreter Mengengröße: Frühe basisnumerische Fähigkeiten"*
   Die erste Stufe umfasst in Anlehnung an Feigenson et al. (2004) die **„[c]ore systems of number"** (ebd., S. 307, Hervorhebungen im Original). Darunter versteht man die Fähigkeit des Menschen, Mengen und ihre numerische Größe zu unterscheiden. Es werden zwei verschiedene Vorgehensweisen genutzt, zu denen bereits Säuglinge in der Lage sind. Einerseits ist es möglich, Mengen von einem bis drei Objekten simultan, das heißt auf einen Blick zu erfassen und zu vergleichen (Feigenson, Carey & Spelke, 2002b). Andererseits können auch größere Mengen, die sich stark voneinander unterscheiden, hinsichtlich ihrer Mächtigkeit verglichen werden (Xu & Spelke, 2000). Die primären Fähigkeiten zur Unterscheidung kardinaler Mengen sind wichtig für die nachfolgenden Prozesse der Symbolisierung auf der zweiten und dritten Stufe. Werden diese nicht entsprechend ausgebildet, treten Schwierigkeiten „für das Verständnis kardinaler Größen, für grundlegende numerische Schemata von mehr und weniger

---

[21] Die Bezeichnungen für die einzelnen Stufen sind zitiert aus von Aster (2013, S. 23 ff.).

oder Teil und Ganzes und in der Folge für arithmetische Prozeduren und Algorithmen" (von Aster, 2013, S. 24 f.) auf.

- Stufe 2: *„linguistische [...] Symbolisierung von Zahlen"*
Mit dem Erwerb der Sprache, die sich im kommunikativen Umgang mit der Umwelt entwickelt, baut sich das „sprachliche Symbolisieren in Form einer ordinalen Zahlwortsequenz" (von Aster, 2013, S. 27) bereits im Vorschulalter auf. Die Kinder erlernen auf dieser Stufe das Zählen, Abzählen und arithmetische Zählprinzipien, die wichtig für das Quantifizieren und Operieren von und mit Mengen sind. Diese Fähigkeiten ermöglichen es, Mengen zusammenzuzählen, Mengen durch hinzu- oder wegnehmen zu verändern und mit zunehmender Erfahrung erste Abrufstrategien (Automatisierungen) zu nutzen. Wenn ein Kind bei derselben Aufgabe immer wieder zum gleichen Ergebnis kommt, baut es Automatisierungen auf. Im Vorschulalter erfolgt dies meist durch wiederholendes Zählen, Abzählen oder zählendes Rechnen. Diese Prozesse unterstützen später das erste Rechnen.

- Stufe 3: *„visuell-arabische Zahlenrepräsentation"*
Auf dieser Stufe ist es zentral, dass Kinder lernen, die gesprochenen Zahlwörter in Form von arabischen Ziffern darzustellen. Dieser Prozess beginnt einige Zeit vor dem Schuleintritt, er ist aber größtenteils im Schulalter verankert. Als Schwierigkeit im Schulalter gilt die Zehner-Einer-Inversion, die beim Schreiben von zweistelligen Zahlen auftaucht. Durch das visuell-arabische Zahlwortsystem wird es möglich, im größeren Zahlenraum zu agieren sowie verschiedene Rechenprozeduren durchzuführen.

- Stufe 4: *„abstrakte zahlenräumliche Vorstellung"*
Der Erwerb der Zahlwortreihe und der arabischen Notationen ist Voraussetzung für die Entwicklung der abstrakten ordinalen Zahlenraumvorstellung. Durch Umformung der basisnumerischen Fähigkeiten konstruieren Kinder während der ersten Grundschuljahre einen mentalen Zahlenstrahl.

Zusammenfassend lässt sich festhalten: „Die Repräsentationen von konkreter Anzahligkeit (Mengengrößen, Stufe 1), von sprachlicher (Stufe 2) und von arabischer Symbolisierung (Stufe 3) verschmelzen [...] in einem Prozess zunehmenden Verstehens und Automatisierens zu diesem neuen kognitiven Werkzeug der abstrakten Zahlenraumvorstellung (Stufe 4)" (von Aster, 2013, S. 22). Die schulische Didaktik sowie emotionale und motivationale Aspekte des Individuums haben Einfluss auf diese Entwicklung. Es ist allerdings zu beachten, dass ein bloßes Herunterbrechen der schulischen Didaktik auf den Elementarbereich nicht sinnvoll ist, sondern eine eigene Didaktik für den Elementarbereich geschaffen werden muss, die unter anderem wichtige Elemente der Zahlbegriffsentwicklung aufnimmt.

1.4.2.3 Modell zur Entwicklung früher numerischer Kompetenzen nach Krajewski

Krajewski und Schneider (2006) beschreiben in ihrem Modell zur Entwicklung früher numerischer Kompetenzen im Vorschulalter drei Ebenen, die als theoretische Grundlage für die Vorhersage von Mathematikleistungen am Ende der Grundschulzeit dienen. Dieses Entwicklungsmodell der Zahlen-Größen-Verknüpfung stellt Krajewski (2013) in einer überarbeiteten Fassung dar, worauf sich die folgenden Ausführungen stützen.

Die *Kompetenzebene I* umfasst drei Basisfertigkeiten: die Mengen- beziehungsweise Größenunterscheidung, die Zählprozedur und die exakte Zahlenfolge. Dabei ist zu beachten, dass sich die Größenunterscheidung getrennt von der Zählprozedur und der Zahlenfolge entwickelt. Zu Größenunterscheidungen sind die Kinder bereits im Säuglingsalter fähig (Antell & Keating, 1983; Starkey & Cooper, 1980; Xu et al., 2005). Allerdings nutzen Säuglinge weniger die konkreten Anzahlen, sondern vielmehr die räumliche Ausdehnung (Clearfield & Mix, 1999; Feigenson et al., 2002b; Simon, Hespos & Rochat, 1995). Parallel dazu eignen sich die Kinder ab circa zwei Jahren die Zahlwortkenntnisse an und lernen dabei die Zählprozedur, die das Aufsagen der Zahlwortreihe meint. Nach und nach erkennen die Kinder, dass die Zählprozedur nicht beliebig erfolgt, sondern eine exakte Zahlenfolge einzuhalten ist. Die Übersetzung der Zahlwortfolge in Ziffern gelingt den Kindern zwar teilweise, aber in diesem Entwicklungsschritt werden die Ziffern noch nicht mit konkreten Anzahlen in Verbindung gebracht.

Auf der *Kompetenzebene II* wird dann ein einfaches Zahlverständnis aufgebaut, in dem die Zahlwörter und Ziffern nun einen Größenbezug bekommen. Die Entwicklung der Zahlen als Anzahlen umfasst zwei Phasen. Beim unpräzisen Anzahlkonzept können die Kinder Anzahlen zunächst nur in die Kategorien wenig, viel und sehr viel einordnen. Ein Zahlvergleich innerhalb einer Kategorie ist nicht möglich, das heißt die Kinder können noch keine exakten Anzahlen miteinander vergleichen, sondern nur eine ungenaue Größenrepräsentation herstellen. Das präzise Anzahlkonzept ist dadurch gekennzeichnet, dass die Kinder verstehen, dass Zahlen eine konkrete Anzahl an Elementen einer Menge angeben und diese innerhalb der Zahlenreihenfolge aufsteigend angeordnet werden können. Dadurch ist es möglich, auch naheliegende Zahlen aufgrund ihrer Mächtigkeit miteinander zu vergleichen. Im Rahmen des Verständnisses von Größenrepräsentationen einer Zahl kommt im größeren Zahlenraum noch die Kenntnis über das Stellenwertsystem hinzu. Die Kinder müssen verstehen, „dass eine Ziffer, je nachdem welche Position sie innerhalb einer mehrstelligen Zahl einnimmt, eine kleinere oder größere Mächtigkeit repräsentiert" (Krajewski, 2013, S. 158), um so einen aus Verständnis basierenden Vergleich von Größen vornehmen zu können. Unter Größenrelationen versteht man zunächst die Weiterentwicklung des Mengenverständnisses ohne Zahlbezug. Die Kinder machen im Alter von circa drei bis sechs Jahren einerseits vertiefte Erfahrungen mit dem Teile-Ganzes-Schema (Resnick, 1989) und erkennen, dass sich Mengen beliebig zerlegen und zusammensetzen lassen. Andererseits wird das Invarianzverständnis ausgebaut, wodurch Kinder nun verstehen, dass sich Mengen nur verändern, wenn etwas hinzu- oder wegkommt und die räumliche Ausdehnung keinen Einfluss auf die konkrete Menge hat (Piaget & Szeminska, 1975).

Können die Kinder auf der *Kompetenzebene III* agieren, haben sie ein tiefes Zahlverständnis erworben. Hierfür müssen die Kinder die erworbenen Kompetenzen der Ebene II miteinander verknüpfen, sodass es nun möglich ist, konkrete (An-)zahlen zusammenzusetzen und zu zerlegen sowie die Differenz zwischen (An-)Zahlen zu bestimmen. Die Kinder kommen demnach durch die „zunehmende Verknüpfung von Zahlwörtern mit Mengen (Größen) und Mengenrelationen (Größenrelationen) […] zu einem numerischen Verständnis von Zahlen" (Krajewski, 2013, S. 155). Dies geschieht, indem Kinder verstehen, dass Zahlwörter und Ziffern die Relationen zwischen Mengen oder auch Größen repräsentieren. Diese dritte Ebene ist somit der Übergang zu erstem Rechnen mit Zahlen.

Das beschriebene Entwicklungsmodell ist nicht als starre Abfolge zu deuten, sondern als Ausgangspunkt für die Beschreibung, wie sich arithmetische Kompetenzen entwickeln. Eine genaue Verortung von Kindern in diesem Modell zeigt sich in der Praxis als schwierig, da sich ein Kind in verschiedenen Zahlenräumen, aber auch im Umgang mit den dargebotenen Repräsentationsebenen auf unterschiedlichen Niveaus befinden kann (Sinner, Ennemoser & Krajewski, 2011). Ein Kind kann sich „im Zahlenraum bis 10 auf Ebene 3, im Zahlraum bis 100 auf Ebene 2a, im Zahlenraum bis 1 Million noch nicht einmal auf Ebene 1" (Krajewski, 2013, S. 160) befinden. Oder aber „kann ein Kind möglicherweise an Aufgaben zur zweiten Ebene scheitern, wenn diese mit bildlichem Material oder Ziffern präsentiert werden, und gleichzeitig – unter Rückgriff auf konkretes Material – Aufgaben der dritten Ebene bereits lösen" (ebd., S. 161). Auch können Kinder auf unterschiedlichen Ebenen sein, je nachdem, ob diese zur Lösung einer Aufgabe die verbalen Zahlwörter oder die arabischen Ziffern verwenden.

1.4.2.4 Modell für die Diagnostik und Förderung mathematischer Kompetenzen im Vorschul- und frühen Grundschulalter nach Ricken und Fritz

Auf Basis der Arbeiten von Siegler (1987), Fuson (1988) und Resnick (1989) entwickelten Ricken und Fritz (2007) ein entwicklungspsychologisches Kompetenzentwicklungsmodell. Diese untergliedern „typische Muster von Voraussetzungen" (ebd., S. 441) beim Lösen von Aufgaben in diese fünf Niveaustufen:

–　Niveau I:
Unabhängig voneinander entwickeln sich bei den Kindern zunächst die Fähigkeiten „des Reihenbildens, des unspezifischen Mengenvergleichens und der Beherrschung der Zahlwortreihe als Folge von Worten, die noch nicht mit einzelnen Objekten verbunden werden" (Ricken & Fritz, 2007, S. 442).

–　Niveau II:
Auf dieser Stufe entsteht ein mentaler, ordinaler Zahlenstrahl. Die nun erkannte feste Abfolge der Zahlworte führt dazu, dass die Kinder Mengen von eins beginnend auszählen können und verstehen, dass das Ergebnis dem letztgenannten Zahlwort entspricht. Das Ergebnis wird allerdings ordinal interpretiert. Auch können die Kinder über das Auszählen von Mengen erstes Rechnen vollziehen. Allerdings haben die Kinder noch keine Idee der Mächtigkeit von gezählten Mengen.

–　Niveau III:
Der nächste Entwicklungsschritt ist der Aufbau einer kardinalen Mengenvorstellung. Dadurch kann nach dem Zählprozess das letztgenannte Zahlwort nicht nur ordinal gedeutet werden, sondern die Kinder erkennen nun auch die Mächtigkeit der Menge, also die kardinale Interpretation. Die Kinder können Elemente einer größeren Menge abzählen und bei der Addition vom ersten Summanden aus weiterzählen. Befindet sich ein Kind auf Stufe 3 und hat ein erstes kardinales Verständnis, beginnt es bei einem Abbruch des Zählprozesses nicht wieder bei Eins, sondern das Kind kann das letzte genannte Zahlwort wiederholen und zum weiterzählen nutzen.

–　Niveau IV:
Die Kinder entwickeln das Verständnis für Teile-Ganzes-Beziehungen und erlangen die Einsicht, dass ein Ganzes in Teilmengen zerlegbar ist und Teilmengen zu einem Ganzen zusammengesetzt werden können. Dadurch erkennen die Kinder die gegliederten Quantitäten von Mengen und können ihr Wissen über Mengen und deren Beziehungen zueinander ausdifferenzieren. Zudem kommt die Erkenntnis hinzu, dass der Abstand zwischen zwei Zahlen

immer eins ist. Die Kinder sind in der Lage, Differenzen zwischen Mengen zu ermitteln und haben ein Verständnis für erste relationale Beziehungen.

– Niveau V:
Am Ende kommen noch der vollständige Erwerb des relationalen Zahlbegriffs sowie das sichere und flexible Umgehen mit Teilmengen hinzu. Die Kinder erkennen nun nicht nur einfache Zerlegungen wie $6 = 4 + 2$ und $6 = 5 + 1$, sondern können auch weitere Zerlegungen finden wie $5 + 6 = 5 + 5 + 1$. Die Kinder können die Beziehung zwischen den jeweiligen Teilmengen und der dazugehörigen Gesamtmenge erkennen und können diese auch für Additions- und Subtraktionsaufgaben nutzen.

Die beschriebenen Niveaustufen präzisieren die verschiedenen mathematischen Konzepte, die Kinder im Vorschulalter erwerben und setzen diese in Bezug zueinander. Dabei liegen die Schwerpunkte auf der Konstruktion der Zählzahl (Niveau I), der Entwicklung eines mentalen Zahlenstrahls (Niveau II), dem Verständnis für Kardinalität und Zerlegbarkeit (Niveau III), der Einsicht, dass Zahlen andere Zahlen enthalten (Niveau IV) sowie der Rationalität (Niveau V). In einer empirischen Prüfung von Ricken, Fritz und Balzer (2011) bewährte sich die Annahme zur Ordnung der Konzepte auf diese Weise.

1.4.2.5 Modell der Entwicklung von Zahlkonzept und Rechenleistung nach Dornheim

Dornheim (2008) beschreibt in Anlehnung an Case und Okamoto (1996) für ihre Untersuchung die Entwicklungsschritte des Zahlkonzepts, des Zahlen-Wissens und der Rechenleistungen ab dem Säuglingsalter. Als Ausgangsbasis verweist Dornheim (2008) auf zwei Repräsentationssysteme[22]:

– *„Unpräzise Mengen-Repräsentation"*:
Mit Bezug auf die unpräzise Mengen-Repräsentation ist es möglich, Mengen näherungsweise miteinander zu vergleichen. Das Schätzen gilt hier als Grundlage für das Erkennen, ob sich Mengen voneinander unterscheiden oder gleich sind.
– *„Präzise Anzahl-Repräsentation"*:
Die präzise Anzahl-Repräsentation bedeutet, dass kleine Mengen bis drei Objekte präzise erkannt und verglichen werden können.

---

[22] Die Bezeichnungen der zwei Repräsentationsebenen und der sechs Schritte in der weiteren Entwicklung sind zitiert nach Dornheim (2008, S. 82 ff.; Hervorhebung im Original).

Daran anknüpfend nennt Dornheim (2008) sechs Schritte in der weiteren Entwicklung:

– Stufe 1: „*Erstes Anzahlkonzept (10–12 Monate)*"
Die Kinder haben durch Zuordnung von Zahlwörtern eine Vorstellung der Anzahlen eins, zwei und drei und können diese auch hinsichtlich ihrer Mächtigkeit vergleichen.

– Stufe 2: „*Flexibles Anzahlkonzept (1–3 Jahre)*"
Verallgemeinerbare Erfahrungen und erste Kenntnisse im Symbolverstehen ermöglichen es, bis zur Anzahl drei Mengen einander anzupassen, ordinale Beziehungen zu verstehen und erste Rechnungen durchzuführen.

– Stufe 3: „*Ordinalzahlkonzept (2–5 Jahre)*"
Unabhängig eines kardinalen Verständnisses wird die Zahlwortreihe über drei hinaus gelernt und die Zahlwortreihe wird als ordinale Rangfolge verstanden, in der jede Zahl einen festen Platz hat. Auf dieser Stufe wird der erste mentale Zahlenstrahl entwickelt.

– Stufe 4: „*Kardinalzahlkonzept (3–6 Jahre)*"
Die Zahlwortreihe über drei wird mit dem Anzahlkonzept verknüpft, wodurch nun durch Zählen eine Anzahlbestimmung größerer Mengen möglich ist. Dies bringt die Differenzierung des Zahlenstrahls und dessen numerisches Verständnis mit sich.

– Stufe 5: „*Teile-Ganzes-Konzept (5–8 Jahre)*"
Bis zur Anzahl zehn können Anzahlen zusammengesetzt und zerlegt werden. Die Kenntnis über Zahlentripel gilt als Grundlage für das Rechnen, das auf Verständnis basiert.

– Stufe 6: „*Dezimales Teile-Ganzes Konzept (7–10 Jahre)*"
Die Kenntnisse der Kinder im Zahlenraum bis zehn erweitern sich auf den Zahlenraum bis 100. Die Kinder können aufgrund ihres Einblicks in verschiedene Rechenfakten und Analogien im Dezimalsystem in allen Grundrechenarten Aufgaben lösen.

Dornheim (2008) verweist darauf, dass die einzelnen Stufen keine strenge Abfolge darstellen, sondern als heuristischer Rahmen, in dem verschiedene Sprünge nach vorne, aber auch nach hinten möglich sind. Das Modell zeigt, wie sich das Zahlkonzept, das Zahlen-Wissen und die Rechenleistung aufeinander aufbauend entwickeln. Dabei betont sie, dass sich ein flexibles Zahlen-Wissen nur aufbauen kann, sofern für die Kinder zuhause, im Kindergarten sowie in der Schule mathematisch anregungsreiche Lernumgebungen geschaffen werden. Ist dies gegeben, kann man davon ausgehen, dass Kinder bis zum Schuleintritt „über ein flexibles Anzahlkonzept im kleinen Anzahlbereich, ein Ordinalzahlkonzept mit entwickelten Zählfertigkeiten, ein Kardinalzahlkonzept für größere Anzahlen bis 10 [verfügen] und [...] teilweise dazu in der Lage [sind], Zähl- oder Teile-Ganzes-Strategien zum Rechnen einzusetzen" (ebd., S. 212). Dieses Modell zur Entwicklung von Zahlkonzept und Rechenleistung weist einige Ähnlichkeiten zum Modell von Krajewski und Schneider (2006) auf. Jedoch zeigt sich auch ein wesentlicher Unterschied in Dornheims (2008) Modell, der „in der getrennt konzipierten parallel stattfindenden Entwicklung von eher sprachlich basiertem Zahlen-Wissen und eher visuell-räumlich unterstützten Anzahl- oder Kardinalzahlvorstellungen [liegt], die erst nach und nach im Sinne eines konzeptuellen Wandels in der komplexen Vorwissenskomponente ineinander integriert werden" (ebd., S. 258).

Zusammenfassend beschreiben die aufgezeigten Entwicklungsmodelle, wie sich die mathematischen Kompetenzen von Kindern entwickeln. Sie „geben auf der Grundlage einer fundierten theoretischen Einbettung sowie einer eingehenden Überprüfung an, in welcher Abfolge Kinder typischerweise über bestimmte Fertigkeiten, Konzepte und Kompetenzen verfügen" (Hildenbrand, 2016, S. 39). Bei Betrachtung der Entwicklungsverläufe ist allerdings immer zu beachten, dass nie alle kognitiven Prozesse beim Erwerb mathematischer Kompetenzen erfasst und in ein Modell integriert werden können. Die verschiedenen Kompetenzentwicklungsmodelle haben Gemeinsamkeiten und Unterschiede. Zum Beispiel sind die unpräzise Mengen-Repräsentation und die präzise Anzahl-Repräsentation, wie sie Dornheim (2008) beschreibt, in dem Modell von Asters (2005) auf der ersten Stufe zu finden. Und auch Krajewski (2003) bezieht sich vorrangig auf das kardinale Zahlverständnis. Hingegen legen Ricken und Fritz (2007) ihren Schwerpunkt auf den ordinalen Zahlaspekt. Allen gemeinsam ist, dass sie einerseits aufzeigen, „welche Entwicklungsprozesse vollzogen werden und welche Lernergebnisse von den Kindern in bestimmten Altersstufen erwartet werden können und andererseits Anhaltspunkte für eine entwicklungsorientierte Unterstützung der Lernprozesse" (Hildenbrand, 2016, S. 44) geben. Verschiedene Ansätze zur frühen mathematischen Bildung sollen die Entwicklung mathematischer Kompetenzen von Kindern im Kindergarten fördern und sie somit in ihrem mathematischen Lernprozess unterstützen. Diese Konzeptionen werden im nachfolgenden Kapitel dargestellt.

1.5   Ansätze früher mathematischer Bildung

Verschiedene Studien erachten den Erwerb der in Abschnitt 1.3 dargestellten mathematischen Kompetenzen bereits im Kindergarten als zentral (z. B. Dornheim, 2008; Krajewski, 2003; Weinert & Stefanek, 1997; Weißhaupt et al., 2006). Daraus entstanden eine Vielzahl an Konzeptionen und Materialien zur Umsetzung der frühen mathematischen Bildung (z. B. Benz, 2010a; Friedrich & de Galgóczy, 2004; Hoenisch & Niggemeyer, 2007; Kaufmann & Lorenz, 2009; Krajewski et al., 2007; Lee, 2014; Preiß, 2007; Royar & Streit, 2010; Wittmann & Müller, 2009).

Gasteiger (2010) nimmt eine Kategorisierung der Ansätze vor und ordnet diese Trainingsprogrammen oder dem Nutzen und Schaffen mathematischer Lerngelegenheiten zu. Das Nutzen und Schaffen mathematischer Lerngelegenheiten untergliedert sie nochmals in zwei Bereiche: Mathematik im Alltag und Mathematik im Spiel.

Schuler (2013) teilt die verschiedenen Konzeptionen und Materialien in Lehrgänge und (Förder-)Programme, integrative Ansätze sowie punktuell einsetzbare Materialien ein. Die Unterschiede sieht sie dabei auf konzeptioneller Ebene anhand der Organisationsform, der Zielgruppe, der inhaltlichen Ziele sowie der verwendeten Materialien und Arbeitsmittel.

Auch Hildenbrand (2016) beschreibt Formen der vorschulischen mathematischen Förderung und unterscheidet zwischen Trainingsprogrammen und mathematischen Lerngelegenheiten im Alltag. Die folgenden Ausführungen beziehen sich auf die Einteilung von Hildenbrand (ebd.) mit Bezug auf die Kategorisierungen von Schuler (2013) und Gasteiger (2010).

Unter *Trainingsprogramme* versteht Hildenbrand (2016) „systematische und umfassend aufbereitete Programme zur gezielten pädagogischen Förderung mathematischer Kompetenzen [...], deren Aufbau sich in erster Linie an fachdidaktischen und entwicklungspsychologischen Aspekten orientiert" (ebd., S. 56). Die lehrgangsorientierten Programme prägen ein sequenzielles Vorgehen (zum Beispiel die gestufte Einführung der Zahlen eins bis zehn). Die Materialien werden gezielt in möglichst altershomogenen Kleingruppen in Bezug auf die Förderung spezifischer mathematischer Kompetenzen eingesetzt. Dabei liegt der Schwerpunkt größtenteils auf arithmetischen Inhalten und einige Programme implizieren vorrangig die Förderung von Risikokindern (Schuler, 2013). Gasteiger (2010) betont, dass Trainingsprogramme „in Form von kleinen Lerneinheiten mathematisches Lernen eher lehrgangsartig andenken" (ebd., S. 79). Die Lerneinheiten erinnern an schulische Verlaufsskizzen und beinhalten unter anderem konkrete Fragestellungen, mögliche Impulse sowie mögliche Antworten der Kinder (Schuler, 2013). Zu den Trainingsprogrammen gehören nach Gasteiger (2010) *Entdeckungen im Zahlenland* (Preiß, 2007), *Komm mit ins Zahlenland* (Friedrich & de Galgóczy, 2004) und *Mengen, zählen, Zahlen* (Krajewski et al., 2007). Schuler (2013) ergänzt diese Liste durch die Konzeption *Elementar* (Kaufmann & Lorenz, 2009). Weitere Trainingsprogramme nach Hildenbrand (2016) sind *Spielend Mathe* (Quaiser-Pohl, 2008), *Förderprogramm zur Entwicklung des Zahlkonzepts – FEZ* (Peucker & Weißhaupt, 2005), *Mit Baldur ordnen – zählen – messen* (Clausen-Suhr, 2009) und *Mina und der Maulwurf* (Gerlach & Fritz, 2011).

Beispielhaft für lehrgangsartige Trainingsprogramme wird die entwicklungspsychologische Konzeption *Mengen, zählen, Zahlen* (Krajewski et al., 2007) dargestellt und ihre Effekte auf die mathematischen Kompetenzen aufgezeigt. *Mengen, zählen, Zahlen* will spielerisch den Sinn der Zahlen vermitteln, indem die abstrakte Struktur der Zahlen und des Zahlenraums anhand von Darstellungsmitteln greif- und sichtbar gemacht wird. Zu den Inhalten gehören arithmetische Kompetenzen wie die Erarbeitung der Zahlen eins bis zehn, das Unterscheiden von Mengen, das Zählen, das Kennenlernen der Ziffern, die Zahlen als Folge aufsteigender Anzahlen verstehen sowie Beziehungen zwischen Zahlen erkennen. Entwickelt wurde *Mengen, zählen, Zahlen* für Vorschulkinder, spezifisch für Risikokinder. Die Umsetzung der Konzeption erfolgt in Kleingruppen von vier bis sechs Kindern über acht Wochen, jeweils dreimal pro Woche für 30 Minuten. Eine Einzelförderung ist aber mit der Konzeption ebenso möglich. *Mengen, zählen, Zahlen* bezieht sich auf das eigene entwickelte Modell zur Entwicklung früher numerischer Kompetenzen (vgl. Abschnitt 1.4.2.3) und besteht aus drei Einheiten, die aufeinander aufbauen[23]:

- Einheit 1: „Zahlen als Anzahlen"
  Erarbeitung der Zahlen eins bis zehn (numerische Basisfertigkeiten)
- Einheit 2: „Anzahlordnung"
  Mengen vergleichen (Anzahlkonzept)
- Einheit 3: „Teile-Ganzes-Beziehungen und Anzahlunterschiede"
  Beziehungen zwischen Mengen (Anzahlrelationen)

---

[23] Die Bezeichnungen für die drei Einheiten sind zitiert aus der Handreichung zur Konzeption *Mengen, zählen, Zahlen* (Krajewski et al., 2007, S. 3). Die Handreichung ist nicht einzeln verfügbar, sondern Bestandteil der Förderbox.

Ein ausführlicher Gesprächsleitfaden führt die pädagogischen Fachkräfte durch die einzelnen Einheiten und soll möglichst eins zu eins umgesetzt werden. Die Wirksamkeit von *Mengen, zählen, Zahlen* überprüften Krajewski, Nieding und Schneider (2008a) selbst. In ihrer Studie untersuchten sie die Effekte auf die frühen mathematischen Kompetenzen von Kindern im letzten Kindergartenjahr mit Blick auf vier verschiedene Versuchsgruppen. Bei Versuchsgruppe 1 wurde das Programm *Mengen, zählen, Zahlen* nach Krajewski et al. (2007) kontrolliert durchgeführt. Eine kontrollierte Durchführung fand auch in der Versuchsgruppe 2 anhand des Denktrainings nach Klauer (1989) statt. Versuchsgruppe 3 unterlag einer unkontrollierten Durchführung des Zahlenlands nach Friedrich und de Galgóczy (2004). Die vierte Versuchsgruppe hatte kein spezifisches Training zur Förderung mathematischer Kompetenzen. Als Ergebnis zeigte sich, dass bei allen Kindern, egal aus welcher Versuchsgruppe, die mathematischen Kompetenzen zu jedem Messzeitpunkt in Bezug auf das Mengen-Zahlen-Wissen angestiegen sind (Krajewski et al., 2008a). Des Weiteren belegte die Untersuchung, dass die Mengen-Zahlen-Kompetenzen der Kinder aus Versuchsgruppe 1 (*Mengen, zählen, Zahlen*) signifikant höher sind, als die der Kinder aus den anderen Gruppen. Somit hatte ausschließlich die Förderung mit *Mengen, zählen, Zahlen* einen Effekt auf die frühen mathematischen Kompetenzen der Kinder, jedoch mit relativ kleinen Effektstärken. Dieser Effekt lässt sich nach den Forscherinnen womöglich auch durch die natürliche Entwicklung der Kompetenzen im Mengen-Zahlen-Wissen begründen.

Im Gegensatz zu den Trainingsprogrammen verfolgen die *mathematischen Lerngelegenheiten im Alltag* eine alltagsintegrierte und spielbasierte Förderung (Hildenbrand, 2016), die „eine zwanglose, natürliche, durch den Kontext nahe liegende Auseinandersetzung mit Mathematik" (Selter, 2008, S. 48) anregt. Dabei richten sich die Angebote an alle Kinder und sind in den verschiedenen mathematischen Inhaltsbereichen (Zahlen und Operationen, Raum und Form, Messen und Größen, Daten, Häufigkeiten und Wahrscheinlichkeiten) angesiedelt (Schuler, 2013). Zudem erfolgt eine Anregung der mathematischen Denk- und Handlungsweisen: Klassifizieren, Seriieren und Strukturieren (z. B. Rathgeb-Schnierer, 2012; Schuler, 2013). Für die pädagogische Fachkraft bedeutet dies, mathematische Lerngelegenheiten im Alltag zu erkennen und zu nutzen, sowie spezifische mathematische Lerngelegenheiten anzubieten (Gasteiger, 2010). Hierunter führt Hildenbrand (2016) neben Alltagssituationen und Ritualen im Kindergarten den Einsatz von Materialien und Spiele, die mathematikförderlich sind, auf. Solche mathematikförderlichen Materialien und Spiele bezeichnet Schuler (2013) als punktuell einsetzbare Materialien, die auf vielfältige Weise einsetzbar sind und damit allen Kindern einen Zugang ermöglichen. Dabei sind unter anderem

Spielregeln, Gruppengröße, Alter der Kinder, Zeitpunkt und Dauer der Beschäftigung sowie die Intensität variabel. Beim Einsatz der punktuell einsetzbaren Materialien können die Kinder mathematische Handlungen durchführen und so in ihrem mathematischen Lernen voranschreiten. Dabei werden neben den spezifischen mathematischen Kompetenzen auch unspezifische Fähigkeiten geschult. Ein zentrales Element, um die Kinder auf der *Zone der nächsten Entwicklung*[24] anzuregen, ist die Spielbegleitung der pädagogischen Fachkraft (ebd.). Die Spielbegleitung umfasst das mathematische Potenzial des Materials oder Regelspiels zu analysieren, die Kinder während der Beschäftigung damit zu beobachten sowie mathematisch gehaltvolle Situationen zu erkennen, aufzugreifen und gezielt zu begleiten (z. B. Stemmer, 2015). Gerade das Regelspiel, als ein punktuell einsetzbares Material, hat für die mathematische Bildung im Elementarbereich großes Potenzial, „weil es eine altersgemäße, angemessene Lernform darstellt und somit den natürlichen Bedürfnissen des Kindes entspricht" (Gasteiger, 2010, S. 102). Nach Schuler (2013) sind die folgenden Konzeptionen dem Bereich der mathematischen Lerngelegenheiten im Alltag zuzuordnen: *Mathe-Kings* (Hoenisch & Niggemeyer, 2007), *Gleiches Material in großer Menge* (Lee, 2014), *MATHElino* (Royar & Streit, 2010), *Das Zahlenbuch* (Müller & Wittmann, 2009) sowie *Die Käferschachtel* (Royar, 2007b). Gasteiger (2010) listet weitere konzeptionelle Ideen auf, die die Anregung mathematischen Lernens, die Unterstützung natürlicher Lernprozesse sowie die Förderung der individuellen Entwicklung von Kindern implizieren. Darunter führt Gasteiger (2010) die Ausarbeitungen zur frühen mathematischen Bildung von Clements und Sarama (2009), Copley (2004; 2006), Keller und Noelle Müller (2007), Montague-Smith (2002), NAEYC und NCTM (2002), Peter-Koop, Hasemann und Klep (2006), Steinweg (2007b), van den Heuvel-Panhuizen (2001) und van Oers (2004) auf. Hildenbrand (2016) nennt in ihrer Forschungsarbeit des Weiteren die alltagsintegrierten Förderansätze *TransKiGs Projekt* (z. B. Steinweg, 2008b), *KOMPASS – Kompetenzen alltagsintegriert schützen und stärken* (z. B. Jungmann et al., 2012), *spielintegrierte Förderung* (z. B. Hauser, Vogt, Stebler & Rechsteiner, 2014; Rechsteiner & Hauser, 2012; Rechsteiner et al., 2012) und *KiDZ – Kindergarten der Zukunft in Bayern* (Stiftung Bildungspakt Bayern, 2007) auf.

---

[24] Die *Zone der nächsten Entwicklung* ist ein Konzept, das Vygotskij (u. a. 1987) aus dem Bereich der Entwicklungsdiagnostik ableitete. Vygotskij (1987) versteht darunter, abgegrenzt vom tatsächlichen, aktuellen Entwicklungsniveau des Kindes, Fähigkeiten und Funktionen, „die sich im Reifungsstadium" (ebd., S. 83) befinden. Gefördert werden Entwicklungsprozesse auf der *Zone der nächsten Entwicklung* mit Aufgaben, die nur „unter Anleitung, unter Mithilfe von Erwachsenen gelöst werden" (ebd., S. 300) können.

Die Konzeption *KiDZ – Kindergarten der Zukunft in Bayern* (Stiftung Bildungspakt Bayern, 2007) wird nun beispielhaft beschrieben und eine empirische Untersuchung bezüglich deren Wirksamkeit erläutert. Im Zentrum des Modellversuchs *KiDZ* steht die individuelle Förderung von drei- bis sechsjährigen Kindergartenkindern im mathematischen Lernen, im sprachlichen Lernen und im naturwissenschaftlichen Lernen. Charakteristisch für *KiDZ* ist, dass es von einem breiten Bildungsbegriff ausgeht, (auch) auf Schulvorbereitung abzielt, Förderung nicht als Vorwegnahme von schulischem Unterricht versteht, Teamteaching von pädagogischen Fachkräften im Kindergarten, Kinderpfleger/innen und Grundschullehrer/innen fordert und auf Beobachtung und Dokumentation besonderen Wert legt (Roßbach, Sechtig & Freund, 2010). In der konkreten Umsetzung von *KiDZ*

geht es immer um eine Balance didaktisch-methodischer Vorgehensweisen, die sich an den Fragen der Kinder, an ihren Alltagssituationen, ihre Interessen und Wünschen, aber auch an vorbereiteten Angeboten orientieren, mit denen relevante Inhaltsbereiche immer entwicklungsangemessen und in spielerischer Form vermittelt werden können. (Roßbach, Frank & Sechtig, 2007, S. 38)

Im Bereich der Mathematik von *KiDZ* beschreibt Steinweg (2007b) in den Kompetenzbereichen *Zahl und Struktur*, *Zeit und Maße* sowie *Raum und Form* konkrete Aktivitäten (z. B. im Bereich *Zahl*: kleine und große Mengen abzählen, Würfelspiele spielen, Zahlen mit Fingern repräsentieren), Organisationsideen (z. B. im Bereich *Zahl*: Mengen von Objekten wie beispielsweise Knöpfe bereitstellen, Lieder und Gedichte mit Zahlen nutzen, Vorstellungsbilder aufbauen durch strukturierte Zahlbilder) und Beobachtungsvorschläge (z. B. im Bereich *Zahl und Struktur*: Zählt die Augen des Würfels korrekt? Kind erkennt die Ziffern bis 9? Zählt Objekte richtig ab bis …? Erfasst Mengenunterschiede schätzend?). Mit Blick auf das mathematische Lernen, „sollte der Kindergarten Kindern Lernumgebungen […] bereitstellen, in denen sie aktiv Mathematik entdecken und erfahren können. Diese Umgebungen ergeben sich zumeist aus alltäglichen Spiel- und Arbeitssituationen, müssen dabei aber bewusst auf mathematische Gehalte abgeklopft werden" (Steinweg, 2007b, S. 139). Eine quasi-experimentelle Längsschnittstudie von Roßbach et al. (2010) evaluierte *KiDZ* und dessen Wirksamkeit auf die Entwicklung der mathematischen Kompetenzen von Vorschulkindern. Zum ersten Messzeitpunkt nahmen 138 Kinder aus der Modellgruppe *KiDZ* und 53 Kinder aus einer Vergleichsgruppe teil. Die Erfassung und Analyse der frühen mathematischen Kompetenzen der Kinder fand jeweils im Alter von drei, vier und fünf Jahren statt. Die Analysen ergaben, dass die mathematischen Kompeten-zen der Kinder in der Modellgruppe stärker anstiegen als die der Kinder in der Vergleichsgruppe. Somit haben die Kinder der Modellgruppe Vorteile bezüglich der Entwicklung mathematischer Kompetenzen. Allerdings wurden keine länger-fristigen Effekte in Bezug auf das spätere schulische Lernen untersucht. Weitere Evaluationen zeigten, dass in der zweiten Klasse die Entwicklungsvorteile der Kinder der Modellgruppe vorerst nicht mehr zu beobachten sind (Sechtig, Freund, Roßbach & Anders, 2012).

Des Weiteren gibt es Studien, die ganz konkret verschiedene Förderkonzep-tionen in Bezug auf ihre Wirksamkeit vergleichen (z. B. Grüßing & Peter-Koop, 2008; Hildenbrand, 2016, Hertling, 2020).

Grüßing und Peter-Koop (2008) untersuchten in einer Längsschnittstudie, wie eine mathematische Förderung im Kindergarten die mathematischen Leistungen am Ende des ersten und zweiten Schuljahres beeinflussen. Dabei gingen die Forscherinnen auch der Frage nach, ob es „Unterschiede bezüglich der mathe-matischen Leistungen der geförderten Kinder in Abhängigkeit von der Art der Förderung – durch die Erzieherin in den Kindergartenalltag integriert oder in externer Einzelförderung durch speziell für diese Aufgabe ausgebildete Studieren-den" (ebd., S. 70) gibt. Als ein zentrales Ergebnis kam heraus, dass sich zwischen den beiden Fördergruppen keine signifikanten Unterschiede bezüglich der mathe-matischen Leistungen vor und nach der Förderung finden. Allerdings erbrachten die Kinder, die einen an der Studie teilnehmenden Kindergarten besucht haben, am Ende des ersten Schuljahres signifikant bessere mathematische Leistungen.

> Dies deutet darauf hin, dass allein das Wissen über den Stand der mathemati-schen Kompetenzentwicklung von Kindern und die daran anknüpfende altersgemäße Beschäftigung mit mathematischen Inhalten zu messbaren schulischen Leistungseffek-ten führen kann. Die vielfach geforderten vorschulischen Bildungsangebote in diesem Bereich scheinen also gerechtfertigt. (Grüßing & Peter-Koop, 2008, S. 80)

Hildenbrand (2016) erforschte in ihrer Untersuchung, wie sich die Entwick-lung mathematischer Kompetenzen durch den Einsatz eines Trainingsprogramms (Treatmentgruppe 1: *Mina und der Maulwurf* nach Gerlach & Fritz (2011)), einer von den pädagogischen Fachkräften selbst entwickelten mathematischen Lerngelegenheit im Alltag (Treatmentgruppe 2) und einer Kontrollgruppe (Treat-mentgruppe 3) unterscheiden. Die Ergebnisse zeigen, dass es keinen signifikanten Unterschied in der Entwicklung der mathematischen Kompetenzen zwischen den verschiedenen Treatmentgruppen gibt. Jedoch ergeben sich signifikante Steigerun-gen der kindlichen Mathematikleistungen von Messzeitpunkt 1 zu Messzeitpunkt

2 und von Messzeitpunkt 2 zu Messzeitpunkt 3. Die Studie stellt somit heraus, dass sich die Kinder, egal ob mit Trainingsprogramm, gezieltem Anbieten von mathematischen Lerngelegenheiten im Alltag oder ohne gezielte mathematische Förderung in ihren mathematikbezogenen Leistungen verbesserten. Es konnten „weder kurz-noch langfristige Unterschiede zwischen den beiden Treatmentgruppen und der Kontrollgruppe festgestellt" (ebd., S. 207) werden. Die Forscherin schließt aus ihrer Studie, „dass sich die mathematischen Kompetenzen nicht interventionsabhängig, sondern reifungs- beziehungsweise entwicklungsbedingt weiterentwickelt haben" (ebd., S. 207). Obwohl sich aus der Studie

> weder für die Umsetzung des Trainingsprogramms *Mina und der Maulwurf* noch für die alltagsintegrierte Förderung im Durchschnitt Effekte auf die mathematischen Kompetenzen der Kinder zeigten, wäre die Schlussfolgerung, dass auf die mathematische Förderung in Kindertagesstätten verzichtet werden kann, voreilig. Es zeigte sich ein enger Zusammenhang zwischen individuell-familiären Hintergründen und der mathematischen Leistung der Kinder, zum Nachteil von Kindern mit eher ungünstigen Voraussetzungen. Damit dieser Nachteil nicht ausweitet oder verstärkt wird, scheint gerade für Kinder aus eher anregungsarmen Elternhäusern eine adäquate Förderung in Kindertagesstätten unerlässlich. (Hildenbrand, 2016, S. 220, Hervorhebungen im Original)

Eine entwicklungsangemessene Förderung von mathematischen Kompetenzen bei Kindergartenkindern ist somit für die pädagogischen Fachkräfte herausfordernd und es gibt hierfür noch nicht den einen richtigen Weg (Hildenbrand, 2016).

Hertling (2020) ging in ihrer Studie der Frage nach, inwiefern sich die Lernentwicklungen im Bereich der Zahlbegriffsentwicklung von Kindergartenkindern mit vergleichsweise gering entwickelten arithmetischen Fähigkeiten unterscheiden, je nach durchgeführtem Setting der frühen mathematischen Bildung. Als Settings dienten drei Zahlenland-Kindergärten (Preiß, 2004), ein Kindergarten mit einem eigenen Konzept zur mathematischen Frühförderung, vier Kindergärten mit einer spielorientierten mathematischen Förderung anhand von Regelspielen und zwei Kindergärten, die kein spezielles Konzept durchführten. Unter anderem konnten in der Studie die arithmetischen Lernentwicklungen in Bezug auf die verschiedenen Settings verglichen werden, woraus unter anderen folgende Deutungshypothesen entstanden:

– „Durch die mathematische Frühförderung mit dem Lehrgang ‚Zahlenland' können Kinder mit gering ausgeprägten spezifischen mathematischen Basisfähigkeiten nicht ausreichend in diesem Bereich gefördert werden (Deutungshypothese 1).

– Die Gestaltung von offenen Angeboten unter Rückgriff auf mathematisch gehaltvolle Regelspiele eignet sich zur frühen Förderung mathematischer Basisfähigkeiten (Deutungshypothese 2).

– Durch das bloße Bereitstellen von mathematikhaltigen Spielen und Materialien und das Aufgreifen mathematikhaltiger Situationen im Kindergartenalltag können Basisfähigkeiten beim Zahlbegriffserwerb nicht in dem Maße gefördert werden wie durch entsprechend gestaltete Angebote (Deutungshypothese 3)" (Hertling, 2020, S. 328, Hervorhebungen im Original).

Hertling (2020) kommt in ihrer Studie zu der Schlussfolgerung, dass Kinder mit vergleichsweise gering entwickelten arithmetischen Fähigkeiten in Bezug auf die Entwicklung ihres Zahlbegriffs und der damit verbundenen Förderung mathematischer Kompetenzen anhand mathematisch gehaltvoller Regelspiele im Freispiel profitieren.

Letztendlich lässt sich derzeit noch keine eindeutige Aussage machen, von welchen Förderkonzeptionen die Kindergartenkinder, auch mit Blick auf das weitere mathematische Lernen in der Grundschule, am meisten profitieren. Die Studie von Hertling (2020) weist darauf hin, dass sich eine spielorientierte Förderung mit Regelspielen, gerade auf die Zahlbegriffsentwicklung von vergleichsweise arithmetisch schwächeren Kindern, im Vergleich zu anderen Settings der mathematischen Förderung im Kindergarten, positiv auswirkt. Zudem zeigen Studien zur spielorientierten Förderung im Freispiel (z. B. Caldera, Culp, O'Brian, Truglio, Alvarez & Huston, 1999; Ginsburg, Lee & Boyd, 2008; Sarama & Clements, 2009; Wolfgang & Stakenas, 1985) oder mit Regelspielen (z. B. Gasteiger, 2013; Kamii & Yasuhiko, 2005; Ramani & Siegler, 2008; Rechsteiner et al., 2012), dass diese Arten der Förderung einen positiven Einfluss auf die Entwicklung der mathematischen Kompetenzen der Kinder haben. Diese erforschen allerdings nicht schwerpunktmäßig den Vergleich verschiedener Settings.

Zusammenfassend lässt sich an dieser Stelle festhalten, dass die spielorientierte Förderung mit Regelspielen eine bedeutende Rolle in der frühen mathematischen Bildung einnimmt, da sich Regelspiele genauso effektiv in Bezug auf die Förderung mathematischer Kompetenzen erweisen wie Förderprogramme (Einsiedler, Heidenreich & Loesch, 1985; Floer & Schipper, 1975; Rechsteiner & Hauser, 2012; Rechsteiner et al., 2012; Rechsteiner, Hauser, Vogt & Stebler, 2015; vgl. Kapitel 2).

1.6   Zusammenfassung und Bedeutung für die vorliegende Studie

Die vorliegende Studie ist dem Bereich der mathematischen Bildung im Kindergarten zuzuordnen. Die Bedeutung und damit auch die Anregung der Entwicklung früher mathematischer Bildung ist aufgrund der dargelegten theoretischen Ausführungen nach aktueller Forschungslage unumstritten. Verschiedene Studien zeigen die Relevanz der Entwicklung mathematischer Kompetenzen vor Schuleintritt für die spätere Schullaufbahn (z. B. Krajewski, 2003; Krajewski & Schneider, 2006; Weißhaupt et al., 2006). Und auch die Bildungs- und Orientierungspläne für den Elementarbereich fordern pädagogische Fachkräfte dazu auf, mathematische Bildung in den Kindergarten zu integrieren. Es sollte deshalb Kindergartenkindern möglich sein, vielfältige mathematische Kompetenzen zu erwerben, zu vertiefen und anzuwenden. Kompetenzen im Allgemeinen und spezifisch mathematische Kompetenzen zeigen sich in einem konkreten, situationsbezogenen Handeln selbst und entwickeln sich immer in einem sozialen Kontext (Max, 1997). Die konkreten Bereiche der mathematischen Kompetenzentwicklung sind dabei die Inhaltsbereiche *Zahlen und Operationen, Raum und Form, Größen und Messen, Daten, Häufigkeiten und Wahrscheinlichkeit,* mathematische Denk- und Handlungsweisen sowie allgemeine mathematische Kompetenzen (vgl. Abschnitt 1.3).

In Abschnitt 1.4 wurden verschiedene Modelle zur Zahlbegriffsentwicklung dargestellt, die aufzeigen, wie Kinder mathematische Kompetenzen im Bereich *Zahlen und Operationen* aufbauen. Die aufgeführten Modelle dienen als theoretische Annahmen und werden durch empirische Ergebnisse gestützt (vgl. Abschnitt 1.3.3), die zeigen, dass Kinder auch tatsächlich sehr früh über mathematische Kompetenzen im Bereich des Zahlbegriffs verfügen (z. B. Moser Opitz, 2008). Damit Kinder dieses Zahlen-Wissen aufbauen, wird eine anregende Spiel- und Lernumgebung benötigt. Hierfür kam es zur Entwicklung verschiedene Ansätze zur mathematischen Bildung im Elementarbereich (vgl. Abschnitt 1.5), wobei nach wie vor in der Diskussion steht, wie das vorschulische Mathematiklernen am besten gestaltet sein soll (Schuler & Sturm, 2019b). Eine Möglichkeit zur Gestaltung einer anregenden Lernumgebung ist im Bereich der mathematischen Lerngelegenheiten im Alltag eine spielorientierte Förderung mit Regelspielen. Bei der Entwicklung solcher Regelspiele ist es wichtig, dass diese mathematische Bereiche abdecken, die in der Zahlbegriffsentwicklung eine zentrale Rolle spielen (vgl. Abschnitt 1.4). Dazu gehören vor allem die Förderung von mengen- und zahlbezogenen Kompetenzen (z. B. Kaufmann, 2003; Krajewski, 2003). Betrachtet man die konkreten Spielprozesse der Kinder mit einem Regelspiel, kann aus den Aktivitäten der Kinder geschlussfolgert werden, welche zentralen Kompetenzen der Zahlbegriffsentwicklung in dem jeweiligen Spiel der Kinder im Fokus stehen.

Die vorliegende Studie knüpft an den spielorientierten Ansatz zur mathematischen Förderung im Kindergarten an. Sie bezieht sich auf den arithmetischen Inhaltsbereich *Zahlen und Operationen* und die hierin geforderten mathematischen Kompetenzen (vgl. Abschnitt 1.3.3) sowie auf die prozessbezogene Kompetenz des *Argumentierens* (vgl. Abschnitt 1.3.1 und Kapitel 3). Die beschriebenen Grunderfahrungen im Inhaltsbereich *Zahlen und Operationen* für den Kindergarten (vgl. Abschnitt 1.3.3) sind im empirischen Teil dieser Studie die Grundlage für die Erfassung der Interaktionssegmente (vgl. Abschnitt 6.2). Sie wurden in diesem Zusammenhang zur Definition der mathematischen Sachverhalte über die Kindergartenkinder beim Spielen von Regelspielen interagieren können, genutzt. Zudem bezieht sich das Analyseelement *mathematische Sachverhalte* (vgl. Abschnitt 6.3.2.5) auf die genannten Grunderfahrungen. Zu den mathematischen Sachverhalten zählen die folgenden arithmetischen Grunderfahrungen: das Vergleichen von Mengen, das Bestimmen von Anzahlen, das Zerlegen und Zusammensetzen von Mengen von Dingen, das Aufbauen, Herstellen und Untersuchen der Zahlenreihenfolge, das Zuordnen von Anzahl- und Zahldarstellungen, das Erkennen von Zahleigenschaften und das erste Rechnen (Hertling et al., 2017; Rathgeb-Schnierer, 2012; Schuler, 2013). Die mathematischen Sachverhalte können sich zum Beispiel in konkreten mathematischen Aktivitäten beim Spielen oder in den durch das Spiel ausgelösten Interaktionen unter den Kindern zeigen.

Mathematisches Lernen mit Regelspielen

2

Das mathematische Lernen mit Regelspielen ist dem Bereich der mathematischen Lerngelegenheiten im Alltag (Hildenbrand, 2016) spezifisch den punktuell einsetzbaren Materialien (Schuler, 2013) zuzuordnen und zählt in aktuellen fachdidaktischen Diskussionen als eine Möglichkeit zur Förderung mathematischer Kompetenzen im Kindergarten (z. B. Gasteiger, 2013; Kamii & Yasuhiko, 2005; Ramani & Siegler, 2008; Rechsteiner et al., 2012).

Abschnitt 2.1 beschäftigt sich mit den Begriffen Lernen (vgl. Abschnitt 2.1.1) und Spielen (vgl. Abschnitt 2.1.2), der Definition des Regelspiels (vgl. Abschnitt 2.1.3) sowie dem Lernen im Spiel (vgl. Abschnitt 2.1.4). Daran anschließend wird schwerpunktmäßig das mathematische Lernen mit Regelspielen betrachtet (vgl. Abschnitt 2.2).

2.1 Lernen und Spielen

Betrachtet man die beiden Begriffe *Lernen* und *Spielen,* verknüpft man diese zunächst mit einer Ambivalenz (Leuchter, 2013). Denn

> im täglichen Sprachgebrauch wird mit dem Zeitpunkt des Schuleintritts durchaus bedauernd die Vorstellung verbunden, die ‚Spielzeit‘ sei nun vorbei. Gleichzeitig wird befürchtet, dass eine ‚Verschulung‘ der Kindergartenzeit stattfindet und die Kinder immer häufiger und viel zu früh zum Lernen gezwungen werden. Lernen und Spielen werden als Gegensätze gegenübergestellt, scheinen nicht kompatibel zu sein und zwei unterschiedlichen Modi anzugehören. (Leuchter, 2013, S. 575, Hervorhebungen im Original)

Während Lernen in der Gesellschaft also häufig mit Anstrengung und der Institution Schule in Verbindung gebracht wird, stellt Spielen einen lustvollen Akt dar und ist im Kindergarten verankert. Die aktuellen didaktischen Diskussionen zur frühen Kindheit greifen diese Zwiespältigkeit immer wieder auf und erheben den Anspruch, Lernen und Spielen zu vereinen.

2.1.1 Lernen

In der entwicklungspsychologischen Literatur gibt es verschiedene Theorien über Entwicklungsprozesse. Zum Beispiel beschreiben Montada, Lindenberger und Schneider (2012) eine Typologie von Entwicklungstheorien, die der Frage nachgehen: „Ist das Subjekt Gestalter seiner Entwicklung, oder wird seine Entwicklung von inneren und äußeren Kräften gelenkt?" (Montada et al., S. 32; Komma im Original). Die vier daraus entstandenen „Grundannahmen von Entwicklungstheorien" (Fthenakis et al., 2014, S. 19) unterscheiden, ob das Kind und seine Umwelt aktiv oder passiv an Entwicklungsprozessen teilnehmen.

Exogenistische Theorien beziehungsweise Vermittlungsansätze gehen davon aus, dass Wissen vermittelt wird und externe Einflussfaktoren für die Entwicklung eines Subjekts zuständig sind. *Endogenistische Modelle* beziehungsweise Selbstentfaltungsansätze sehen die Entwicklung als eine bereits festgelegte individuelle Entfaltung an, die äußere Einflüsse nicht steuern können. Diese beiden Betrachtungsweisen, in denen das Kind passiv ist, sind aufgrund der heutigen Forschungslage nicht mehr gerechtfertigt (Montada et al., 2012).

Im Gegensatz zu diesen beiden Entwicklungstheorien schreiben die aktionalen und interaktionistischen Theorien dem Kind eine aktive Rolle beim Wissenserwerb zu. Die *aktionalen Modelle*, die als Selbstgestaltungstheorien gelten, sehen den

> Mensch selbst als Mitgestalter seiner Entwicklung [...], als erkennendes und reflektierendes Wesen, das sich ein Bild von sich selbst und seiner Umwelt macht und bei neuen Erfahrungen modifiziert. Der reflexive Mensch reagiert nicht mechanisch auf äußere Gegebenheiten, sondern nimmt diese selektiv wahr, deutet und interpretiert sie und richtet sein Verhalten an diesen Deutungen aus. (Montada et al., 2012, S. 33)

Nach Schäfer (2005) erfindet beziehungsweise konstruiert sich das Subjekt in den aktionalen Modellen selbst, weshalb diese der Selbstbildung zuzuordnen sind. Die *transaktionalen Theorien*, die unter die interaktionistischen Theorien fallen, schreiben dem Kind sowie der Umwelt eine bedeutende Rolle für die Entwicklung zu. Hierbei gilt die Annahme, dass Menschen in sozialen beziehungsweise ökologischen Systemen leben, agieren und sich dort entwickeln (ebd.). Entwicklung geschieht dadurch, dass Menschen sich wechselseitig mit dem jeweiligen sozialen und kulturellen Umfeld auseinandersetzen (Fthenakis et al., 2014).

Die Lerntheorien lassen sich zwei übergeordneten Richtungen zuordnen: dem Behaviorismus und dem Konstruktivismus.

Aus behavioristischer Perspektive, die vorrangig dem Vermittlungsansatz zugeordnet wird, geht man davon aus, dass das Reiz-Reaktionsschema wesentlicher Bestandteil des Lernens ist und Kinder mittels passiver Aufnahme von Informationen lernen (z. B. Skinner, 1953; Watson, 1924).

Die konstruktivistischen Erkenntnistheorien (z. B. Maturana & Varela, 1987; Neubert, Reich & Voß, 2001; von Foerster, 1998; von Glasersfeld, 1998; Wertsch, 1991) heben hingegen das aktive Lernen hervor, bei dem die selbständige Konstruktion des eigenen Wissens im Mittelpunkt steht. Hess (2012) fasst mit Blick auf von Glasersfeld (1998) die Kernaussagen der konstruktivistischen Theorien in folgenden Prämissen zusammen:

– „**Prämisse 1.**   Wissen lässt sich nicht passiv aufnehmen oder von außen beibringen. [...]
– **Prämisse 2.**   Lernende bauen Wissen aktiv auf bzw. konstruieren es. [...]
– **Prämisse 3.**   ‚Wissen' entspricht subjektiven Konstruktionen der Realität. Es bildet keine Realität ab. [...]
– **Prämisse 4.**   ‚Denken' bedeutet, eigene Realerfahrungen zu organisieren. [...]
– **Prämisse 5.**   Lernen in komplexen Erfahrungsfeldern führen zu einem autonomen Denken. [...]
– **Prämisse 6.**   Durch ‚Fehler' ausgelöste Erfahrungen geben wichtige Orientierungshinweise. [...]
– **Prämisse 7.**   Dialog und Reflexion führen vom singulären zum regulären Denken. [...]
– **Prämisse 8.**   Positive Gefühle und Motivationen sind eigentlicher ‚Motor' des Lernens." (Hess, 2012, S. 193 ff., Hervorhebungen im Original)

Der Konstruktivismus stellt keine einheitliche Theorie dar, sondern zeigt vielmehr verschiedene Ausprägungen.

Der radikale Konstruktivismus versteht sich als Erkenntnistheorie, in der die Entwicklung von Wissen auf eine individuell konstruierte Erfahrungsrealität bezogen wird (von Glasersfeld, 1987). Es ist die Frage leitend, wie der Aufbau von Wissen und somit Lernen stattfindet (von Glasersfeld, 1997). Die Einflüsse der äußeren Umwelt sind aus dieser Perspektive lediglich Auslöser für den Wissenserwerb und keine wesentlichen Einflussfaktoren (Hejl, 1988). Wissen baut sich durch das denkende Individuum selbst auf (Rathgeb-Schnierer, 2006). Aus der Perspektive des radikalen Konstruktivismus „ist man letzten Endes für alles verantwortlich, was man in der physischen wie in der begrifflichen Welt konstruiert, denn die Bausteine dieser Konstrukte sind stets eben jene Begriffe und Beziehungen, die man aus der eigenen Erfahrungswelt abstrahiert hat" (von Glasersfeld, 1997, S. 59). Das erworbene „Wissen ist kein Bild oder keine Repräsentation der Realität, es ist vielmehr eine *Landkarte dessen, was die Realität uns zu tun* erlaubt" (ebd., S. 202, Hervorhebungen im Original).

Eine andere Richtung schlagen die sozialkonstruktivistischen Ansätze ein, die der Frage nachgehen, wie gesellschaftliches Wissen entsteht und weitergegeben wird (Gerstenmaier & Mandl, 1995). Dabei befindet sich eine gesellschaftlich konstruierte Wirklichkeit im Mittelpunkt (Berger & Luckmann, 1969). Dies kennzeichnet den Unterschied zum radikalen Konstruktivismus. Wissen wird im Sozialkonstruktivismus nicht durch den Menschen selbst, sondern innerhalb des jeweiligen sozialen Umfelds aufgebaut (Rathgeb-Schnierer, 2006). Der soziale Austausch in einer Gesellschaft ist dabei für den Aufbau von Wissen und Verständnis zentral (Fthenakis et al., 2014).

Eine dritte Perspektive auf den Konstruktivismus nehmen die Vertreter der Kognitionspsychologie ein und verstehen unter Lernen einen Prozess, der von der jeweiligen Situation abhängig ist. Die Situiertheit des Lernens, gekoppelt an die Idee einer Kontextabhängigkeit lässt folgern, dass der Erwerb von Wissen in einen entsprechenden Kontext eingebettet ist. Innerhalb dieser situierten Kognition konstruiert sich Wissen in Auseinandersetzung mit der materiellen und der sozialen Umwelt und wird innerhalb des sozialen Gefüges geteilt (Gerstenmaier & Mandl, 1995; Möller, 2000). Wissen ist deshalb „immer ‚geteiltes' Wissen, d. h. es wird im *sozialen Dialog* gemeinsam konstruiert" (Möller, 2000, S. 21, Hervorhebung im Original). Die Ausführungen zur situierten Kognition zeigen, dass die Kognitionspsychologie von den verschiedenen sozialkonstruktivistischen Theorien mit Blick auf die Bedeutsamkeit von Interaktion für das Lernen beeinflusst wurde.

Aktuelle Forschungsarbeiten im Bereich der mathematischen Bildung beruhen größtenteils auf der sozialkonstruktivistischen Perspektive und dem Ansatz der transaktionalen Theorien. Dabei wird der Fokus auf die Individualität von

Lernprozessen gelenkt, in denen sich Lernende die Welt innerhalb eines sozialen Gefüges selbst aktiv aneignen (Schuler, 2013). Der Erwerb mathematischer Kompetenzen benötigt neben der eigenen Auseinandersetzung mit dem jeweiligen Sachverhalt größtenteils auch einen sozialen Austausch mit anderen. Hierunter fallen zum Beispiel der Erwerb der Zahlwortreihe sowie das Abzählen von Mengen. Diese beiden mathematischen Kompetenzen sind vorrangig durch Beobachtung, gezielte Instruktion sowie eigene (Ab-)Zählversuche zu lernen (Gasteiger & Benz, 2012). Kinder „konstruieren ihre Vorstellungen nicht in einer isolierten, rein individuellen Auseinandersetzung mit der Realität, sondern entwickeln diese in einem sozialen und kulturellen Umfeld, in wechselnden Interaktionen mit Erwachsenen und Kindern" (Max, 1997, S. 67). Auch Bruner (1991) verweist auf die Situiertheit von Handlungen und betont, dass Menschen soziale Wirklichkeiten mit anderen aushandeln und akzeptieren. Die soziale Umwelt ist aus Sicht des Sozialkonstruktivismus somit ein wesentlicher Bestandteil von Lernen, da hiernach Menschen ihr Wissen, ihr Sinnverständnis und ihre Weltansicht gemeinsam konstruieren (z. B. Gisbert, 2004; Laucken, 1998). Und auch die sozio-kulturelle Theorie von Vygotskij (1987) schließt sich dem an. Er stellt das aktive Kind und dessen sozialen sowie kulturellen Kontext in den Mittelpunkt für erfolgreiche Lernprozesse. Dazu zählt auch die Aufgabe der pädagogischen Fachkraft, die Lernprozesse der Kinder durch geeignete Aufgaben beziehungsweise Materialen anzuregen, Situationen des Austausches zu ermöglichen und mit Hilfe einer entsprechenden Begleitung die Kinder auf die Zone der nächsten Entwicklung zu bringen (z. B. Rathgeb-Schnierer, 2006; Schuler, 2013; Schütte, 2008).

Fthenakis et al. (2014) betonen in diesem Zusammenhang das Prinzip der Ko-Konstruktion. Dieses hat zum Ziel, „mit Kindern gemeinsam im Dialog mathematisches Verständnis zu entwickeln (und nicht das ‚Einüben' der ‚richtigen' mathematischen Regeln und Konventionen)" (ebd., S. 23, Hervorhebungen im Original). Für ko-konstruktive Prozesse unterscheidet er folgende drei Niveaus:

– *Ko-Konstruktion unter Kindern*, das heißt, Kinder erwerben im gemeinsamen Spiel Wissen und Symbolsysteme.
– *Ko-Konstruktion wird initiiert durch die pädagogische Fachkraft*, das heißt, die pädagogische Fachkraft spielt gemeinsam mit den Kindern und bereichert so das Spiel.
– *Ko-Konstruktion wird von pädagogischer Fachkraft und Kind gemeinsam gestaltet*, das heißt, die pädagogische Fachkraft steht in einer partnerschaftlichen Kooperation zum Kind und orientiert sich an den individuellen Bildungsbedürfnissen des Kindes.

Im Sinne der Ko-Konstruktion spielen andere Kinder und Erwachsene eine wichtige Rolle bei der „Konstruktion, Integration, Transformation und vielleicht auch Dekonstruktion von neuem Wissen und Kompetenzen" (Gasteiger & Benz, 2012, S. 110). Erfolgt die Ko-Konstruktion mit einem Erwachsenen beziehungsweise im Kontext des Kindergartens mit der pädagogischen Fachkraft, ist das Aufgreifen mathematischer Lerngelegenheiten im Alltag sowie das spezifische Anbieten von mathematisch ergiebigen Lernumgebungen wichtig (Gasteiger & Benz, 2012). Es ist die Aufgabe der pädagogischen Fachkraft, „Spielräume zu schaffen, in denen neue Möglichkeiten entwickelt und ausprobiert werden können. Dort werden Können und Wissen nicht durch Reproduktion von Wissen hervorgebracht, sondern durch eigenständiges Fragen, Nachdenken und Entdecken von Lösungsmöglichkeiten" (Schäfer, 2005, S. 41).

2.1.2 Spielen

Spielen ist ein zentraler Baustein in der kindlichen Entwicklung, dessen Rolle in der Gesellschaft häufig unterschätzt wird (Ayres, 2013). Der Begriff *Spiel* ist in der Literatur vielfach und mit verschiedenen Ausprägungen definiert. Schuler (2013) nennt in Anlehnung an Scheuerl (1990) Merkmale, die das Spiel auf der phänomenologischen Ebene beschreiben. Zu diesen Merkmalen gehören:

- „Spiel ist zweckfrei. Spielhandlungen sind nicht auf ein Ziel ausgerichtet, sondern der Zweck liegt im Spiel selbst.
- Spiel strebt nach Ausdehnung in der Zeit, nach Wiederholung.
- Spiel ist frei von den Zwängen der Realität, die Beteiligten können sich einer Scheinwelt hingeben. Spielhandlungen sind frei von Konsequenzen.
- Spiel ist ambivalent. Spannung und Entspannung wechseln sich ab.
- Spiel ist gebunden an den Augenblick und damit zeitlos" (Schuler, 2013, S. 57).

In ihren Ausführungen weist Schuler (2013) aber explizit darauf hin, dass nicht immer alle Merkmale vorhanden sein müssen, um von Spiel zu sprechen. Auch Einsiedler (1999) betont in seinem empirisch orientierten Ansatz, dass die Merkmale einer Spieldefinition keiner additiven Aneinanderreihung unterliegen, da diese im konkreten Spiel gegebenenfalls nicht zu erkennen sind. Deshalb stützt er sich auf einen injunkten Spielbegriff, der „fließende Übergänge zu anderen Verhaltensformen, z. B. Erkundungsverhalten oder zielorientiertem Herstellen (dies gilt vor allem für das Bauspiel)" (ebd., S. 12) haben kann.

Einsiedler (1999) versteht

> unter Kinderspiel eine Handlung oder eine Geschehniskette oder eine Empfindung, die
> intrinsisch motiviert ist / durch freie Wahl zustanden kommt [Flexibilität], die stärker
> auf den Spielprozess als auf ein Spielergebnis gerichtet ist (Mittel-vor-Zweck), die
> von positiven Emotionen begleitet ist und die im Sinne eines So-tun-als-ob von realen
> Lebensvollzügen abgesetzt ist. (Einsiedler, 1999, S. 15, Hervorhebungen im Original)

Nach dessen Verständnis kann ein Spiel unterschiedlich intensiv sein, je nachdem wie viele Merkmale auf die konkrete Spielsituation zutreffen. Der Spielbegriff wird aus dieser Sicht also nicht definiert, sondern expliziert.

Hingegen grenzt sich Hauser (2013) von einem solchen injunkten Spielbegriff ab und formuliert eine exklusive Definition von Spiel. Zentral ist hierbei, dass eine Handlung beziehungsweise Tätigkeit alle Merkmale enthalten muss, damit es sich um ein Spiel handelt. Als Merkmale formuliert er[1]:

– „Unvollständige Funktionalität"
  Das Spiel wird als Lernfeld angesehen, in dem es möglich ist seine Kompetenzen zu erweitern ohne dem „Ernst des Lebens" ausgesetzt zu sein.
– „So-tun-als-ob"
  Die Kinder zeigen gespielte Verhaltensweisen, die in der Realität nicht bzw. noch nicht auftauchen.
– „Positive Aktivierung"
  Die Kinder sind intrinsisch motiviert, zeigen eine ernsthafte Beteiligung und verbinden mit der Tätigkeit Freude.
– „Wiederholung und Variation"
  Die Kinder können auf Grundlage ihrer aktuellen Kompetenzen lustvoll üben und daran angepasst in den Spielregeln variieren.
– „Entspanntes Feld"
  Das Kind fühlt sich wohl und hat eine gute Bindung zu den Bezugspersonen im Elternhaus und im Kindergarten sowie zu den anderen Kindern.

Diese Merkmale sind für den Autor nicht nur unabdingbar für das Spiel, sondern zudem Bedingungen, die erfüllt sein müssen, damit nachhaltiges Lernen im Spiel stattfinden kann.

Beim Vergleich der verschiedenen Merkmale von Schuler (2013), Einsiedler (1999) und Hauser (2013) stellt man fest, dass sich diese inhaltlich stark überschneiden. In der vorliegenden Studie werden die Merkmale von Hauser (ebd.)

---

[1] Die Bezeichnungen für die fünf Merkmale eines Spiels sind zitiert nach Hauser (2013, S. 20).

allerdings nicht nach seinem exklusiven Verständnis, sondern als injunkter Spielbegriff genutzt. Dies bedeutet, dass Aktivitäten auch als Spiel aufzufassen sind,
wenn nicht alle Merkmale zutreffen.

Ein Venn-Diagramm in Anlehnung an Krasnor und Pepler (1980) verdeutlicht
das in dieser Studie vorliegende Verständnis von Spiel (vgl. Abbildung 2.1):

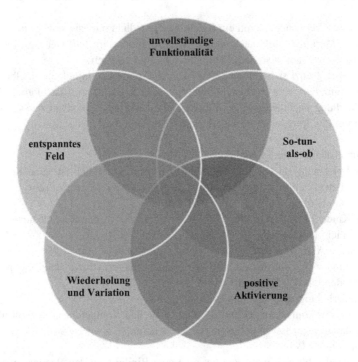

Abbildung 2.1 Darstellung des Spielbegriffs. (in Anlehnung an Einsiedler, 1999; Hauser,
2013; Krasnor & Pepler, 1980; Schuler, 2013)

Das Venn-Diagramm nach Krasnor und Pepler (1980) beinhaltete die vier
Merkmale „non-literality, positive affect, intrinsic motivation, flexibility" (ebd.,
S. 85). Die Darstellung in einem Venn-Diagramm verdeutlicht, dass im Spiel
nicht immer alle Merkmale vorhanden sein müssen. Dieses Modell passte Einsiedler (1999) an und benutzte „die vier Merkmale So-tun-als-ob, Flexibilität,
positive Emotionen sowie Mittel-vor-Zweck als die Bestimmungsstücke […] die
beim Kinderspiel einzeln oder gehäuft auftreten können" (ebd., S. 13). Auf

Grundlage der Aufarbeitungen von Krasnor und Pepler (1980) sowie Einsiedler (1999) erstellte ich ein verändertes Venn-Diagramm. Hierin integrierte ich die in Abbildung 2.1 genannten fünf Merkmale zur Darstellung des Spielbegriffs in Anlehnung an Hauser (2013) und Schuler (2013).

Es gibt unterschiedliche Spielformen (vgl. Tabelle 2.1), in denen die beschriebenen Merkmale in verschiedenen Ausprägungen vorkommen. Dazu gehören das Funktionsspiel oder auch sensumotorisches Spiel genannt, das Experimentierspiel, das frühe Symbolspiel, das Konstruktionsspiel, das ausdifferenzierte Symbol- und Rollenspiel sowie das Regelspiel (z. B. Burghardt, 2011; Einsiedler, 1999; Mogel, 2008; Pellegrini, 2009).

Tabelle 2.1 Spielformen und ihre Beschreibung (Weltzien, Prinz & Fischer, 2013, S. 17)

Spielformen	Beschreibung
Regelspiel	Spielablauf ist durch Regeln festgelegt, Spielziel: gewinnen
ausdifferenziertes Symbol- und Rollenspiel	Symbolisierungen stehen für erlebte und erfahrene Wirklichkeit, Umfunktionieren von Gegenständen, Einnahme unterschiedlicher Rollen
Konstruktionsspiel	Herstellung eigener (Bau-)Werke auf Basis selbst festgelegter Ergebnisse
frühes Symbolspiel	Nachahmung realer Situationen mit Gegenständen, die in ihrer Bedeutung umdefiniert wurden, Als-ob-Spiel
Experimentierspiel	Wiederholte und langandauernde Manipulation von Gegenständen und Körperteilen
Funktionsspiel / sensumotorisches Spiel	Körperteile und Gegenstände werden entdeckt, ihre Funktion überprüft, verändert und begutachtet, Bewegungsexperimente

Es stellt sich aber auch hier als schwierig heraus, ein Spiel einer Spielform genau zuzuordnen, da die Einordnung unter anderem vom Alter der Kinder, der Art des umgesetzten Spiels und dem Zeitpunkt im Spielverlauf beeinflusst wird (Piaget, 1975b). Die Spielformen bleiben über lange Jahre erhalten und

auch im späteren Kindesalter sind durchaus sensumotorische Spiele [...] möglich oder es taucht in Rollenspielen [...] die Funktionslust der frühesten Jahre wieder auf. Ein vermeintliches Zurückfallen in ‚Babyspiele' hat dabei meist nichts mit einem Entwicklungsstillstand oder gar mit Verhaltensauffälligkeiten zu tun, sondern zeigt vielmehr, dass das Spiel (bis ins hohe Alter) Freiheiten und Möglichkeiten bereitstellt, die über die Alltagswirklichkeit hinausgehen. (Weltzien et al., 2013, S. 16, Hervorhebung im Original)

Mogel (2008) veranschaulicht in einem Modell die Entwicklung der einzelnen Spielformen und zeigt, dass deren Komplexität von Spielform zu Spielform zunimmt (vgl. Abbildung 2.2). Die einzelnen Spielformen gehen in diesem Modell auseinander hervor und entwickeln sich aufgrund von Emergenz und Synergie. Unter Emergenz versteht man, dass „eine andere oder qualitativ neue Spielform aus einer schon bestehenden hervorgeht, jedoch die Eigenschaften der neuen Spielform nicht aus den summierten Merkmalen der früheren Spielformen erklärbar sind" (ebd., S. 137). Synergie meint „eine dynamische Zusammenführung von ganz bestimmten Entwicklungslinien […], die die neue Spielqualität hervorbringen" (ebd., S. 138).

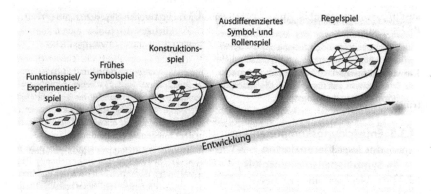

Abbildung 2.2 Entwicklung der Spielformen (Mogel, 2008, S. 139)

Vorläufer der oben beschriebenen Spielformen sind das Eltern-Kind-Spiel und die Exploration, da diese die Fähigkeit zum Spielen im Allgemeinen und zum eigenständigen Spielen anbahnen (Hauser, 2013). In Anlehnung an Mogel (2008) ist das Regelspiel als elaborierteste Form des Spiels zu bezeichnen. Dieses wird nachfolgend näher betrachtet.

2.1.3 Regelspiel

Bereits Piaget (1975b) erachtete das Regelspiel als maßgebliche Aktivität in der kindlichen Entwicklung und stellt heraus: „Die Regel ist eine Regelmäßigkeit, die von einer Gruppe auferlegt wird, so [...] [dass] ihre Verletzung ein Fehlverhalten darstellt" (ebd., S. 150). Diese Sichtweise soll den sozialen Aspekt betonen, der hinter den Regelspielen steckt. Den Umgang mit Regelspielen versteht er als eine Aktivität spielerischer Art mit Wettbewerbscharakter. Es werden gemeinsam Regeln beziehungsweise Normen festgelegt (übermittelte, institutionelle oder spontan ausgehandelte Regeln und Normen), zu deren Einhaltung sich die teilnehmenden Personen im weiteren Verlauf des Regelspiels verpflichten.

Einsiedler (1999) weitet die Definition Piagets (1975b) aus und versteht

> Spiele als Regelspiele, die durch ein mehr oder weniger komplexes Regelwerk organisiert sind, wobei die Regeln entweder einen Wettbewerb mit einem Zielzustand normieren oder einen Spielablauf ohne Wettbewerb sichern und meist das Zusammenspiel mehrerer Spieler, in gesonderten Fällen das Spiel eines einzelnen, festlegen. (Einsiedler, 1999, S. 124)

Die Regeln im Regelspiel lassen sich in vier Gruppen untergliedern und werden nachfolgend anhand des Verstecken-Spiels beispielhaft aufgezeigt (Hauser, 2013; in Anlehnung an Eiferman, 1973 & Pellegrini, 2009)[2]:

– „Voraussetzungen (Pflichten, Gebote)", z. B. der Fänger oder die Fängerin beim Verstecken-Spielen muss bis 100 zählen
– „Verbote", z. B. die Kinder dürfen den vereinbarten Bereich zum Verstecken nicht verlassen
– „(Sonder-)Regeln des Erlaubten", z. B. die Lautstärke des Zählens kann variiert werden; wobei die Voraussetzung gilt, dass hörbar gezählt werden muss, aber nicht unbedingt besonders laut
– „Meta-Regeln", z. B. wenn jüngere und ältere Kinder zusammenspielen, dürfen die jüngeren Kinder jeweils zu zweit als Fänger oder Fängerinnen agieren

Die Metaregeln bringen eine gewisse Flexibilität ins Regelspiel. Ältere Kinder nutzen diese meist dazu, damit jüngere Kinder mitspielen können (Hauser, 2013). Diese Variation der Spielregeln ermöglicht es auch, die Regelspiele an entsprechende Lernstände der Kinder anzupassen. Neben den Spielregeln prägt auch das

---

[2] Die Bezeichnungen der Regeln im Regelspiel sind zitiert nach Hauser (2013, S. 124).

Zufallsprinzip die Regelspiele. Dies bringt ein flexibles Reagieren auf verschiedene Situationen mit sich (Mogel, 2008) und erzeugt im jeweiligen Regelspiel eine gewisse Spannung. Betrachtet man die Gesamtstruktur des Regelspiels ergibt sich folgende Darstellung (vgl. Abbildung 2.3):

Abbildung 2.3
Einflussfaktoren auf das
Regelspiel. (in Anlehnung
an Mogel, 2008; Oerter,
1993)

Die Spielaktivität wird von einem oder mehreren Spielern ausgeübt, die sich im Rahmen des Spielablaufs aufgrund ihrer individuellen Fähigkeiten mit einem Regelspiel auseinandersetzen. Die Merkmale sind in einem Regelspiel in unterschiedlichen Ausprägungen vorhanden. Fordert ein Regelspiel von den Kindern spezielle Kompetenzen (wie zum Beispiel inhaltliches Wissen, strategisches Geschick oder motorische Fähigkeiten) als Voraussetzungen, um zu gewinnen, ist es wichtig, dass die Kinder bezogen auf die geforderten Fähigkeiten und Fertigkeiten in etwa über dieselben Kompetenzen verfügen (Hauser, 2013). Das Regelspiel ist während der Spielaktivität von definierten Regeln und Zufallselementen geprägt. Als Funktion wird dem Regelspiel der Bereich der kognitiv-sozialen Entwicklung zugeschrieben (z. B. Einsiedler, 1999; Schuler, 2013). Regelspiele lassen sich in folgende, nicht disjunkte Kategorien einteilen:

(a) *„Einfache soziale Regelspiele*, z. B. Guck-guck, Verstecken und Suchen, [...]
(b) *Einfache Kartenspiele*, z. B. Schnippschnapp, Schwarzer Peter, Elfer raus, Quartett, [...]
(c) *Geschicklichkeitsspiele*, z. B. Mikado, Flohhüpfen, Murmelspiele, [...]
(d) *Brettspiele*, z. B. [...] Fang den Hut, Mensch ärgere dich nicht, [...]
(e) *Denkspiele*, z. B. Memory, Domino, Kim, Differix, Mastermind, Scrabble, [...]

(f) *Glücksspiele*, z. B. Würfeln, Kniffel, Roulette, Knobeln;
(g) *Sport-, Ball- und Mannschaftsspiele*, z. B. [...] Völkerball, Fußball, Feder-
ball, [...], Sackhüpfen, [...]" (Einsiedler, 1999, S. 125 f., Hervorhebungen im
Original).

Beim Spielen von Regelspielen ist zu unterscheiden, wie Kinder das Regelspiel konkret ausüben und inwiefern Kinder die vorgegebenen Regeln bewusst
wahrnehmen. In der Regel spielen Kinder die meisten Regelspiele zunächst
durch Nachahmung, ohne Bewusstsein für die dahinterliegenden Regeln. Er später erkennen die Kinder die Bedeutung von Regeln und den Umgang damit
(Einsiedler, 1999).

Nach Piaget (1975b) entwickelt sich das Spielen von Regelspielen mit circa
vier bis sieben Jahren, ist schwerpunktmäßig im Alter von sieben bis elf Jahren zu
verankern und bleibt danach bis ins Erwachsenenalter bestehen. Es gibt aber auch
Autoren, die darauf hinweisen, dass Kinder bereits ab drei Jahren Regelspiele
spielen können (Weltzien et al., 2013).

2.1.4 Lernen im Spiel

Spielen und Lernen sind nicht als strikt voneinander getrennt und gegensätzlich
anzusehen, sondern es ist danach zu streben, Spielen und Lernen zu verknüpfen (Fisher, Hirsh-Pasek, Golinkoff, Singer & Berk, 2011). Gerade Kinder lernen
immer und eignen sich verschiedene Kompetenzen häufig auch beiläufig an (Hille,
Evanschitzky & Bauer, 2016). Beim Lernen konstruiert das Kind sein Wissen
aktiv in Auseinandersetzung mit seiner Umwelt (Piaget, 1975a). Dabei ist das
Spiel ein zentrales Element der kindlichen Kompetenzentwicklung und unterstützt
die Selbstbildung (Weltzien et al., 2013). Spielen ist einerseits der Ausgangspunkt sowie andererseits auch die Voraussetzung für die Entwicklung von Kindern
(Weber, 2009). Im Alter von drei bis sechs Jahren versinken Kinder oft sehr
konzentriert in eine Aktivität oder in ein Spiel und diese Fähigkeit stellt ein
Anknüpfungspunkt für das frühkindliche Lernen dar (Schäfer, 2005). Das Spiel
wird unter anderem als geeignete Form für den Erwerb mathematischer Kompetenzen im vorschulischen Bereich angesehen (Schuler, 2013; Wittmann, 2004).
Bereits Fröbel (1838) hebt die Wichtigkeit des aktiven, selbstständigen Lernens
hervor und entwickelte Spielgaben zur Anregung kindlicher Entwicklungs- und
Lernprozesse. Diese Verbindung von Spielen und Lernen findet sich auch in

den verschiedenen Orientierungsplänen für Kindergärten wieder (z. B. Ministerium für Kultus, Jugend und Sport Baden-Württemberg, 2014; Niedersächsisches Kultusministerium, 2011).

Es gibt jedoch zudem zahlreiche kritische Stimmen gegenüber dem spielenden Lernen. Ott (2008) erklärt dies mit einer Furcht davor, dass das Spielen dem fachlichen Lernen untergeordnet und somit verdrängt wird. Diese Polarisierung ist aber als kritisch anzusehen (Einsiedler, 1999; Schuler, 2013). Einsiedler (1999) betont, dass das Lernen im Spiel zunächst zufällig stattfindet. Das Anbieten von Spielen, die spezifisches Lernen anregen, intendiert das Vernetzen der Freude am Spielen, der intrinsischen Motivation sowie der Anregung kindlicher Bildungsziele. Das Lernen im Spiel ist von der Idee her ein durch Zufälligkeit gekennzeichneter, natürlich beabsichtigter Prozess. Dieser Mechanismus soll mit Hilfe von Lernspielen intentional werden, wobei die situationsspezifischen Faktoren (zum Beispiel Lernumwelt, Atmosphäre, Erziehungsverhalten) und die personenbezogenen Voraussetzungen (zum Beispiel Motivation, Intelligenz, Alter, Geschlecht) mitzudenken sind (Einsiedler, 1999, 1982). In seinem Person-Situation-Modell beschreibt er die verschiedenen Einflussfaktoren auf das Verhältnis von Spielen und Lernen und stellt heraus, dass das Lernen im Spiel von den personalen Voraussetzungen der Kinder (zum Beispiel Spielmotivation oder Intelligenz) sowie von situationsspezifischen Bedingungen (zum Beispiel Lernumwelt oder Spielatmosphäre) abhängt. Daraus schlussfolgernd grenzt er sich auch von idealisierenden Behauptungen ab, die betonen, dass im Spiel immer gelernt wird.

> Lernen ist ja eine dauerhafte Veränderung psychischer Dispositionen, und es wäre übertrieben anzunehmen, in jedem Spiel käme es zu solch einer dauerhaften Veränderung; in vielen Spielen laufen kognitive Prozesse ab, die lediglich als Begleitprozesse zu betrachten sind und die nicht zu neuen kognitiven Strukturen führen. (Einsiedler, 1999, S. 162)

Betrachtet man die obigen Ausführungen, lässt sich festhalten, dass Spielen aktives Lernen ermöglicht (Eibl-Eibesfeldt, 1969). Gerade im Spiel können entsprechend der kindlichen Entwicklung unter anderem mathematische Lerngelegenheiten entstehen, die einer natürlichen Differenzierung sowie der Idee der Ko-Konstruktion genügen (Gasteiger, 2013). Spiele gelten als motivierend, herausfordernd und halten die intrinsische Motivation hoch (Hauser, 2013).

In diesem Abschnitt wurde die zentrale Rolle der Spiel- und Lernbegleitung durch die pädagogische Fachkraft nicht mitbedacht. Dies begründet sich darin,

dass der Fokus in der vorliegenden Studie auf Interaktionen unter den Kindergartenkindern liegt, bei denen pädagogische Fachkräfte nicht direkt involviert
sind. Eine kurze Darstellung verschiedener Positionen diesbezüglich findet sich
im nachfolgenden Abschnitt zum spielenden Mathematiklernen.

2.2   Mathematik spielend lernen

Vielzählige Untersuchungen bestätigen die Wirksamkeit von lehrgangsorientierten
Förderprogrammen im Rahmen der frühen mathematischen Bildung (z. B. Friedrich & Munz, 2006; Krajewski, Renner, Nieding & Schneider, 2008b). Dabei liegt
der Fokus zunächst auf der Förderung von Risikokindern und ob eine Förderung
derer mathematischer Kompetenzen im Kindergarten möglich ist. Betrachtet man
die spielorientierten Ansätze, stellt sich die Frage, ob Kinder auch auf diese Art
und Weise mathematische Kompetenzen erwerben können. Verschiedene Studien
zeigen positive Effekte einer spielorientierten Förderung im Freispiel (z. B. Caldera et al., 1999; Ginsburg et al., 2008; Sarama & Clements, 2009; Wolfgang &
Stakenas, 1985) oder mit Regelspielen (z. B. Gasteiger, 2013; Kamii & Yasuhiko,
2005; Ramani & Siegler, 2008; Rechsteiner et al., 2012).

Nachfolgend wird eine Auswahl an Interventionsstudien genauer erläutert, die
sich auf den Einsatz von Regelspielen beziehen, da für die vorliegende Studie Situationen videografiert wurden, die Kinder beim Spielen von Regelspielen
zeigen.

Ramani und Siegler (2008) untersuchten in einer Interventionsstudie den Einfluss von Spielen auf die mathematischen Kompetenzen von Vorschulkindern.
Nach den Ergebnissen der Studie haben die Kinder der Interventionsgruppe,
die ein Zahlen-Brettspiel spielten, signifikante Lernfortschritte im numerischen
Wissen erzielt (Zählen, Ziffernkenntnis, Größenvergleich von Zahlen, Verorten
von Zahlen auf einem Zahlenstrich). Auf Grundlage eines Vergleichs mit den
fehlenden Lernfortschritten der Kontrollgruppe, deren Kindern sich mit einem
Farben-Brettspiel beschäftigten, sind die Lernfortschritte der Interventionsgruppe
nicht auf eine allgemeine Reifung zurückzuführen. Aus ihrer Studie schließen sie
zudem, dass die Lernfortschritte in den untersuchten Bereichen nicht nur an sich
wichtig sind, sondern auch für den Erwerb weiterer numerischer Kompetenzen
sowie für das Rechnenlernen.

Gasteiger (2013) erforschte in der Interventionsstudie MaBiiS (elementare
mathematische Bildung in Spielsituationen), ob das Spielen von herkömmli-
chen Würfelspielen einen Einfluss auf die mathematischen Kompetenzen von

Kindergartenkindern hat. Sie stellte dabei vermehrt Verbesserungen der mathematischen Kompetenzen der Kinder fest, die Würfelspiele mit Augenwürfel spielten, im Gegensatz zu den Kindern, die lediglich Farb- und Symbolwürfel nutzen. Die Studie zeigt demnach auf, dass solche Spielsituationen das Entwickeln von elementaren mathematischen Fähigkeiten beeinflussen.

In einer ergänzenden explorativen Videoanalyse erforschte Gasteiger (2014) die Art der mathematischen Lerngelegenheiten, deren Zeitanteil sowie die Aktivitäten der Spielleiterinnen. Unter anderem zeigen die Auswertungen, dass die Kinder und auch die Spielleiterinnen 42 % der Zeit aktiv mathematisch nutzen. Als inhaltliche Schwerpunkte finden sich das Abzählen, das Aufsagen der Zahlwortreihe und das (quasi-)simultane Erfassen von Anzahlen. Die Ergebnisse der Videoanalyse sprechen dafür, dass in Würfelspielen hohes mathematisches Potenzial liegt, sofern die pädagogischen Fachkräfte dieses wahrnehmen und diesbezüglich bewusst in das Spiel mit den Kindern treten.

Jörns, Schuchardt, Mähler und Grube (2013) erforschten im Kindergarten, inwiefern der alltagsintegrierte Einsatz von zahlen- und mengenbezogenen Spielen im Zahlenraum bis Zehn die mathematischen Kompetenzen von vier- bis fünfjährigen Kindern beeinflussen. Die Ergebnisse der Studie zeigen einen statistisch höheren Lernzuwachs im Bereich der numerischen Kompetenzen der Fördergruppe, die Spiele spielten, als bei der Kontrollgruppe. Statistisch bedeutsam sind aber nur die Aufgaben im Bereich Rechenfertigkeiten. Der Einfluss auf das Zusammensetzen von Mengen ist demnach höher als der Einfluss auf das Zählen sowie das Zahlwissen. Dies könnte nach der Forschergruppe daran liegen, dass es im Kindergartenalltag häufig Situationen gibt, in denen die Kinder zählen beziehungsweise mit Zahlsymbolen konfrontiert werden. Dagegen könnten Anlässe mit Thematisierung des Teile-Ganze-Schemas im Alltag des Kindergartens durchaus seltener vorhanden sein. Die Ergebnisse der Studie sind gegebenenfalls aufgrund der unkontrollierten Kontrollgruppe durch Zuwendungseffekte beeinflusst.

Das Projekt SpiF (Spielintegrierte Förderung) von Hauser et al. (2014) vergleicht eine spielintegrierte Förderung mit einer instruktionalen Förderung von mathematischen Kompetenzen bei Kindergartenkindern. Die Stichprobe wurde für die Untersuchung in drei Gruppen eingeteilt. In der ersten Gruppe fand eine Förderung mittels des Trainingsprogramms „Mengen, zählen, Zahlen" (Krajewski et al., 2007) statt. Eine Förderung mittels zwölf Regelspielen erhielt die zweite Gruppe. Gruppe 3 bekam keine spezielle mathematische Förderung. Betrachtet man die Ergebnisse zu den Lernfortschritten, so zeigt sich, dass bei allen drei Gruppen Lernzuwächse stattfanden. Allerdings machten die Kinder mit der spielorientierten Förderung größere Lernfortschritte als die Kinder der Kontrollgruppe. Ähnliche Lernfortschritte sind zwischen den Kindern, die an der Förderung mit

Regelspielen teilnahmen und der Gruppe *Mengen, zählen, Zahlen* nachzuweisen. Aus diesen Ergebnissen schlussfolgern sie, dass lehrgangsorientierte Trainingsprogramme keinen Mehrwert in Bezug auf die Entwicklung mathematischer Kompetenzen haben. Aufgrund der positiven Effekte der spielorientierten Förderung startete das Folgeprojekt *Spielintegrierte mathematische Frühförderung (spimaf)* mit dem Ziel, die spielorientierten Förderung aus dem Projekt *SpiF* weiter zu optimieren.

Im Rahmen des Projekts *spimaf* wurde eine Spielekiste mit 20 Regelspielen zur Förderung von mathematischen Kompetenzen im Bereich *Zahlen und Operationen* entwickelt und erprobt (Hauser, Rathgeb-Schnierer, Stebler & Vogt, 2017). Eines der eingesetzten Regelspiele, das *Früchtespiel* (Oldenbourg-Verlag), analysierten Rathgeb-Schnierer und Stemmer (2016) unter anderem im Hinblick auf die mathematischen Aktivitäten der Kinder beim Spielen. Die Auswertung legt dar, ·dass 88 % der mathematischen Aktivitäten dem theoretisch angenommenen mathematischen Potenzial entsprechen. Darunter fallen das Vergleichen von Mengen, das Aufbauen der Zahlenreihenfolge und das Bestimmen von Anzahlen. Zur Ausschöpfung weiterer mathematischer Grunderfahrungen, wie zum Beispiel das Zusammensetzen von Mengen, ist demnach die gezielte Anregung durch die pädagogische Fachkraft notwendig. Die Autorinnen zeigen exemplarisch am Früchtespiel, dass Regelspiele mathematische Aktivitäten anregen können.

Aufgrund der aufgeführten Arbeiten lässt sich feststellen, dass sich Regelspiele zum Erwerb mathematischer Kompetenzen beziehungsweise zum mathematischen Lernen eignen. Wittmann (2004) betont: „Gezieltes, systematisches Lernen muss der Grundschule vorbehalten bleiben. Es nimmt einen umso erfolgreicheren Verlauf, je besser es durch spielerische Aktivitäten im Vorschulalter vorbereitet ist" (ebd., S. 52). Mathematik sollte den Kindern altersangemessen, praktisch und konkret dargeboten werden, sodass diese sinnlich erfahrbar wird (Hasemann, 2003). Damit dies mit Regelspielen möglich ist, definiert Schuler (2010) in Anlehnung an Schuler (2008), Leuders (2008) und Schütte (2001, 2008) Kriterien, denen ein Spiel genügen muss:

1. **„Mathematisches Potenzial** – mathematische Aktivitäten im Hinblick auf eine Inhaltsidee oder allgemeiner Art sind mit diesem Spiel möglich.
2. **Niederschwelliger Zugang** – Zugang für alle Kinder ohne Hürde.
3. **Spielcharakter** – tragfähige und motivierende Spielidee, Balance von Kooperation und Konkurrenz, Balance zwischen Zufall und Strategie, Balance zwischen mathematischen und anderen Tätigkeiten.

4. **Variationsmöglichkeiten** – längerfristiges Interesse am Spiel, Herausforderung für Kinder verschiedenen Alters und unterschiedlicher Fähigkeiten" (Schuler, 2010, S. 11, Hervorhebungen im Original).

Zudem betont Schuler (2013) die Relevanz der Spielbegleitung durch die pädagogische Fachkraft, um mathematische Lerngelegenheiten entstehen zu lassen (vgl. auch Benz et al., 2015; Gasteiger, 2010). Eine Fokussierung der Spielbegleitung durch die pädagogische Fachkraft wird aber auch kritisiert. Vom vierten bis sechsten Lebensjahr liegt

> die große Chance […] in dem ‚verfügbaren großen Potential für implizite und inzidentelle Lernprozesse', weil Menschen einen Großteil dessen, was sie im Laufe ihres Lebens lernen, unbeabsichtigt und eher beiläufig lernen. Diese aus aktuellen Befunden abgeleitete Interpretation spricht in hohem Maße für Lernen im Spiel, jedoch weniger für eine Vorverlegung des instruktionalen-systematischen Lernens. (Hauser, 2013, S. 144, Hervorhebung im Original)

Die Spielbegleitung sollte demnach immer wieder daraufhin in den Blick genommen werden, dass unterbrechende Interventionen nicht überhandnehmen und damit der Spielcharakter verloren geht (Hauser, 2013). Diese Sichtweise nimmt auch Williams (1994) ein und stellt heraus, dass das Einbringen eines Erwachsenen in die Interaktion zwischen Kindern untereinander und zwischen Kindern und Materialien nicht immer positive Auswirkungen hat. Meist ist es gewinnbringender, wenn Erwachsene eine Spiel- und Lernumgebung vorbereiten und dann, ohne in die Interaktionssituation einzugreifen, eine beobachtende Rolle einnehmen (Williams, 1994). Damit Kinder Mathematik spielend lernen, sollten demnach zwei wesentliche Aspekte Beachtung finden: Einerseits muss es gewährleistet sein, dass die Kinder das Spiel auch tatsächlich als Spiel wahrnehmen und ein Spielfluss entsteht (z. B. Hauser, 2013), andererseits muss das Spiel mathematische Herausforderungen in der Zone der nächsten Entwicklung bieten, damit Kinder ihre mathematischen Kompetenzen erweitern können.

2.3　Zusammenfassung und Bedeutung für die vorliegende Studie

Grundlegend baut die vorliegende Studie auf einem sozialkonstruktivistischen Verständnis von Lernen und Bildung auf und damit auf der Idee, dass sich Lernprozesse im sozialen Austausch vollziehen (vgl. Abschnitt 2.1.1, z. B. Fthenakis et al., 2014). Mitzudenken ist dabei, dass Spiel- und Lernumgebungen bei den

Kindern individuelle (Lern-)Prozesse anregen. Lernen geschieht also immer im Spannungsfeld der individuellen Konstruktion und der wechselseitigen Verständigung (Schäfer, 2005). Die wechselseitige Verständigung kann in unterschiedlichen Settings stattfinden: entweder zwischen einem Kind beziehungsweise mehreren Kindern und der pädagogischen Fachkraft oder ausschließlich zwischen den Kindern.

Mit Blick auf die drei Niveaus der Ko-Konstruktion nach Fthenakis et al. (2014) gibt es bereits viele Forschungsprojekte, die sich mit der Spiel- und Lernbegleitung durch die pädagogische Fachkraft, also dem zweiten und dritten Niveau, beschäftigen (vgl. Abschnitt 2.1.1). Da aber auch die Interaktionsprozesse unter den Kindern eine wichtige Rolle im Lernprozess spielen (z. B. Bruner, 1996; Carpenter & Lehrer, 1999; Cobb & Bauersfeld, 1995; Krummheuer, 1997; Williams, 1994; Wittmann, 2004), fokussiert die vorliegende Studie hierauf. In Anlehnung an die Idee der Ko-Konstruktion unter Kindern nach Fthenakis et al. (ebd.) werden in dieser Studie die Interaktionen unter Kindergartenkindern in arithmetischen Spielsituationen analysiert.

Regelspiele wurden deshalb für diese Studie gewählt, da diese Spielform mathematisches Lernen ermöglicht (vgl. Abschnitt 1.5, Abschnitt 2.1.4 und Abschnitt 2.2). Zudem ist davon auszugehen, dass sich diese Spielform mit circa drei bis vier Jahren entwickelt und sie deshalb eine geeignete Form der Auseinandersetzung mit Mathematik im Kindergartenalter ist (vgl. Abschnitt 2.1.3). Regelspiele erfüllen wesentliche Merkmale eines Spiels (vgl. Abschnitt 2.1.2), weshalb angenommen werden kann, dass die Kinder beim Spielen von Regelspielen intrinsisch motiviert sind und positive Emotionen entstehen (z. B. Einsiedler, 1999). Aus dieser Perspektive ist das Spielen von geeigneten Regelspielen eine Möglichkeit Kinder zum mathematischen Lernen anzuregen.

Beim Spielen ist nach Bruner (2002) der Austausch mit den Mitspielenden unabdingbar. Interaktionen, die den wechselseitigen Austausch zwischen Personen meinen, können als ein wesentliches Grundelement des Spielens beschrieben werden. Dabei beziehen sich die Interaktionen auf konkrete Spieltätigkeiten (ebd.) und können demnach bei mathematischen Aktivitäten im Spiel zu mathematischen Interaktionen führen.

Mathematische Interaktion und Argumentation

3

Das Kapitel 3 befasst sich mit einem wesentlichen Grundelement des Spielens: verbale und nonverbale Interaktionen. Dabei liegt der Fokus zunächst auf der Klärung des Interaktionsbegriffs im Allgemeinen und im mathematischen Sinne sowie auf der Auseinandersetzung mit der Frage, wofür Interaktionen beim Mathematiklernen wichtig sind (vgl. Abschnitt 3.1). Daran anlehnend beschäftigen sich Abschnitt 3.2, Abschnitt 3.3 und Abschnitt 3.4 mit einer spezifischen Form der mathematischen Interaktion, dem Argumentieren.

3.1 Interaktion

Interaktionen bestimmen unseren Alltag. Der Begriff der Interaktion wird in verschiedenen Fachrichtungen wie der Erziehungswissenschaft (z. B. Herrle, 2013), der linguistischen Gesprächsanalyse (z. B. Brinker & Sager, 2006) und der Psychologie (z. B. Piontkowski, 1976) genutzt und definiert. Bringt man die verschiedenen Ansätze zusammen, lässt sich ein Begriffsverständnis von Interaktion herausarbeiten.

Für die mikroethnographische Interaktionsforschung in der Erziehungswissenschaft ist eine Interaktion ein komplexes Wechselspiel von Äußerungen verschiedener Personen, die sich aufeinander beziehen (Herrle, 2013). Das genannte Begriffsverständnis spiegelt sich in den Kriterien für Interaktionen nach Brinker und Sager (2006) wider: Eine Interaktion ist gekennzeichnet durch mindestens zwei interagierende Personen, den Sprecherwechsel, die verbalen Äußerungen sowie den Bezug auf einen bestimmten Inhalt. Demnach ist eine Interaktion „eine begrenzte Folge von sprachlichen Äußerungen, die dialogisch ausgerichtet ist und eine thematische Orientierung aufweist" (ebd., S. 11). Die Betonung in

J. Böhringer, *Argumentieren in mathematischen Spielsituationen im Kindergarten*, https://doi.org/10.1007/978-3-658-35234-9_3

dieser Definition liegt zwar auf sprachlichen Äußerungen, aber die beiden Autoren berücksichtigen auch nonverbale Äußerungen, wie zum Beispiel Artikulation, Sprechlautstärke, Mimik und Gestik.
Die oben genannte Wechselwirkung in einer Interaktion betont speziell die psychologische Perspektive (z. B. Piontkowski, 1976).

> Eine soziale Interaktion liegt dann vor, wenn zwei Personen in der Gegenwart des jeweils anderen auf der Grundlage von Verhaltensplänen Verhaltensweisen aussenden und wenn dabei die grundsätzliche Möglichkeit besteht, [...] [dass] die Aktionen der einen Person auf die der anderen Person einwirken und umgekehrt. (Piontkowski, 1976, S. 10)

In dieser Definition liegt der Fokus auf der Wechselwirkung zwischen den teilnehmenden Personen an der Interaktion. Allerdings nicht unter der Annahme, dass diese immer stattfinden muss, sondern dass die Möglichkeit dazu besteht (Piontkowski, 1976).

Verschiedene Dimensionen von Wechselwirkungen in Interaktionen zwischen zwei Personen haben Jones und Gerard (1967) aus sozialpsychologischer Perspektive untersucht und entwickelten vier Grundtypen von Interaktionssequenzen. Diese Grundtypen ermöglichen eine Beschreibung der verschiedenen Wechselwirkungen. Die beiden Autoren unterscheiden zwischen Pseudo-, asymmetrischer, reaktiver und wechselseitiger Kontingenz.

Charakteristisch für die *wechselseitige Kontingenz* ist, dass die beteiligten Personen jeweils auf das Verhalten der anderen eingehen, dabei aber parallel ihre eigenen Pläne und Strategien verfolgen. Im Gegensatz dazu steht die *Pseudokontingenz*. Hier verfolgt jedes Kind seine eigenen Pläne und Strategien, die das Gegenüber nicht beeinflusst. Die wechselnden Äußerungen der Kinder sind inhaltlich nicht aufeinander bezogen. Unter der *asymmetrischen Kontingenz* versteht man, wenn ein Kind nur seine Pläne und Strategien in der Interaktion verfolgt und damit das Verhalten des anderen Kindes prägt. Die *reaktive Kontingenz* besagt, dass die beiden Kinder keine eigenen Pläne und Strategien verfolgen, sondern spontan auf das Verhalten des anderen Kindes eingehen (Jones & Gerard, 1967).

In Bezug auf das Klassifikationsschema von Jones und Gerard (1967) beschreibt Peter-Koop (2006) Interaktionsprozesse von Kleingruppen bei der Bearbeitung von Fermi-Aufgaben im Mathematikunterricht einer vierten Klasse. Sie stellte fest, dass vor allem jüngere Kinder Schwierigkeiten haben, sich parallel zu eigenen Gedankengängen in die Ideen und Vorgehensweisen des Gegenübers

hineinzuversetzen und daran teilzuhaben. Dies bedeutet, dass die wechselseitige Kontingenz sehr selten zu beobachten war, hingegen die asymmetrische,
reaktive und Pseudokontingenz vermehrt das Verhalten der Kinder bestimmte
(ebd.). Es ist davon auszugehen, dass Kinder während verschiedener Aktivitäten
unterschiedlich tief in gemeinsame Interaktionsprozesse eintauchen. Die Notwendigkeit der Förderung von Interaktionsprozessen zeigt sich gerade dann, wenn
man die Relevanz der Interaktionen für das Mathematiklernen betrachtet.

Zahlreiche Autoren heben die Bedeutung der Interaktion für das Lernen im
Allgemeinen sowie das mathematische Lernen hervor (z. B. Bruner, 1996; Car-
penter & Lehrer, 1999; Cobb & Bauersfeld, 1995; König, 2010; Kucharz &
Wagener, 2013; Schuler, 2013; Schütte, 2008; Williams, 1994).

Zum Beispiel betont Williams (1994): „the key to construction of knowledge
is interaction" (ebd., S. 158). Aus sozialkonstruktivistischer Perspektive (vgl.
Abschnitt 2.1.1, z. B. Cooley, 1902; Mead, 1934; Vygotskij, 1979) hängt die
Konstruktion von Wissen und dessen Bedeutung beim Lernen von sozialen Prozessen ab (Gisbert, 2004). Krummheuer (1997) betont diesbezüglich, dass das
Lernen sozial konstituiert ist. Somit tragen interaktive Prozesse zu einem gelingenden Wissenserwerb bei (z. B. Peter-Koop, 2006; Schuler, 2013; Steinweg,
2008a). Auch Carpenter und Lehrer (1999) betonen dies und stellen heraus, dass
die Fähigkeit, seine Ideen zu kommunizieren oder zu artikulieren, zentral für
den Aufbau von Verständnis sind und ein wichtiges Ziel der Bildung darstellen. Die Relevanz von Interaktionen für das mathematische Lernen heben zudem
Autoren hervor, die Konzeptionen zur Gestaltung mathematischer Lerngelegenheiten im Kindergartenalltag entwickelten (vgl. Abschnitt 1.5; z. B. Copley, 2006;
Hoenisch & Niggemeyer, 2007; Wittmann, 2004). Durch Interaktion findet eine
Verknüpfung der sozialen Welt und der kognitiven Prozesse im Kind statt (Albers,
2009).

Zur Veranschaulichung der Relevanz von Interaktionen für das mathematische
Lernen beim Spielen entwickelte ich in Anlehnung an Rathgeb-Schnierer (2006)
ein eigenes Modell (vgl. Abbildung 3.1).

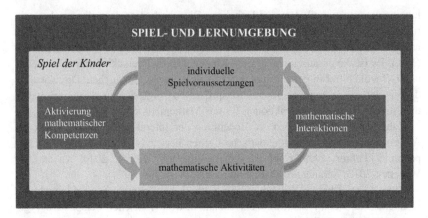

Abbildung 3.1 Modell zur Relevanz von Interaktionen für das mathematische Lernen in Spielsituationen

Mathematische *Spiel- und Lernumgebungen,* wie zum Beispiel der Einsatz von geeigneten arithmetischen Regelspielen, können Kinder zur Interaktion untereinander oder mit der pädagogischen Fachkraft anregen und eine Auseinandersetzung mit mathematischen Sachverhalten ermöglichen. Nimmt man das *Spiel der Kinder* in einer solchen Spiel- und Lernumgebung in den Blick, ergibt sich der in Abbildung 3.1 abgebildete Kreislauf. Dieser lässt sich wie folgt beschreiben:

– Die Basis für das Spiel der Kinder sind zunächst *individuelle Spielvoraussetzungen.* Diese beziehen sich in Anlehnung an Abschnitt 1.1 auf die vorhandenen Ressourcen der Kinder, da sie unter anderem die derzeitigen mathematischen Kenntnisse, Fähigkeiten und Fertigkeiten implizieren. Die individuellen Spielvoraussetzungen (intern) sind ausschlaggebend dafür, ob ein Kind (den allgemeinen und) den mathematischen Anforderungen im Regelspiel weitestgehend gerecht werden kann.
– Konkrete Spielhandlungen mit mathematischem Bezug fordern die Kinder dann dazu auf, unter anderem *vorhandene mathematische Kompetenzen beziehungsweise Ressourcen zu aktivieren.* Dies entspricht dem Bereich *Kompetenz* aus dem dargestellten Kompetenzmodell (vgl. Abschnitt 1.1).
– Durch die Aktivierung der mathematischen Kompetenzen sind die Kinder in der Lage, in konkreten Spielsituationen *mathematische Aktivitäten durchzuführen* (extern). In den mathematischen Aktivitäten werden die vorhandenen

Kompetenzen der Kinder sichtbar. Dies ist nach dem Kompetenzmodell in Abschnitt 1.1 die Performanz.

– Findet zu einer mathematischen Aktivität ein *inhaltlicher Austausch (verbal oder nonverbal)* über mathematische Sachverhalte statt, dann wird dies als *mathematische Interaktion* definiert (vgl. Abschnitt 6.2.1). In der vorliegenden Studie bezieht sich verbal auf die gesprochene Sprache und nonverbal auf die eingesetzte Gestik und Mimik. Die stattfindenden Interaktionen können zu neuen Erkenntnissen führen, somit Einfluss auf die individuellen Spielvoraussetzungen nehmen und die vorhandenen mathematischen Kompetenzen anpassen, erweitern oder umstrukturieren. Durch eine verbale und nonverbale Interaktion finden unter anderem eine Elaborierung, eine Verständigung und ein Aufschluss über mathematische Sachverhalte statt, die in der jeweilig durchgeführten, spielbezogenen Aktivität stecken. Beim Spielen von Regelspielen kann so eine Weiterentwicklung der individuellen Spielvoraussetzungen und somit auch der mathematischen Kompetenzen stattfinden.

Aufbauend auf die in diesem Abschnitt dargestellten Inhalte, wird für die vorliegende Studie folgende Definition von Interaktion genutzt:

Eine mathematische Interaktion unter Kindergartenkindern beim Spielen arithmetischer Regelspiele ist eine Folge von mindestens zwei Äußerungen zweier oder mehrerer Kinder über einen mathematischen Sachverhalt, wobei eine der Äußerungen verbal sein muss.

Aufgrund dieser Definition ist es möglich, Interaktionen zunächst unabhängig von der jeweiligen Wechselwirkung zu betrachten und den Fokus auf Gesprächsstrukturen sowie Gesprächsinhalte, wie es das Ziel der vorliegenden Studie ist, zu lenken.

Betrachtet man die mindestens geforderten zwei Äußerungen, darf eine davon nonverbal sein. Nonverbal bedeutet zum Beispiel das Zeigen auf die Punkte des Augenwürfels. Dies begründet sich darin, da Kinder auch häufig konkretes Handeln nutzen, um zu überzeugen (z. B. Fetzer, 2011; vgl. Abschnitt 3.3). Rein nonverbale Interaktionen werden in der vorliegenden Studie allerdings nicht analysiert. Die Entscheidung, rein nonverbale Interaktionen nicht in die Definition für die vorliegende Studie zu integrieren, wurde gefällt, da nonverbale Äußerungen sehr facettenreich, komplex und teilweise schwer zu erfassen sind.

3.2   Argumentation

Das Argumentieren ist eine spezifische Form der Interaktion. Die Argumentationsfähigkeit von Kindern lässt Rückschlüsse auf die mathematischen Kenntnisse, Fähigkeiten und Fertigkeiten zu. Denn „mathematisches Argumentieren [ist] auf eine entsprechende mathematische Wissensbasis angewiesen [...]. Wer mathematisch argumentieren möchte, benötigt zumindest minimales mathematisches Grundwissen, um die vorhandenen Zusammenhänge erkennen und aufschlüsseln zu können" (Brunner, 2019, S. 326).

Es ist davon auszugehen, dass Kinder ihre Argumentationen an das jeweilige Gegenüber so weit wie möglich anpassen. Schaut man sich das Argumentieren[1] im Elementarbereich an, strebt man in gegenseitiger Wechselwirkung nach dem Aufbau von Verstehen und dem Äußern des eigenen Verständnisses (Meissner, 1979). Demnach trägt die allgemeine mathematische Kompetenz *Argumentieren* vertiefend zum Verständnisaufbau bei.

Argumentieren ist nicht direkt lehrbar. Kinder lernen Argumentieren durch selbstständiges Tätigsein an einem geeigneten Material, das die pädagogische Fachkraft anbietet. Man eignet es sich also nicht durch reines Beobachten anderer an (Freudenthal, 1979; Kopperschmidt, 2000).

> Argumentieren lernt man durch praktisches Argumentieren. Da man aber in der Regel nur argumentiert, wenn man dazu genötigt wird, lernt man das Argumentieren auch nur unter Bedingungen, die den Willen zur sozialen Selbstbehauptung an den Zwang zum Argumentieren rückbinden und so das vernünftige Verhalten erfahrbar machen. (Kopperschmidt, 2000, S. 133)

Dieses praktische Argumentieren mit seinen Bedingungen birgt damit Lernchancen in sich. Miller (1986) beschreibt solche Lernchancen für kollektiv hergestellte Argumentationen. Einerseits vertritt er die Ansicht, dass durch kollektives Argumentieren fachliche Inhalte vertieft werden können, womit „*argumentatives Lernen*" (ebd., S. 28, Hervorhebung im Original) stattfindet. Zum anderen wird die eigene Argumentationsfähigkeit weiterentwickelt, was er unter „*Lernen zu argumentieren*" (ebd., S. 27, Hervorhebung im Original) fasst. Diese Lernchancen stellen auch London und Mayer (2015) heraus und merken an, dass „argumentativ geprägte [...] Lerngelegenheiten dazu bei[tragen], dass die Kinder sich im Verlauf der Interaktion sowohl inhaltlich als auch sprachlich weiter ausdifferenzieren.

---

[1] Meissner (1979) bezieht sich in seinen Ausführungen auf das Beweisen im Elementarbereich. Eine detaillierte Begriffsklärung zum Beweisen, Argumentieren und Begründen findet sich in dieser Arbeit in Abschnitt 3.2.1.3.

Sie lernen [...] bedeutsame Inhalte und üben sich dabei zugleich im Argumentieren" (ebd., S. 245). Ebenso betont Wittmann (2018) die eben beschriebene doppelte Bedeutung des Argumentierens, indem er dieses als *„Lernziel"* (ebd., S. 34, Hervorhebung im Original) und als *„Lernhilfe"* (ebd., S. 34, Hervorhebung im Original) betitelt.

3.2.1 Perspektiven zum Argumentationsbegriff

Zur Klärung des Argumentationsbegriffs wird dieser nachfolgend aus drei Perspektiven betrachtet: gesprächsanalytisch, argumentationstheoretisch sowie mathematikdidaktisch.

Die *gesprächsanalytische Perspektive* macht zunächst deutlich, wie Argumentationen in einen Handlungsprozess eingegliedert sind. Lenkt man den Fokus im Handlungsprozess auf die Argumentation, klärt die *argumentationstheoretische Perspektive*, welchen Voraussetzungen und Merkmalen Argumentationen gerecht werden müssen, welche Arten es gibt und welche Struktur diesen zugrunde liegt. Kann man aufgrund der argumentationstheoretischen Betrachtung in Bezug auf die vorliegende Studie eine mathematische Äußerung als *Argument* bezeichnen, so kann dieses aus mathematikdidaktischer Perspektive inhaltlich näher analysiert werden.

3.2.1.1 Gesprächsanalytische Perspektive

Betrachtet man die Argumentationen, sind diese nach Spranz-Fogasy (2006) in einen Handlungsprozess eingebettet (vgl. Abbildung 3.2).

Abbildung 3.2
Einbettung des
Argumentierens in den
Handlungsprozess
(Spranz-Fogasy, 2006,
S. 31)

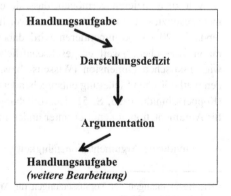

Abbildung 3.2 zeigt, dass während einer Handlungsaufgabe, an der mehrere Personen teilnehmen, ein Darstellungsdefizit dazu führen kann, dass eine Handlung argumentativ erläutert oder begründet wird. Die erfolgte Argumentation macht es dann möglich, das Darstellungsdefizit zu klären und wieder zur Handlungsaufgabe zu wechseln. So kann eine weitere Auseinandersetzung mit der eigentlichen Handlungsaufgabe stattfinden (Spranz-Fogasy, 2006). Somit besitzt das Argumentieren

> einen Verfahrenscharakter, der es Interaktionsteilnehmern möglich macht, aus dem laufenden handlungsorientierten Geschehen kurzfristig und gegebenenfalls auf längerfristig auszusteigen, um sachbezogen Verständigungshindernisse separat zu bearbeiten. Die Ergebnisse der Bearbeitung können dann aber relativ umstandslos wieder an das handlungsorientierte Geschehen angebunden werden und damit interaktionspraktisch gültig gemacht werden. (Spranz-Fogasy, 2006, S. 38)

3.2.1.2 Argumentationstheoretische Perspektive

Der argumentationstheoretische Ansatz (z. B. Kopperschmidt, 1995, 2000; Toulmin, 1996, 2003) beschäftigt sich mit der Frage, was überzeugungskräftige Argumente ausmacht und wie sich damit das jeweilige Verhalten rechtfertigen lässt. In der vorliegenden Studie werden die Argumentationstheorien nach Kopperschmidt (1995, 2000) und Toulmin (1996, 2003) beschrieben. Dies begründet sich in den jeweiligen inhaltlichen Aussagen. Der Fokus bei der Darstellung der Argumentationstheorien liegt bei Kopperschmidt (1995, 2000) auf den Voraussetzungen und Merkmalen von Argumentationen und bei Toulmin (1996, 2003) auf der Art und Struktur einer Argumentation.

Kopperschmidt (2000) stellt heraus, dass die Praxis Argumentationen benötigt, „die Ungewissheit durch methodisches Anschließen an geteilte Gewissheit so weit zu reduzieren vermögen, dass sie ein auf bewährte Plausibilitätsannahmen gestütztes (!) und deshalb verantwortliches Reden und Handeln zulassen" (ebd., S. 20 f.). Argumentieren wird dabei als ein Mechanismus der Kooperation angesehen, „weil er gesellschaftliches Handeln in seiner theoretischen wie praktischen Dimension (Wissens- bzw. Willensbildung) von der gelingenden methodischen Sicherung entsprechender *Geltungsansprüche* abhängig macht" (Kopperschmidt, 1995, S. 51, Hervorhebung im Original). Als Voraussetzungen für Argumentationen nennt er unter anderem[2]:

– „individuelle Argumentationsfähigkeit"

---

[2] Die Bezeichnungen der Voraussetzungen für Argumentationen sind zitiert nach Kopperschmidt (1995, S. 52 ff.)

– „individuelle Argumentationsbereitschaft"
– „situativer Argumentationsbedarf"

Als Definition für den Begriff Argumentation liefert Kopperschmidt (1995): „Unter »Argumentation« soll eine geregelte Abfolge (Sequenz) von Sprechhandlungen verstanden werden, die zusammen ein mehr oder weniger komplexes, kohärentes und intensionales Beziehungsnetz zwischen zwei Aussagen bilden, das der methodischen Einlösung von problematisierten Geltungsansprüchen dient" (ebd., S. 59, Hervorhebungen im Original). Als argumentative Grundstruktur wird »p gilt, weil q gilt« beschrieben, „ohne die komplexen Bedingungen ahnen zu lassen, die q erfüllen muss, um die Rolle eines überzeugungskräftigen Arguments für den problematisierten Geltungsanspruch von p zu übernehmen" (ebd., S. 58). Wie überzeugend ein Argument ist, misst er an diesen fünf Merkmalen[3]: Ein Argument muss

– „*gültig*" sein, das heißt es muss wahr sein.
– „*geeignet*" sein, das heißt Datum, Konklusion und Garant müssen zueinander in Beziehung stehen.
– „*relevant*" sein, das heißt der Garant muss in Bezug zu dem jeweiligen Problem stehen.
– durch einen „*glaubwürdigen* Sprecher" geäußert werden.
– *passend* sein, das heißt den Anforderungen an ein Argument einer Domäne entsprechen.

Toulmin (1996, 2003) unterscheidet zwischen substanziellen und analytischen Argumentationen. Argumentationen sind substanziell, wenn der Garant und gegebenenfalls die Stützung nicht alle Informationen enthalten, die in der Konklusion stecken. Demnach bleibt ein Restzweifel übrig, inwiefern die Konklusion tatsächlich gültig ist (ebd.). Argumentationen substanzieller Art erheben dennoch Rationalitätsansprüche, denen sie gerecht werden müssen, um überzeugen zu können (vgl. Kopperschmidt, 1995, 2000). Hingegen enthalten analytische Argumentationen alle Informationen (explizit und implizit), die für die Konklusion notwendig sind, wodurch kein Restzweifel bezüglich der Gültigkeit mehr besteht. Betrachtet man mathematische Beweise, die auf Grundlage von Axiomen und Rechengesetze logisch-deduktiv durchgeführt wurden, kann man diese als

---

[3] Die Bezeichnungen der ersten vier Merkmale für überzeugungskräftige Argumente sind zitiert nach Kopperschmidt (1995, S. 62 ff.; Hervorhebungen im Original)

analytische Argumente bezeichnen. Jedoch sind alltägliche und schulische Argumentationen meist substanzieller Art. Trotz bestehendem Restzweifel misst man dieser Art der Argumentation eine Überzeugungskraft bei, die alle Beteiligten akzeptieren (z. B. Fetzer, 2011; Rechtsteiner-Merz, 2013; Toulmin, 1996, 2003). Betrachtet man nun die argumentative Klärung im Detail stützen sich zahlreiche mathematikdidaktische Forschungen bei der Analyse von Argumentationen (Fetzer, 2007; Knipping, 2003; Krummheuer & Brandt, 2001; Pedemonte, 2007; Rechtsteiner-Merz, 2013; Schwarzkopf, 2000) auf das Schema einer Argumentation nach Toulmin (1996, 2003).

Toulmin (1996, 2003) ordnet einzelnen Teilen im Rahmen einer Argumentation bestimmte Funktionen zu, wodurch die strukturellen Eigenschaften einer Interaktion bestimmt werden können (vgl. Abbildung 3.3).

Abbildung 3.3 Struktur einer Argumentation nach Toulmin (1996, 2003)

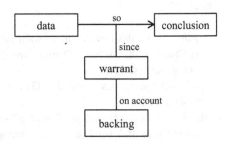

Die *Konklusion* (= conclusion) ist die Aussage, eine Schlussfolgerung oder ein bestrittener Sachverhalt, deren Wahrhaftigkeit wir belegen möchten. Hierfür steht uns ein *Datum* (= data) zur Verfügung, das zunächst einmal ein unbestrittener Sachverhalt beziehungsweise eine Tatsache ist. Das Datum dient als Informationsbasis für unsere Konklusion (Toulmin, 1996, 2003). Diesen Sachverhalt nennt man auch einen einfachen Schluss (Fetzer, 2007; Krummheuer & Brandt, 2001; Krummheuer & Fetzer, 2005). Wird dieser Schluss nun angezweifelt, benötigen wir eine Brücke zwischen Datum und Konklusion. Diese Brücke, die aus allgemeinen, hypothetischen Aussagen besteht, zeigt, warum dieser Schluss erlaubt ist. Die allgemeinen, hypothetischen Aussagen sind die *Garanten* (= warrant). *Stützungen* (= backing) untermauern des Weiteren zweifelhafte Garanten (Toulmin, 1996, 2003).

Eine praktische Annäherung (vgl. Abbildung 3.4) gelingt durch Betrachtung einzelner Strukturelemente als Antworten auf dazugehörige Fragen (Toulmin, 1996, 2003):

Abbildung 3.4 Strukturelemente als Antworten auf Fragen nach Toulmin (1996, 2003)

Diese Darstellung der Struktur von Argumenten bedient zunächst nur relativ einfache Argumentationsprozesse. Hierbei ist zu beachten, dass teilweise mehrere Argumentationen in Argumentationsprozessen aufeinandertreffen oder sich ergänzen. Dies führt dann zu einer wesentlich komplexeren Aneinanderreihung der verschiedenen Strukturelemente. Bei der Betrachtung der Argumentationsketten ist wichtig zu wissen, dass die funktionale Argumentationsanalyse nach Toulmin (1996, 2003) keine Sequenzanalyse ist und demnach keine Rückschlüsse darüber möglich sind, wann welches Strukturelement in der konkreten Argumentation hervorgebracht wurde (Fetzer, 2007). Bei den einzelnen Argumentationen kann man nach Krummheuer und Brandt (2001) die Breite und Tiefe der Argumentation betrachten. Unter Breite verstehen Krummheuer und Brandt (ebd.) Argumentationsketten, die aus mehreren Gliedern bestehen, das heißt auf ein Datum können mehrere Konklusionen folgen. Die gewonnenen Konklusionen ergeben dann ein neues Datum und können somit wieder für einen neuen Schluss verwendet werden (vgl. Abbildung 3.5).

Datum $\longrightarrow$ Konklusion 1 $\longrightarrow$ Konklusion 2 $\longrightarrow$ Konklusion 3
= Datum 2   = Datum 3

Abbildung 3.5 Ausdehnung einer Argumentation in die Breite (Krummheuer & Brandt, 2001, S. 36)

Einfache Schlüsse, die nur in die Breite gehen, kommen häufig in der Grundschule vor (Fetzer, 2007). Unter Tiefe verstehen Krummheuer und Brandt (2001) das Hinzukommen von Garanten und gegebenenfalls Stützungen (vgl. Abbildung 3.3 und Abbildung 3.4), die unterschiedlicher Qualität sein können.

3.2.1.3 Mathematikdidaktische Perspektive

Mathematik gilt als beweisende Wissenschaft (Heintz, 2000; Winter, 1975). Deshalb sind schlüssige Folgerungen sowie das Argumentieren, Beweisen und Begründen von mathematischen Entdeckungen zentral beim mathematischen Tätigsein (Bezold, 2009). Die Begriffe *Argumentieren, Beweisen* und *Begründen* sind nicht streng voneinander abgegrenzt (Walsch, 2000). Brunner (2014) betont, dass die Begriffe in der Literatur, den aktuellen Bildungsstandards oder den großen Leistungsmessungsstudien sehr unterschiedlich verwendet werden. Aus diesem Grund findet zunächst eine getrennte Darstellung des Beweisens, Argumentierens und Begründens statt, um daraus für die vorliegende Studie ein Begriffsverständnis von Argumentieren zu formulieren.

Beweisen
Allgemein verbreitet versteht man unter *Beweisen*, wenn „eine Behauptung in gültiger Weise Schritt für Schritt formal deduktiv aus als bekannt vorausgesetzten Sätzen und Definitionen gefolgert" (Meyer, 2007, S. 21) wird. Dieser streng formalistische Bezug ist aber keinesfalls ein ausschließliches Begriffsverständnis von Beweisen. Es wird darauf verwiesen, dass die konkrete Situation und die Voraussetzungen der Personen ausschlaggebend dafür sind, welche formale Strenge angemessen ist (Brunner, 2014).

Vorreiter der Kritik am Formalismus sind Wittmann und Müller (1988). Diese differenzieren die drei Beweistypen experimenteller, inhaltlich-anschaulicher und formal-deduktiver Beweis aus. Die formale Strenge sowie das verlangte Abstraktionsvermögen nehmen über die drei Beweistypen hinweg zu. Während ein experimenteller Beweis auf Alltagssprache beruht, sind bei den inhaltlich-anschaulichen Beweisen (auch operative Beweise genannt) bereits mathematische Begriffe, die Zusammenhänge beschreiben, notwendig. Schließlich kommt eine formal-symbolische Sprache bei den formal-deduktiven Beweisen hinzu (vgl. auch Brunner, 2014). Wittmann und Müller (1988) fordern

> für das Lehren und Lernen von Mathematik [bei Kindern] eine andere Verstehensgrundlage und ein anderer Kommunikationsrahmen als in der mathematischen Forschung. Eine sinngemäße Übertragung von Beweisaktivitäten in die schulischen Rahmenbedingungen erfordert daher eine Loslösung von formalen, deduktiv durchorganisierten Darstellungen [...] zugunsten inhaltlich-anschaulicher Darstellungen. Diese sind gekennzeichnet durch Einbettung in sinnvolle Kontexte, durch Entwicklung von Motivation, durch ein Vorgehen gemäß heuristischer Strategien, durch Verwendung bedeutungshaltiger präformaler Darstellungen und durch entsprechende inhaltlich-anschauliche Beweise. (Wittmann & Müller, 1988, S. 254)

Auch Leuders (2010) schließt sich dem an und stellt heraus, dass die formale Korrektheit von Beweisen in der Schule überbetont ist. Er beschreibt zusammenfassend folgende Typen an Beweisen, die sich in der Literatur finden lassen: symbolischer, verbaler, ikonischer beziehungsweise grafischer, induktiver, operativer und Kontext- beziehungsweise Situationsbeweis. Diese schließen sich einander nicht aus und es ist eine Kombination derer möglich. Zudem besteht keine qualitative Gewichtung, da zum Beispiel innerhalb eines ikonischen Beweises die Idee eines symbolischen Beweises einfach wiederzugeben ist und somit verständlicher wird.

Gerade der inhaltlich-anschauliche beziehungsweise operative Beweis wird häufig hervorgehoben, da hier die Form eines Beweises in den Hintergrund rückt und inhaltliche Aspekte der Mathematik in den Vordergrund treten (Dreyfus, 2002). An diesen inhaltlichen Aspekten orientieren sich weitere mathematikdidaktische Beschreibungen (vgl. Almeida, 2001; Balacheff, 1992; Harel & Sowder, 2007; Sowder & Harel, 1998).

Sowder und Harel (1998) beschreiben drei Kategorien von Beweisen[4] (vgl. Abbildung 3.6):

---

[4] Die Bezeichnungen der drei Kategorien von Beweisen sind zitiert nach Sowder und Harel (1998, S. 671 ff.) und werden in den weiteren Ausführungen nicht mehr zitiert. Diese beziehen sich immer auf die genannte Zitation bei der Erstnennung.

- „externally based proof schemes"
  Unter *externally based proof schemes* versteht man extern begründete Beweis-schemata. Diese beruhen auf äußeren Überzeugungen, bei denen sich auf eine Autorität (z. B. Lehrperson, Buch oder Klassenkameraden), eine ritualisierte Praxis (gleichbleibende äußere Form des Arguments) oder auf die symbolische Darstellung berufen wird.
- „empirical proof schemes"
  Beim *empirical proof scheme* argumentiert eine Person auf Grundlage von Erfahrungen beziehungsweise Beispielen. Dabei will man beim perceptual proof scheme mit Hilfe von ikonischen Darstellungen und beim examples-based proof scheme mit dem Aufzeigen mehrerer Beispiele überzeugen.
- „analytic proof schemes"
  Die *analytic proof schemes* sind als mathematische Beweise zu bezeichnen und meinen einerseits den Blick auf dahinterliegende Muster beziehungsweise Strukturen und andererseits das rein axiomatische Vorgehen, das undefinierte Begriffe, Definitionen, Annahmen und Theoreme beinhaltet.

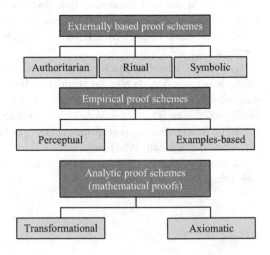

Abbildung 3.6 Typen von Beweis- und Rechtfertigungsschemata nach Sowder und Harel (1998, S. 671)

Cobb (1986) beschreibt zusätzlich noch den intuitiven Aspekt von Begrün-dungen, der im Rahmen der obigen Darstellungen zu den *externally based proof schemes* eingeordnet werden kann und den auch Almeida (2001) aufnimmt.

Almeida (2001) definiert in Anlehnung an Balacheff (1992) hierarchisch gegliederte Niveaustufen von Beweisen[5]:

- „Proof by *naive empiricism*", das heißt es werden mehrere beliebige Beispiele geprüft und dadurch auf die Allgemeinheit geschlossen.
- „Proof by *crucial experiment*", das heißt typische Beispiele werden überprüft, um verallgemeinern zu können.
- „Proof by *a generic example*", das heißt strukturelle mathematische Eigenschaften werden mit Bezug auf ein charakteristisches Beispiel betrachtet.
- „Proof by *thought experiment*", das heißt losgelöst vom konkreten Beispiel, einer bestimmten Person oder dem Zeitpunkt findet eine Berufung auf strukturelle, mathematische Eigenschaften statt.

Zudem ergänzt Almeida (2001), den anderen Niveaustufen vorangestellt, *„proof by authority"* und *„proof by intuition"*. In einem Beweis ist darunter der Bezug auf eine Autorität oder die eigene Intuition zu verstehen und es werden keine mathematischen Zusammenhänge expliziert.

Meissner (1979) versteht konkret in Bezug auf den Primarbereich unter dem Begriff Beweisen „das Begründen, warum dieser mathematische Sachverhalt zutrifft, diese Aufgabe gilt, dies die Lösung der Aufgabe ist, diese Technik hier sinnvoll ist, gerade diese Regel zum Erfolg führt, ..." (ebd., S. 307). Die Frage nach dem Warum, betonen auch Wittmann und Müller (1988).

Den obigen Ausführungen zufolge gibt es verschiedene Möglichkeiten des Beweisens auf unterschiedlichen Ebenen, die zunächst ergänzend zu betrachten sind. Führt man einen Beweis, egal in welcher Art oder auf welcher Niveaustufe durch, verfolgt man damit immer ein Ziel. Die Rolle des Beweisens besteht nicht nur darin, andere zu überzeugen, sondern es stellt auch eine Möglichkeit dar, mathematische Ideen zu vermitteln (Schwarz, 2009). Aus fachdidaktischer Sicht lassen sich nach de Villiers (1990) und Hersh (1993) zentrale Funktionen des Beweisens beschreiben:

- Verifizierung (Überprüfung der Wahrheit einer Aussage)
- Explikation (Einsicht geben und verstehen, warum eine Aussage wahr ist)
- Systematisierung (Erkenntnisse in ein theoretisches Netz einordnen)
- Entdeckung (Finden neuer Zusammenhänge während des Beweisens)
- Kommunikation (Teilen von mathematischem Wissen im Diskurs)

---

[5] Die Bezeichnungen der Niveaustufen sowie deren Ergänzungen sind zitiert nach Almeida (2001, S. 55; Hervorhebungen im Original).

Betrachtet man abschließend die verschiedenen Beweistypen und Funktionen, fällt eine allgemeingültige Definition schwer. Dreyfus (2002) hält fest:

> In die Ecke getrieben, definiert [...] [der Mathematiker] einen Beweis als ,ein Argument, das den überzeugt, der sich auf dem Gebiet auskennt' und gibt zu, dass es dafür keine objektiven Kriterien gibt, sondern dass die Mathematiker als Experten entscheiden, ob ein bestimmtes Argument ein Beweis ist oder nicht. Andererseits betont er, dass die Experten sich im allgemeinen [sic] einig sind, und dass diese Einigkeit bestimmend ist. Die Entscheidung[,] was als Beweis gilt[,] hat also eine bedeutende soziologische Komponente. (Dreyfus, 2002, S. 18, Hervorhebungen im Original)

Das Zitat betont, dass ein Beweis unter anderem dann als richtig angesehen werden kann, sofern ein Gegenüber diesen versteht und akzeptiert (Leuders, 2010). Im sozialen Austausch wird demnach entschieden, ob ein Beweis gültig ist. Je nachdem, welche Personen einen Beweis untereinander austauschen, liegt der Fokus auf einem anderen Beweistyp.

Argumentieren
Eine ähnliche, nicht eindeutige Situation bezüglich der Definition, zeigt sich auch bei der Auseinandersetzung mit dem *Argumentieren*. Spranz-Fogasy (2006) stellt in Bezug auf das Argumentieren heraus, dass es keine einheitliche Definition gibt und dies auch nicht sinnvoll wäre (vgl. Abschnitt 6.3.2.4). Zudem taucht hier noch die Schwierigkeit auf, eine Differenzierung zum Begriff des Beweisens herzustellen.

> Deductive thinking does not work like argumentation. However, these two kinds of reasoning use very similar linguistic forms and propositional connectives. This is one of the main reasons why most of the students do not understand the requirements of mathematical proofs. (Duval, 1991, S. 233)

In der Literatur findet man verschiedene Positionen, wie sich das Beweisen und das Argumentieren voneinander abgrenzen (vgl. Brunner, 2014; Hanna, 2000; Holland, 2007; Jahnke & Ufer, 2015; Mariotti, 2006; Walsch, 1975).

Um den Begriff des Argumentierens zu klären, lohnt sich zunächst ein Blick in die Bildungsstandards der KMK (2005), die das Argumentieren für die Grundschule als allgemeine mathematische Kompetenz beschreiben. Argumentieren wird hier für Kinder am Ende der vierten Jahrgangsstufe wie folgt konkretisiert:

– „mathematische Aussagen hinterfragen und auf Korrektheit prüfen,
– mathematische Zusammenhänge erkennen und Vermutungen entwickeln,

– Begründungen suchen und nachvollziehen" (KMK, 2005, S. 8).

Diese Konkretisierung des Argumentierens der KMK (2005) wurde innerhalb der mathematikdidaktischen Diskussion auf den Elementarbereich übertragen (vgl. Abschnitt 1.3.1).

Verschiedene Forschungsprojekte haben den Begriff der Argumentation, bezogen auf ihr Forschungsvorhaben, spezifiziert und grenzen sich dabei vom Begriff des Beweisens ab (z. B. Bezold, 2009; Krummheuer & Fetzer, 2005; Schwarzkopf, 2000).

Krummheuer und Fetzer (2005) sehen den Begriff *mathematisches Beweisen* als ungeeignet für den Primarbereich und somit auch eine Übertragung dessen auf den Elementarbereich. Die Zugangsweisen zu einem Argumentationsverständnis beziehen sich meist auf die Art der Realisierung. Sie zeigen auf, dass Argumentationen einerseits auftauchen, wenn etwas strittig ist und bezeichnen dies als „diskursive Rationalisierungspraxis" (ebd., S. 30). Andererseits können Argumente aber auch ohne explizite Aufforderung im Lösungsprozess einfach so mit eingebunden werden und stellen somit eine „reflexive Rationalisierungspraxis" (ebd., S. 30) dar. Auch Bezold (2009) bezieht in ihre Definition, die sich an der KMK (2005) orientiert, konkrete Tätigkeiten der Realisierung mit ein: „Argumentieren bedeutet Vermutungen über mathematische Eigenschaften und Zusammenhänge zu äußern (zu formulieren), diese zu hinterfragen sowie zu begründen bzw. hierfür eine Begründungsidee zu liefern" (Bezold, 2009, S. 38). Auf einer übergeordneten Ebene setzt auch Schwarzkopf (2001) an: „Unter einer Argumentation wird [...] ein zwischenmenschlicher Prozess verstanden, der folgendermaßen gekennzeichnet wird: Zum einen wird öffentlich ein Begründungsbedarf angezeigt und zum anderen wird versucht, diesen Begründungsbedarf zu befriedigen" (ebd., S. 254 f.).

In den unterschiedlichen Definitionen zeigt sich, dass das Argumentieren, im Vergleich zu den fachwissenschaftlichen Anforderungen an das Beweisen, wesentlich weiter gefasst ist (Wittmann, 2018).

Begründen

Setzt man sich abschließend mit dem Begriff *Begründen* auseinander, fällt auf, dass dieser häufig Synonym zum Argumentieren genutzt wird. Spiegel und Selter (2011) verstehen unter Begründen das Aufstellen von Vermutungen über mathematische Sachverhalte und das anschließende Bestätigen oder Widerlegen dieser Vermutungen mit Hilfe von Beispielen oder anderen allgemeinen Überlegungen. Beim Begründen steht nach Tietze, Klika und Wolpers (1997) eine interaktive Auseinandersetzung im Fokus. „Eine theoretische oder praktische Aussage heißt begründet, wenn sie gegenüber allen vernünftig argumentierenden, wirklichen oder gedachten Gesprächspartnern zur Zustimmung gebracht werden kann" (ebd., S. 158). Diese beiden Zugänge beziehen sich vorwiegend auf die durchzuführenden Tätigkeiten beim Argumentieren. Brunner (2014) betrachtet das Begründen als einen übergeordneten Prozess und ordnet diesem das Argumentieren und Beweisen zu. Hierdurch entsteht ein Zusammenhang, der nachfolgend näher betrachtet wird.

Zusammenhang von Beweisen, Argumentieren und Begründen
Fragt man nach dem Zusammenhang von *Beweisen, Argumentieren* und *Begründen*, hilft die Aufarbeitung der jeweiligen Begriffe durch Brunner (2014) weiter. In Anlehnung an Duval (1991) sowie Rigotti und Greco Morasso (2009) beschreibt Brunner (2014), dass das Argumentieren und Beweisen spezifische Formen des Begründens sind. Aus diesen Überlegungen entwickelte sie ein Modell zum Verhältnis zwischen Argumentieren, Begründen und Beweisen (vgl. Abbildung 3.7). Hier ist das Argumentieren und Beweisen „in einem Kontinuum des Begründens miteinander verbunden. Innerhalb dieses Kontinuums erfolgt das Begründen in Abhängigkeit von der konkreten Situation" (ebd., S. 49).

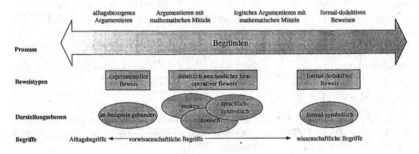

Abbildung 3.7 Ausschnitt aus dem Modell zum Verhältnis von Argumentieren, Begründen und Beweisen (Brunner, 2014, S. 49)

Während nach Brunner (2014) unter dem Beweisen formal-deduktives Vorgehen zu verstehen ist, das einen hohen Grad an formaler Strenge hat, unterteilt sie das Argumentieren in folgende drei Bereiche[6]:

---

[6] Die Bezeichnungen der drei Bereiche des Argumentierens sind zitiert nach Brunner (2014, S. 33).

- „alltagsbezogenes Argumentieren"
- „Argumentieren mit mathematischen Mitteln"
- „logisches Argumentieren mit mathematischen Mitteln"

Unter *alltagbezogenem Argumentieren* versteht man das Begründen ohne mathematische Mittel, wobei Alltagssprache genutzt wird. Hierzu zählt unter anderem das Beziehen auf eine beliebige Autorität. Das *Argumentieren mit mathematischen Mitteln* bezieht sich auf das Nutzen mathematischer Mittel, aber muss noch kein logisches Schließen beinhalten. Hierunter fällt unter anderem der Bezug auf ein spezielles Beispiel. Auch *logisches Argumentieren* beruht auf mathematischen Mitteln, die allerdings in einem streng logischen Vorgehen eingesetzt werden. Dieses muss jedoch noch nicht rein formaler Art sein und kann zum Beispiel ein verbaler, operativer oder ikonischer Beweis sein. Es gibt demnach verschiedene Arten des Begründens, die sich einerseits auf das Argumentieren ohne und mit mathematischen Mitteln beziehen und andererseits auf das Beweisen (Brunner, 2014).

Das oben beschriebene Verhältnis von Beweisen, Argumentieren und Begründen nach Brunner (2014) bringt unter anderem zum Ausdruck, dass man das Begründen nicht nur dem formal-deduktiven Beweisen zuordnen kann, sondern es auch in verschiedenen Arten des Argumentierens steckt (vgl. hierzu Vollrath, 1980). Zu beachten ist nach Vollrath (ebd.), dass trotz verschiedener Ausprägungen das Argumentieren und das Beweisen in Bezug auf das jeweilige Problem nachvollziehbar und geeignet sein müssen. Dies wird auch deutlich, wenn man betrachtet, wie Brunner (2014) die verschiedenen Beweistypen (z. B. Wittmann & Müller, 1988) und Darstellungsebenen (z. B. Leuders, 2010) den einzelnen Prozessen des Begründens zuordnet (vgl. Abbildung 3.7).

3.2.2 Begriffsverständnis

Die hier vorliegende Studie verwendet die Begriffe *Argumentation* und *Argumentieren*, da ein rein formal-deduktives Beweisen im Kindergartenalter noch keine Rolle spielt. Kindergartenkinder müssen unter anderem die Fähigkeiten besitzen, eine Ursache und eine Wirkung zu erkennen und Bezüge zwischen verschiedenen Aussagen herzustellen (Devlin, 2001). Diese Fähigkeiten ermöglichen es, Argumentationsketten zu bilden, die mit Hilfe der funktionalen Argumentationsanalyse nach Toulmin (1996, 2003) näher betrachtet werden können (vgl.

Abschnitt 3.2.1.2). Enthält eine Interaktion eine Argumentation, die nach Toulmin (ebd.) mindestens aus Datum, Konklusion und Garant besteht, kann dieser Garant bezogen auf die Argumentationstiefe analysiert werden.

Der Begriff der Argumentationstiefe ist in der vorliegenden Studie in Abgrenzung zu dem Begriffsverständnis nach Krummheuer und Brandt (2001) zu sehen. Diese verstehen unter Argumentationstiefe, wenn bei den einfachen Schlüssen Garanten und Stützungen hinzukommen. Die Autoren betrachten die Tiefe einer Argumentation also zunächst strukturell, betonen aber in diesem Zusammenhang, dass die hinzukommenden Garanten und Stützungen unterschiedlicher Qualität sein können. An dieser unterschiedlichen Qualität der Garanten und Stützungen setzt das Begriffsverständnis der Argumentationstiefe der vorliegenden Studie an. Unter Argumentationstiefe verstehe ich die inhaltliche Art der Argumentationen und damit die Qualität der Garanten und Stützungen (vgl. Almeida, 2001). Die Argumentationstiefe wird von mir also nicht strukturell definiert, das heißt ausschließlich über das Vorhandensein von Garanten und Stützungen, sondern inhaltlich (vgl. Rechtsteiner-Merz, 2013). Das Ziel dieser Studie ist es inhaltliche Merkmale aufgrund theoretischer Vorüberlegungen für den Elementarbereich zu identifizieren.

In der vorliegenden Studie wird in der Regel von Argumentieren gesprochen und nicht von mathematischem Argumentieren.

Dem Begriff *Argumentieren* liegt die Idee zugrunde, dass in einer mathematischen Spielsituation argumentiert wird, die dem Inhaltsbereich *Zahlen und Operationen* zuzuordnen ist. Die Argumentationen in diesen arithmetischen Spielsituationen müssen aber nicht immer mathematisch sein. Es kann zum Beispiel auch mit Bezug auf eine Autorität („Meine Mama hat das gesagt") oder eine ritualisierte Praxis („Das mache ich immer so.") argumentiert werden (vgl. Abschnitt 3.2.1.3). Hierfür gibt es bereits Bezeichnungen wie *alltagsbezogenes Argumentieren* (Brunner, 2014) oder *externally based proof schemes* (Sowder & Harel, 1998). Unter *Argumentieren* fasse ich demnach mathematische, aber auch nicht mathematische Argumentationen in einer arithmetischen Interaktion.

Wird im Folgenden der Begriff *mathematisches Argumentieren* genannt, bezieht sich dieser nur auf rein mathematische Argumentationen. Andere Argumentationsarten wie das Beziehen auf eine Autorität oder ritualisierte Praxis sind dabei nicht mit bedacht. Aus mathematikdidaktischer Perspektive lässt sich dieses Verständnis im weitesten Sinne dem Argumentieren mit mathematischen Mitteln nach Brunner (2014) zuordnen.

3.3 Argumentieren in der Grundschule

Verschiedene Studien beschäftigen sich mit dem Argumentieren als einem wesentlichen Bestandteil des Mathematikunterrichts in der Grundschule und als prozessbezogene Kompetenz (z. B. Bezold, 2009; Fetzer, 2011; Krummheuer & Brandt, 2001; Krummheuer & Fetzer, 2005; Schwarzkopf, 2000). Beispielhaft folgt an dieser Stelle die Erläuterung der Studien von Bezold (2009) und Fetzer (2011). Die Studie von Bezold (2009) wurde exemplarisch ausgesucht, da diese sich auf selbstdifferenzierende Lernangebote bezieht. Hierunter kann man auch Regelspiele ordnen, sofern diese die geforderten Erwartungen, wie zum Beispiel niederschwelliger Zugang und Variationsmöglichkeiten, erfüllen (Schuler, 2010; vgl. Abschnitt 2.2). Fetzer (2011) hat in ihren Analysen das Argumentieren von Grundschulkindern im Mathematikunterricht auf rekonstruktiv-deskriptive Weise untersucht. Diesen forschungsmethodischen Ansatz nutzt die vorliegende Studie auch, was sich zum Beispiel im Einsatz des Schemas nach Toulmin (1996, 2003) widerspiegelt.

Bezold (2009) verfolgt in ihrer Studie zur *Förderung von Argumentationskompetenzen durch selbstdifferenzierende Lernangebote* die Ziele, ein Kompetenzmodell für das Argumentieren von Grundschulkindern der dritten Jahrgangsstufe zu entwickeln sowie ein Unterrichtskonzept zu erstellen, das die Argumentationskompetenzen der Kinder fördert. Unter selbstdifferenzierenden Lernangeboten versteht sie Forscheraufgaben und integriert in ihre Studie arithmetische, geometrische und sachbezogene Bereiche. Anhand eines entwickelten, zweidimensionalen Kompetenzmodells werden die Argumentationen der Kinder mit Bezug auf die Komplexität der entdeckten Zahlbeziehungen (Dimension 1) sowie das erreichte Begründungsniveau (Dimension 2) analysiert und beurteilt. Die Auswertungen ergaben, dass die Kinder die Anforderungen auf allen Kompetenzstufen erfüllen und der Anteil an Begründungen mit zunehmender Niveaustufe steigt. Zudem wies die Forscherin bei einem Großteil der Kinder signifikante Fortschritte in der Argumentationsfähigkeit nach. Im Gegensatz zum Vortest begründen die Kinder ihre Entdeckungen im Nachtest häufiger. Zusammenfassend zeigt die Studie, dass sich die Argumentationskompetenzen der Kinder anhand der eingesetzten Lernangebote gut weiterentwickelten und sich deshalb besonders dafür eignen. Selbstdifferenzierende Lernangebote sind aufgrund der Heterogenität in Bezug auf die Argumentationskompetenzen der Kinder unerlässlich (Bezold, 2009).

Fetzer (2011) geht unter anderem der Frage nach, wie Grundschulkinder im Mathematikunterricht argumentieren. Anhand der Analysen stellte sich heraus, dass sich die Argumentationen von Grundschulkindern im Mathematikunterricht durch einfaches Schließen, substanzielles Argumentieren, wenig Explizität sowie verbales und non-verbales Argumentieren charakterisieren lassen. Bezüglich der *einfachen Schlüsse* hebt sie hervor:

> Weder das Nennen des Kopfrechenergebnisses ‚14' noch die Bemerkung ‚Stimmt'
> nach dem Ansetzen des Spiegels zum Überprüfen von Symmetrieeigenschaften fallen
> ‚landläufig' in die Kategorie ‚Argumentation'. [...] Es mangelt an einer ‚Begründung',
> ein ‚weil...' scheint zu fehlen. Arbeitet man jedoch mit Toulmins Ansatz und Funktio-
> nalen Argumentationsanalysen, so erscheinen manche Äußerungen der Schülerinnen
> und Schüler in anderem Licht. Viele der kurzen Bemerkungen und Einwortantworten,
> die im Mathematikunterricht der Grundschule von den Kindern hervorgebracht wer-
> den, lassen sich unter argumentationstheoretischer Perspektive als Argumentationen
> verstehen. (Fetzer, 2011, S. 33, Hervorhebungen im Original)

Die in dem Zitat angesprochenen einfachen Schlüsse, bestehend aus Datum und Konklusion, findet Fetzer (2011) in ihren Analysen sehr häufig. Obwohl nicht legitimiert wird, warum die Konklusion gültig sein soll, handelt es sich nach Toulmins argumentationstheoretischem Ansatz auch bei einfachen Schlüssen um eine Argumentation. Die einfachen Schlüsse sind Anknüpfungspunkte und Grundlage für das Argumentieren. Mit Blick auf die Überzeugungskraft von Argumentationen erläutert Fetzer (ebd.), dass in den vorliegenden Daten von den Kindern keine *analytischen Argumentationen* hervorgebracht wurden. Hieraus folgert sie, dass diese im Grundschulalltag kaum vorkommen. Hingegen lassen sich *substanzielle Argumente*, die vage und unsicher sind, häufig beobachten. Dazu gehören zum Beispiel Argumentationen wie „‚Meine Rechnung war richtig, weil die Lehrerin mir aufmunternd zugenickt hat' oder ‚Mein Messergebnis ist richtig, weil Sonja das gleiche Ergebnis hat'" (ebd., S. 37). Obwohl diese Garanten als unsicher gelten, ließ sich dennoch eine hohe Überzeugungskraft bei den Grundschulkindern feststellen. Substanzielle Argumente begünstigen mathematisches Lernen und fördern das Hinterfragen, das Nachhaken sowie das Diskutieren. Als weiteres Charakteristikum der Argumentationen von Grundschulkindern wird die *geringe Explizität* beschrieben. Dies bedeutet, dass Teile der Argumentation implizit bleiben und teilweise vage Zuschreibungen von Funktionen bestehen. Daraus ergibt sich, dass einzelne Elemente der Argumentation unterschiedlich interpretierbar sind und es so zu einer Mehrdeutigkeit kommt. Als letztes erläutert sie das *verbale und non-verbale Argumentieren*. Kinder

> machen durchaus nicht alle Elemente ihrer Argumentation durch ‚gesprochene' Äuße-
> rungen explizit. Nicht alles was sie erklären (wollen oder sollen), fassen sie in Worte.
> Vieles verdeutlichen sie non-verbal durch Zeigen und Verweisen auf didaktische Mate-
> rialien, die Tafel oder ihr Heft, durch Zerschneiden von Papier oder durch Legen und
> Verschieben von Plättchen. (Fetzer, 2011, S. 42, Hervorhebungen im Original)

Das non-verbale Argumentieren nimmt demnach eine bedeutende Rolle ein. Kinder fassen nicht alles in Worte, sondern sie überzeugen häufig auch durch konkretes Handeln, wie zum Beispiel etwas zeigen, ausprobieren oder zeichnen (Fetzer, 2011).

3.4 Argumentieren im Kindergarten

Eine konkrete Aufforderung zur Entwicklung von Argumentationskompetenzen bereits im Kindergartenalter formuliert The National Council of Teachers of Mathematics (2000): „From children's earliest experiences with mathematics, it is important to help them understand that assertions should always have reasons" (ebd., S. 56). Zudem betont die fachdidaktische Perspektive, dass es bereits im Kindergarten und auch später im Mathematikunterricht wichtig ist, eine Kultur des Nachfragens, Verstehenwollens und Begründens anzustreben und zu konkretisieren (Benz et al., 2015; Kothe, 1979).

Bislang gibt es allerdings sehr wenige Studien, die sich mit den Argumentationskompetenzen von Kindergartenkindern in mathematischen Kontexten beschäftigen und damit, wie diese gefördert werden können (Brunner, 2019; Brunner, Lampart & Rüdisüli, 2018; Lindmeier, Grüßing & Heinze, 2015). Es ist derzeit noch nicht geklärt, wie ein altersangemessenes Argumentieren von Kindergartenkindern aussehen kann (Lindmeier et al., 2015) und es fehlen „altersspezifische Konzeptualisierungen für das frühe Argumentieren als auch erprobte Praxiskonzepte, Lernumgebungen und Materialien zur Förderung von mathematischem Argumentieren im Kindergarten" (Brunner, 2019, S. 329).

Lindmeier et al. (2015) entwickelten eine erste Idee für die Modellierung von mathematischen Argumentationsfähigkeiten bei Kindern im letzten Kindergartenjahr. Dabei beschreiben sie folgende Argumentationsfähigkeiten für den Elementarbereich: Beziehungen zwischen Objekten, Eigenschaften und Strukturen erkennen, Verallgemeinern, Schlüsse ziehen und Nachweisen. Weiterführende Analysen zeigten, dass das mathematische Wissen einen signifikanten Einfluss auf das mathematische Argumentieren der Kindergartenkinder hat.

Darauf aufbauend untersuchten Lindmeier, Grüßing, Heinze und Brunner (2017) in einer Folgestudie, welche mathematischen Fähigkeiten beim Argumentieren von Kindergartenkindern angemessen sind. In einem heuristischen Modell definierten sie vorläufig zwei Stufen, die die Anforderungen beim mathematischen Argumentieren an Kindergartenkinder aufzeigen. Als basale Anforderung müssen Kindergartenkinder auf der ersten Stufe relevante Strukturen erkennen. Auf der zweiten Stufe müssen Kindergartenkinder die erkannten Strukturen nutzen, um mathematische Zusammenhänge zu erklären. Die zweite Stufe ist somit als weiterführende Anforderung zu betrachten. Den beiden Stufen, die frühe mathematische Argumentationsfacetten beschreiben, werden zugehörige mathematische Argumentationsprozesse zugeordnet, wie zum Beispiel das Konstruieren von Argumenten und die Bewertung und Rechtfertigung gegebener Begründungen.

Beispielhaft stellten Lindmeier, Brunner und Grüßing (2018) dar, welche mathematischen Argumentationen sich bei Kindergartenkindern beim Vergleichen geometrischer Figuren finden. In einem induktiven Prozess wurden aus den Aufgabenbearbeitungen der Kindergartenkinder Kategorien entwickelt, die normativ gültige mathematische Argumentationen aufzeigen. Die beschriebenen Kategorien belegen, dass bereits Kindergartenkinder mathematisch argumentieren können und dabei unterschiedliche Argumentationen für denselben Sachverhalt nutzen. Die Autorinnen heben hervor, dass die an der Studie teilnehmenden Kindergartenkinder zuvor nicht in Bezug auf das mathematische Argumentieren gefördert wurden. Somit ist es erstaunlich, dass es bereits in dieser Altersgruppe vielfältige Argumentationen gibt, da das mathematische Argumentieren von Natur aus als komplex gilt.

Brunner (2018a, 2018b, 2018c, 2019) leitet das Projekt *IvMAiK – Intervention zum mathematischen Argumentieren im Kindergarten*. Das Projekt hat als Hauptziel die Entwicklung, Erprobung und Evaluation verschiedener Lernumgebungen zur Förderung des mathematischen Argumentierens im Kindergarten. Weitere Analysebereiche sind die Entwicklung der Argumentationspraxis von pädagogischen Fachkräften und der Argumentationskompetenzen der Kindergartenkinder. Betrachtet man den Teil der Studie zur Leistungsentwicklung der Argumentationskompetenzen der Kindergartenkinder, lässt sich hier eine statistisch höchst signifikante Zunahme feststellen (Brunner, 2018a). Zudem betrachtet die Studie die Entwicklung der Argumentationskompetenzen mit Blick auf drei Leistungsgruppen (schwache, mittlere und starke Performanz der Kinder in den mathematischen Voraussetzungen). Bei der Auswertung der Ergebnisse zeigte sich, dass sich die Argumentationskompetenzen aller Kinder ähnlich entwickeln, jedoch jeweils auf einem anderen Niveau. Brunner (2019) nennt zwei Arten von Argumenten: Alltagsargument und mathematisches Argument. Damit kategorisiert sie die hervorgebrachten (Teil-)Argumente und stellte fest, dass größtenteils mathematische Argumente und kaum Alltagsargumente auftreten. Die Argumente werden vorwiegend sprachlich-narrativ hervorgebracht. Handlungsbasierte Argumente treten nur vereinzelt auf. Zudem gibt es eine Mischform, bei der an ein sprachlich-narratives Argument eine ergänzende Handlung anschließt.

Unterhauser und Gasteiger (2017) untersuchten Begründungen von Kindergartenkindern bei Identifikationsentscheidungen für die Begriffe Viereck und

Dreieck. Dabei kam es zur Entwicklung eines Diagramms zur Einordnung der Begründungen von den Kindern. Besonders bei Figuren, die einen kognitiven Konflikt auslösten, konnten aussagekräftige Argumente beobachtet werden. Insgesamt zeigen diese Studien einen ersten Zugang zum Argumentieren im Kindergarten. Es wird aber auch deutlich, dass dies noch ein ziemlich neues Forschungsfeld ist und umfassende Studien zur Erfassung, Beschreibung, Konzeptualisierung und Förderung des Argumentierens in mathematischen Kontexten notwendig sind.

3.5 Zusammenfassung und Bedeutung für die vorliegende Studie

Spielen regt zum Interagieren in verschiedenen Bereichen an, wobei in der vorliegenden Studie der Fokus auf mathematischen Interaktionen liegt (vgl. Abschnitt 3.1). Anhand der in Abschnitt 3.1 beschriebenen Ansätze nach Brinker und Sager (2006), Herrle (2013) und Piontkowski (1976) konnte der Begriff der Interaktion für die vorliegende Studie geklärt werden:

Eine mathematische Interaktion unter Kindergartenkindern beim Spielen arithmetischer Regelspiele ist eine Folge von mindestens zwei Äußerungen zweier oder mehrerer Kinder über einen mathematischen Sachverhalt, wobei eine der Äußerungen verbal sein muss.

Die von Jones und Gerard (1967) herausgearbeiteten Dimensionen von Wechselwirkungen werden nicht explizit in die Analyse aufgenommen, sondern sind im Sinne von Piontkowski (1976) implizit mitgedacht. Das ist so zu verstehen, dass es in den Interaktionen unter den Kindergartenkindern zu lernförderlichen Wechselwirkungen kommen kann, aber nicht muss. Diese lernförderlichen Wechselwirkungen im Rahmen der Interaktionen spielen eine zentrale Rolle beim Mathematiklernen (z. B. Carpenter & Lehrer, 1999; Cobb & Bauersfeld, 1995; Copley, 2006; Peter-Koop, 2006; Schuler, 2013; Schütte, 2008; Steinweg, 2008a). Das eigens entwickelte Modell zur Relevanz von Interaktionen für das mathematische Lernen in Spielsituationen (vgl. Abschnitt 3.1) zeigt, wie die Interaktionen im sozialen Kontext wesentlich an der Weiterentwicklung der individuellen Spielvoraussetzungen und somit auch der mathematischen Kompetenzen von Kindern beteiligt sein können.

Die Interaktionen über mathematische Inhalte können unterschiedlicher Art sein: ohne und mit Argumentationen. Das Argumentieren ist demnach eine spezifische Form der Interaktion und es ist davon auszugehen, dass wenn Kinder mit unterschiedlichen Argumentationskompetenzen gemeinsam ein Regelspiel spielen, diese auf ganz unterschiedlichen Niveaus argumentieren. So ist es möglich, dass die Kinder voneinander lernen und ihre mathematischen Kompetenzen weiterentwickeln, seien es fachliche Inhalte oder sprachliche Aspekte wie zum Beispiel das Argumentieren (London & Mayer, 2015; Miller, 1986; vgl. Abschnitt 3.2). Argumentiert ein Kind also beim Spielen, kann dies unter anderem Einblicke in dessen mathematische Kompetenzen geben.

Die verschiedenen Perspektiven auf den Argumentationsbegriff (vgl. Abschnitt 3.2.1) ermöglichen es, den Begriff *Argumentation* näher zu beschreiben.

Die *gesprächsanalytische Perspektive* legt dar, wie die Argumentationen in einen Handlungsprozess eingebettet sind (vgl. Abschnitt 3.2.1.1). Adaptiert auf den Bereich der spielorientierten mathematischen Förderung lässt sich in Anlehnung an Spranz-Fogasy (2006) festhalten, dass auch in Spielprozessen anhand von Darstellungs- oder Verständnisdefiziten Argumentationen stattfinden können. Das Spiel wird hierbei indirekt für eine gewisse Dauer unterbrochen und nach der argumentativen Klärung des jeweiligen mathematischen Sachverhalts wiederaufgenommen. In der vorliegenden Studie sind nur argumentative Klärungen in mathematischen Spielsituationen von Interesse.

Mit Blick auf die *argumentationstheoretischen Arbeiten* (vgl. Abschnitt 3.2.1.2) werden in Anlehnung an Kopperschmidt (1995, 2000) innerhalb der vorliegenden Studie nur Argumentationen analysiert, die im mathematikdidaktischen Sinne passend, gültig, geeignet, relevant und glaubwürdig sind. Dies bedeutet, dass hervorgebrachte Argumentationen inhaltlich betrachtet auf das Darstellungs- und Verständnisdefizit bezogen sein müssen und dass die Argumentationen mathematisch korrekt sein müssen. Zudem wird der Ansatz der funktionalen Argumentationsanalyse nach Toulmin (1996, 2003) genutzt, um die Argumentationen aus den mathematischen Interaktionen der Kindergartenkinder zu rekonstruieren. Dies bedeutet, die Abfolge beziehungsweise Sequenz der Argumentationen anhand von Datum und Konklusion sowie gegebenenfalls Garant(en) und Stützungen zu strukturieren (vgl. Abschnitt 3.2.1.2). Hierunter verstehe ich im Weiteren die Bestimmung der strukturellen Eigenschaften einer Interaktion. Unter anderem ist anhand der Analyse der rekonstruierten Garanten und Stützungen die Bestimmung der inhaltlichen Tiefe der Argumentationen möglich. Argumentationen legitimieren Konklusionen und stellen damit Beziehungen zwischen Aussagen her. Wie dies konkret zu fassen ist, zeigt die mathematikdidaktische Perspektive auf den Argumentationsbegriff.

Aus den *mathematikdidaktischen Arbeiten* (vgl. Abschnitt 3.2.1.3) erfolgte die Ableitung des in der vorliegenden Studie genutzten Begriffsverständnisses der Argumentationstiefe. Hierfür wurden im Forschungsprozess inhaltliche Ausprägungen generiert (vgl. Abschnitt 6.3.2.4; Almeida, 2001; Balacheff, 1992;

Brunner, 2014; Harel & Sowder, 2007; Leuders, 2010; Sowder & Harel, 1998; Wittmann & Müller, 1988). Den Begriff der Argumentationstiefe ist in der vorliegenden Studie nicht strukturell definiert, sondern inhaltlich. Das heißt, dass die Argumentationstiefe durch die Qualität der Garanten und Stützungen bestimmt ist und nicht ausschließlich durch ihr Vorhandensein (vgl. Abschnitt 3.2.2).

Das Argumentieren wurde beziehungsweise wird im Bereich der Grundschule vielfach in Studien untersucht (vgl. Abschnitt 3.3; z. B. Bezold, 2009; Fetzer, 2011; Krummheuer & Brandt, 2001; Krummheuer & Fetzer, 2005; Schwarzkopf, 2000). Beispielsweise kommen Hahn und Michael (2016) in ihrer Studie zu dem Schluss, dass Strategiespiele, in der Grundschule eingesetzt, ein hohes Potenzial zur Förderung von Argumentationskompetenzen haben. Hingegen besteht im Elementarbereich ein Forschungsdesiderat bezüglich des Argumentierens von Kindergartenkindern (vgl. Abschnitt 3.4). Erste Studien in diesem Bereich nähern sich diesem Forschungsgebiet an und zeigen auf, dass in speziell vorbereiteten Settings bereits Kindergartenkinder in der Lage sind, mathematisch zu argumentieren (Brunner, 2018a, 2018b, 2018c, 2019; Lindmeier et al., 2015; Lindmeier et al., 2017; Lindmeier et al., 2018; Unterhauser & Gasteiger, 2017).

Noch offen ist eine Bestandsaufnahme des Argumentierens im Kindergartenalltag, die unter anderem das Erfassen und Beschreiben der Argumentationskompetenzen von Kindergartenkindern und die Konzeptualisierung des Argumentierens in dieser Altersgruppe umfasst (z. B. Brunner, 2019). Es fehlt an empirischer Forschung dazu, ob Kinder im Kindergartenalltag überhaupt argumentieren und wenn ja, wie sich diese Argumentationen gestalten. An diesem Forschungsdesiderat setzt die vorliegende Studie an und untersucht, ob Kindergartenkinder in einer Alltagssituation beim Spielen arithmetischer Regelspiele mathematisch interagieren und argumentieren, welche Formen des Argumentierens es in dieser Altersgruppe gibt und welche inhaltliche Argumentationstiefen die Kindergartenkinder ohne gezielten Einfluss einer pädagogischen Fachkraft hervorbringen. Darüber hinaus kann die vorliegende Studie aufgrund der großen Stichprobe Aussagen darübermachen, welche Eigenschaften von Regelspielen das Interagieren und Argumentieren fördern können.

Zusammenfassend zeigen die theoretischen Ausführungen, dass Kinder schon sehr früh über mathematische Kompetenzen verfügen und diese, mit Blick auf die späteren Leistungen in der Grundschule, bereits im Kindergarten gefördert werden sollten (vgl. Kapitel 1). Dies kann zum Beispiel anhand einer spielorientierten Förderung mit Regelspielen erfolgen (vgl. Kapitel 2). In diesem Kontext werden in der vorliegenden Studie die mathematischen Interaktionen unter Kindergartenkindern beim Spielen arithmetischer Regelspiele analysiert, spezifisch das Argumentieren im Vorschulalter (vgl. Teil II). Die Interaktionen sind in Anlehnung an Kapitel 3 durch zwei Ausprägungen gekennzeichnet:

Mathematische Interaktionen unter Kindergartenkindern beim Spielen arithmetischer Regelspiele mit ...	
... einfachem Schluss, d.h. ohne Garant(en) und Stützung(en)	... Argumentation(en), d.h. mit Garant(en) und ggf. Stützung(en)

Abbildung 3.8 Ausprägungen von Interaktionen ohne und mit Argumentation(en)

Wenn in den nachfolgenden Ausführungen der Begriff *Interaktion(en) beziehungsweise mathematische Interaktion(en)* oder ein in diesem Sinne gemeinter Ausdruck genannt wird, ist das in Abbildung 3.8 dargestellte Begriffsverständnis mit beiden Merkmalsausprägungen, also *mathematische Interaktion(en) unter Kindergartenkindern beim Spielen arithmetischer Regelspiele mit einfachem Schluss oder Argumentation(en), d. h. Garant(en) und ggf. Stützung(en)*, gemeint. Der Begriff *(mathematische) Interaktion* beinhaltet also auch immer den Begriff *Argumentation*, da eine Argumentation eine spezifische Form der Interaktion ist.

Teil II

Interaktions- und Argumentationsprozesse erfassen und analysieren

Aufbauend auf die in Teil I dargestellten theoretischen Grundlagen und das damit aufgezeigte Vorverständnis folgen in Teil II die Erfassung und die Analyse der mathematischen Interaktionen und Argumentationen.

Das aktuelle Forschungsdesiderat, das die Erfassung und die Beschreibung der Argumentationskompetenzen von Kindergartenkindern, die Konzeptualisierung des Argumentierens in dieser Altersgruppe sowie die Art und Weise einer altersspezifischen Förderung des Argumentierens umfasst (Brunner, 2019; Brunner et al., 2018; Lindmeier et al., 2015; vgl. Abschnitt 3.4), führte zum Forschungsinteresse der vorliegenden Studie. Diese hat das zentrale Ziel, Interaktions- und Argumentationsprozesse von Kindergartenkindern beim Spielen arithmetischer Regelspiele zu analysieren.

Auf Basis der theoretischen Überlegungen entstand eine zentrale Leitfrage, aus der im Forschungsprozess weitere Teilfragen hervorgingen (vgl. Kapitel 4). Um eine den Fragestellungen angemessene Analyse durchzuführen, fand die Datenerhebung gekoppelt an die Gesamtstudie *spimaf* statt (vgl. Kapitel 5). Die erhobenen Daten wurden dann mit Rückgriff auf verschiedene forschungsmethodische Zugänge gezielt aufbereitet und analysiert, um die Interaktions- und Argumentationsprozesse zu beschreiben (vgl. Kapitel 6).

Forschungsfragen

4

Auf Basis der theoretischen Aufarbeitung in Teil I lassen sich vorab drei zentrale Begründungslinien für die entwickelten Forschungsfragen der vorliegenden Studie skizzieren.

1. Begründungslinie: Relevanz spielbasierter mathematischer Förderung
Die Relevanz der mathematischen Bildung im Elementarbereich hat in den letzten Jahren stetig zugenommen (z. B. Gasteiger, 2010; Hasselhorn & Schneider, 2011; Hellmich, 2008; Krajewski, 2003, Rathgeb-Schnierer, 2012; Roux, 2008; Royar, 2007a; Wittmann, 2006). Dies führte zur Entwicklung von zahlreichen Konzeptionen für die frühe mathematische Bildung. Diese werden bisweilen als Trainingsprogramme oder als mathematische Lerngelegenheiten im Alltag bezeichnet (z. B. Gasteiger, 2010; Hildenbrand, 2016; Schuler, 2013). Die mathematischen Lerngelegenheiten im Alltag verfolgen eine alltagsintegrierte und eine spielbasierte Förderidee (vgl. Abschnitt 1.5). Zur mathematischen Förderung im spielorientierten Ansatz sind unter anderem Regelspiele einsetzbar (vgl. Abschnitt 1.5 und Kapitel 2). Diese sind altersangemessen (vgl. Abschnitt 2.1.3) und erfüllen wesentliche Merkmale des Spiels (vgl. Abschnitt 2.1.2). Dadurch sind die Kinder in der Regel beim Umgang mit einem Regelspiel intrinsisch motiviert und setzen sich somit auch aus Lust und Freude mit mathematischen Sachverhalten auseinander (z. B. Einsiedler, 1999; vgl. Abschnitt 2.1.4). Zudem ermöglichen gut entwickelte Regelspiele alle Kindern einen Zugang zum Spielen und damit verbunden mathematische Erfahrungen beziehungsweise Lerngelegenheiten (vgl. Abschnitt 2.1.2). Derzeitige Erkenntnisse schätzen die spielorientierte Förderung von mathematischen Kompetenzen ebenso effektiv ein wie Trainingsprogramme (vgl. Kapitel 2; z. B. Einsiedler, Heidenreich & Loesch, 1985; Floer &

Schipper, 1975; Rechsteiner & Hauser, 2012; Rechsteiner et al., 2012; Rechsteiner et al., 2015).

Die vorliegende Studie ist als ein Teilprojekt von *spimaf* (vgl. Abschnitt 5.1) den mathematischen Lerngelegenheiten im Alltag mit Bezug zu einer spielbasierten Förderidee im Bereich der punktuell einsetzbaren Materialien zuzuordnen (Gasteiger, 2010; Hildenbrand, 2016; Schuler, 2013). Der Einsatz von Regelspielen nimmt eine wesentliche Rolle in der frühen mathematischen Bildung ein (vgl. Kapitel 2). Diese Studie liefert weitere Erkenntnisse für eine spielbasierte Förderung mit Regelspielen und lässt ergänzende Rückschlüsse auf die Entwicklung von Regelspielen zur mathematischen Förderung im Elementarbereich zu.

2. Begründungslinie: mathematische Lerngelegenheiten im Spiel
Bei der spielorientierten mathematischen Förderung im Elementarbereich lassen sich zwei Richtungen beobachten: Lernen im Spiel mit und ohne Begleitung durch eine pädagogische Fachkraft. Der Schwerpunkt der Forschung liegt auf der Spielbegleitung durch die pädagogische Fachkraft und wie diese das mathematische Lernen der Kinder bestmöglich anregen beziehungsweise unterstützen kann (z. B. Gasteiger, 2010; Schuler, 2013; Wullschleger, 2017). Schuler (2013) stellt heraus, dass durch die Begleitung der pädagogischen Fachkraft im Spiel vermehrt mathematische Lerngelegenheiten entstehen. Die Spielbegleitung durch die pädagogische Fachkraft ist demnach ein zentraler Bestandteil, um bei den Kindern mathematische Kompetenzen zu fördern.

Diese Erkenntnis mündet aber mit Blick auf die deutsch-schweizerische Videostudie *PRIMEL (Professionelles Handeln im Elementarbereich)* in einem Spannungsfeld. Die Ergebnisse von PRIMEL zeigen unter anderem, dass die Spielbegleitung im Kindergartenalltag vermehrt auf der Organisations- und Beziehungsebene stattfindet. Eine Lernprozessgestaltung durch die pädagogische Fachkraft im Sinne kognitiver Aktivierung auf inhaltlicher Ebene war kaum zu beobachten (Kucharz, Mackowiak, Ziroli, Kauertz, Rathgeb-Schnierer & Dieck, 2014). Vor diesem Hintergrund fragt die vorliegende Studie, inwieweit sich mathematische Lerngelegenheiten auch beim Spielen ohne Spielbegleitung ergeben können. Aktuell gibt es verschiedene Autoren, die betonen, dass das mathematische Lernen mit Regelspielen ohne Spielbegleitung beziehungsweise mit möglichst wenigen Interventionen seitens der pädagogischen Fachkraft stattfinden kann beziehungsweise sogar sollte (z. B. Hauser, 2013). Allerdings liegen noch keine differenzierten empirischen Erkenntnisse vor, ob auch ohne Spielbegleitung mathematische Lerngelegenheiten im Kindergartenalltag entstehen. An diesem Punkt setzt diese Studie an.

In der vorliegenden Studie steht somit nicht die Spielbegleitung der pädagogischen Fachkraft im Vordergrund, sondern alleine die Kindergartenkinder und deren mathematische Spielprozesse. Damit leistet diese Studie eine Bestandsaufnahme, was im Kindergartenalltag unter den Kindern passiert. Konkret werden dabei die mathematischen Interaktionen und Argumentationen der Kinder in den Blick genommen. Dies führt zu der dritten Begründungslinie.

3. Begründungslinie: Interaktionen unter Kindergartenkindern
Interaktionen gelten als zentrales Element zur Anregung mathematischer Lernprozesse (z. B. Bruner, 1996; Cobb & Bauersfeld, 1995; Kaufmann, 2011; Krummheuer, 1997; Peter-Koop, 2006; Schuler, 2013; Vygotsky, 1979, 1987; Williams, 1994). Mit diesem Schlüssel zur Wissenskonstruktion beim mathematischen Lernen (vgl. Abschnitt 3.1) im Elementarbereich beschäftigt sich die vorliegende Studie. Bezogen auf die mathematischen Interaktionen im Elementarbereich besteht speziell für das Argumentieren ein Forschungsdesiderat (vgl. Abschnitt 3.4). Erste Studien zum Argumentieren von Kindern in dieser Altersgruppe setzen vorrangig speziell angebotene Aufgabenbearbeitungen (z. B. Lindmeier et al., 2017) oder Interviews (z. B. Unterhauser & Gasteiger, 2017) ein, die die pädagogische Fachkraft oder eine Person aus dem Projektteam anleitet beziehungsweise begleitet (vgl. Abschnitt 3.4). Daraus ergibt sich eine weitere Lücke in der Forschungslandschaft: die Analyse von mathematischen Interaktionen und Argumentationen im Kindergartenalltag.

Die vorliegende Studie zeichnet sich dadurch aus, dass es sich um kein klinisches Setting, sondern um teilnehmende Beobachtung im breiten Feld handelt. Es fand eine Beobachtung der Kindergartenkinder beim Spielen arithmetischer Regelspiele statt. Aufgrund des speziellen Spielsettings entspricht dies weitestgehend einer Erhebung im Kindergartenalltag. Das Arbeiten im Feld stellt somit eine Weiterentwicklung bisheriger Forschungsansätze dar. Die mathematischen Interaktionen wurden in insgesamt 30 Kindergärten aus drei Ländern erfasst und im Hinblick auf die Struktur und Qualität untersucht. Die große Stichprobe eliminiert viele äußere Einflüsse und lässt dadurch allgemein gültige Aussagen zum Argumentieren im Kindergarten zu.

Forschungsinteresse der vorliegenden Studie
Das übergeordnete Forschungsinteresse liegt auf der Analyse der mathematischen Interaktionen von Kindergartenkindern beim Spielen arithmetischer Regelspiele. Im Kontext des dargestellten Forschungsinteresses entwickelte sich für diese Studie folgende Leitfrage:

Wie gestalten sich Interaktions- und Argumentationsprozesse in mathematischen Spielsituationen unter Kindergartenkindern?

Unter dem Begriff *Gestaltung* fasse ich ganz konkret die Erfassung und Beschreibung der Interaktions- und Argumentationsprozesse sowie die Analyse und Interpretation deskriptiver Häufigkeiten zu den im Forschungsprozess entwickelten Analyseelementen.

Die zunächst sehr offene Formulierung der Leitfrage ist dadurch bedingt, dass es in dem bearbeiteten Forschungsgebiet bislang nur wenige Studien gibt (vgl. Abschnitt 3.4). Bei der Durchführung von

> Untersuchungsvorhaben, die ein bisher weitgehend unbekanntes Forschungsgebiet erkunden wollen, sind [...] vorab präzise formulierte Fragen kaum möglich und wegen ihrer fokussierenden Wirkung auch nicht hilfreich. Denn hier geht es erst einmal darum herauszufinden, wie Fragen zu diesem Gebiet angemessen formuliert werden können. (Fromm, 2018, S. 51)

Auf Basis der Datenstrukturierung (vgl. Abschnitt 6.2) und den damit einhergehenden tieferen Einsichten in die Interaktionen der Kindergartenkinder, kann die Leitfrage wie folgt ausdifferenziert werden:

1) Welche strukturellen Eigenschaften haben die Interaktionen?
2) Was sind Auslöser der Interaktionen?
3) Welche interaktionsbezogenen Reaktionen zeigen die Kinder?
4) Welche Argumentationstiefe ist den Garanten und Stützungen zuzuordnen?
5) Auf welche mathematischen Sachverhalte beziehen sich die Garanten und Stützungen?

Die entwickelten Fragestellungen stellen eine Präzisierung der Leitfrage dar und entstanden während des Forschungsprozesses. Für einen sachlogischen Aufbau der Arbeit sind diese hier schon aufgeführt. Durch ein spiralförmiges Vorgehen während der Analyse erfolgte immer wieder eine Anpassung der Fragestellungen (Deppermann, 2008).

Datenerhebung 5

Die Datenerhebung für die vorliegende Studie erfolgte im Rahmen des Forschungsprojekts *spimaf* („*Spielorientierte mathematische Frühförderung*"), weshalb an dieser Stelle zentrale Aspekte hieraus erläutert werden. Die Einordnung der vorliegenden Studie in die Gesamtstudie *spimaf* veranschaulicht folgendes Schaubild (Abbildung 5.1):

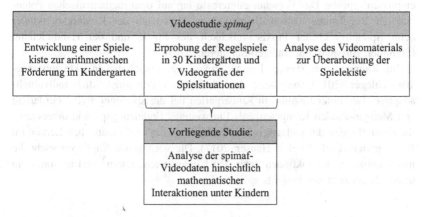

Abbildung 5.1 Einordnung der vorliegenden Studie in die Gesamtstudie *spimaf*

In Abschnitt 5.1 erfolgt die Darstellung der Ziele und Fragestellungen, der Stichprobe sowie des Projektverlaufs des Projekts *spimaf*. Zudem sind die videografierten Regelspiele in Abschnitt 5.2 beschrieben sowie die Videografie als Datenerhebungsinstrument in Abschnitt 5.3 erläutert.

© Der/die Autor(en), exklusiv lizenziert durch Springer Fachmedien   107
Wiesbaden GmbH, ein Teil von Springer Nature 2021
J. Böhringer, *Argumentieren in mathematischen Spielsituationen im Kindergarten*,
https://doi.org/10.1007/978-3-658-35234-9_5

5.1   Projekt *spimaf*

Das Projekt *spimaf* ist ein internationales Kooperationsprojekt der Pädagogischen Hochschule St. Gallen, der Pädagogischen Hochschule Weingarten, des Instituts für Erziehungswissenschaft der Universität Zürich, der Bildungsanstalt für Kindergartenpädagogik Feldkirch und des Amts der Vorarlberger Landesregierung. Die Internationale Bodensee-Hochschule (IBH) förderte das Projekt finanziell.

5.1.1   Ziele und Fragestellungen

Im Projekt *spimaf* wurde aufbauend auf das Vorgängerprojekt *SpiF* (vgl. Abschnitt 2.2; Rechsteiner et al., 2012) ein Set von 20 Regelspielen zur arithmetischen Förderung im Elementarbereich mit Spielanleitung und entsprechender Handreichung theoriebasiert entwickelt und während eines fünfmonatigen Interventionszeitraumes in 30 (Erhebungszeitpunkt 1) beziehungsweise 29 (Erhebungszeitpunkt 2) Kindergärten der Länder Deutschland, Österreich und Schweiz empirisch erprobt. Das Forschungsinteresse lag auf dem mathematischen Potenzial der Regelspiele, den mathematischen Aktivitäten der Kindergartenkinder beim Spielen und der Praxistauglichkeit der Spiele und der Handreichung (Stemmer, Bussmann & Rathgeb-Schnierer, 2013).

Im Rahmen von *spimaf* kamen ergänzende Forschungsprojekte zustande. Wullschleger (2017) analysierte die erhobenen Daten hinsichtlich individuell-adaptiver Lernunterstützung im Kindergarten bei der spielintegrierten Förderung von Mengen-Zahlen-Kompetenzen[1]. Ein weiteres Ergänzungsprojekt untersuchte die Einstellungen der pädagogischen Fachkräfte zum mathematischen Lernen im Kindergarten (Link, Vogt & Hauser, 2017). Die vorliegende Studie erforscht die mathematischen Interaktionen unter den Kindergartenkindern[2] und ist somit ein drittes Teilprojekt des Projekts *spimaf*.

---

[1] In der Dissertation von Wullschleger (2017) wird das Projekt *spimaf* ebenfalls dargestellt. Hierdurch kommt es, bedingt durch den Inhalt an sich, zu Überschneidungen bei den theoretischen Ausführungen.

[2] Im Folgenden wird zur besseren Lesbarkeit in der Regel nur noch von *Kindern* gesprochen, womit Kindergartenkinder gemeint sind.

5.1.2 Stichprobe

Der erste Feldzugang zur Akquise der Stichprobe fand über die Verteilung von Projekt-Flyern an Kindergärten in Deutschland, Österreich und der Schweiz statt. Da hierdurch zu wenige Kindergärten beziehungsweise pädagogische Fachkräfte akquiriert werden konnten, fanden im Nachgang telefonische Anfragen statt. Um die Attraktivität einer Teilnahme am Projekt *spimaf* zu erhöhen, gab es in Telefongesprächen den Hinweis, dass die teilnehmenden pädagogischen Fachkräfte als Dank eine vollständige Spielekiste erhalten, die Reisekosten zur Einführungsveranstaltung, den Austauschtreffen und der Abschlussveranstaltung erstattet werden und eine Anrechnung der Teilnahme als Weiterbildung möglich ist. Die Stichprobe des Projekts *spimaf* ist aufgrund dieses Vorgehens als nicht repräsentativ zu bezeichnen.

Zu Beginn des Projekts *spimaf* nahmen 30 pädagogische Fachkräfte aus dem Elementarbereich mit ihren Kindergruppen teil, davon zehn pädagogische Fachkräfte aus dem deutschen Bundesland Baden-Württemberg, zehn pädagogische Fachkräfte aus dem Schweizer Kanton St. Gallen und zehn pädagogische Fachkräfte aus dem österreichischen Bundesland Vorarlberg ($n_A = 10$; $n_{CH} = 10$; $n_D = 10$). Insgesamt nahmen am ersten Teil der Untersuchung 568 Kinder teil ($n_A = 191$; $n_{CH} = 202$; $n_D = 175$).

Im Projektverlauf stieg eine pädagogische Fachkraft aus Vorarlberg und ihre Kindergruppe aus, womit sich die Anzahl der teilnehmenden Fachkräfte aus Österreich im zweiten Teil der Videografie auf neun teilnehmende pädagogische Fachkräfte reduziert ($n_A = 9$; $n_{CH} = 10$; $n_D = 10$). Hierdurch verringerte sich auch die Anzahl der teilnehmenden Kinder auf 547 ($n_A = 170$; $n_{CH} = 202$; $n_D = 175$).

5.1.3 Projektverlauf

Das Projekt *spimaf* hatte eine Laufzeit von Januar 2012 bis September 2014 und untergliederte sich in drei zentrale Phasen: Entwicklung, Erprobung und Überarbeitung einer Spielekiste zur arithmetischen Förderung im Elementarbereich. Die vorliegende Studie basiert auf dem Datenmaterial der Videografie des Projekts *spimaf*, das aus der Erprobung der Spielekiste stammt. Die nachfolgenden Ausführungen betrachten die einzelnen Phasen von *spimaf* nacheinander. Der zeitliche Projektverlauf wird so deutlich und besser lesbar. Allerdings gibt es zwischen den aufeinanderfolgenden Phasen teilweise auch Überschneidungen.

1. Phase: Spielentwicklung

Von April 2012 bis Januar 2013 erfolgte die theoriebasierte Entwicklung einer Spielekiste mit 20 Regelspielen zur arithmetischen Förderung in Kindergärten mit einer Spielanleitung sowie einer Handreichung. In einem ersten Schritt wurden auf dem Markt vorhandene Regelspiele zur mathematischen Förderung gesammelt und neue Regelspiele vom Projektteam entwickelt. Dabei entstand ein Pool an 37 Regelspielen. Mittels eines Kriterienkatalogs zur Einschätzung des mathematischen Potenzials von Regelspielen analysierte das Projektteam den Pool an ausgewählten Regelspielen hinsichtlich folgender Teilfähigkeiten des Zahlbegriffs:

- „Vergleichen von Mengen,
- Aufsagen der Zahlwortreihe,
- Bestimmen von Anzahlen (durch Abzählen von Dingen oder durch Erfassen von Anzahlen),
- Zerlegen und Zusammensetzen von Mengen von Dingen,
- Aufbauen, Herstellen und Untersuchen der Zahlenreihenfolge,
- Zuordnen von Anzahl- und Zahldarstellungen,
- Erkennen von Zahleigenschaften und
- erstes Rechnen" (Hertling et al., 2017, S. 56; in Anlehnung an Rathgeb-Schnierer, 2012 & Schuler, 2013)

Auf Grundlage der Analyse der Spiele anhand des Kriterienkatalogs entstand aus den 37 Regelspielen ein Set an 20 Regelspielen, wobei der Fokus darauf lag, dass durch das entstandene Set alle Teilfähigkeiten des Zahlbegriffs abgedeckt sind. Zudem wurde im Nachhinein ein weiteres Spiel ergänzt, wodurch eine Spielekiste mit 21 Regelspielen entstand. Die zusammengestellten Regelspiele sind abschließend nochmals optimiert und für den Einsatz in der Praxis aufbereitet worden. Hierzu gehörten auch die Ausarbeitung einer ausführlichen Spielanleitung mit didaktischen Hinweisen sowie eine Handreichung mit Grundlagen der spielorientierten mathematischen Förderung im Elementarbereich (u. a. mathematische Schwerpunkte, lerntheoretische Grundlagen, Aspekte der Spielbegleitung)[3].

---

[3] Die Erprobungsfassungen der Spielanleitung (Bussmann et al., 2013) sowie der Handreichung können bei der Autorin eingesehen werden.

2. Phase: Erprobung der Regelspiele
Vor Beginn der Erprobung der Regelspiele im Kindergarten fand im Januar 2013 eine zweitägige Einführungsveranstaltung für die pädagogischen Fachkräfte statt. Neben der Vorstellung des allgemeinen Projektverlaufs und der zu erfüllenden Aufgaben wurden die pädagogischen Fachkräfte während dieser zwei Tage schwerpunktmäßig in die Regelspiele der Spielekiste einführt und durften diese ausgiebig ausprobieren. Zudem gab es verschiedene Beiträge, die den pädagogischen Fachkräften mathematikdidaktische Hintergründe, die Bedeutung des Spiels im Kindergarten und die Rolle der Spielbegleitung aufzeigten. Im Rahmen von ländergemischten Gruppen konnten sich die pädagogischen Fachkräfte in einer weiteren Arbeitsphase über ihre Ansichten und Erfahrungen betreffend mathematischer Förderung im Kindergarten austauschen. Für die Datenerhebung mussten die pädagogischen Fachkräfte verschiedene Fragebögen zur Erhebung von Personalien und der beruflichen Tätigkeit, zu deren Einschätzung der mathematischen Bildung im Kindergarten und zur mathematischen Diagnose- und Förderfähigkeit der pädagogischen Fachkräfte ausfüllen.

Im Anschluss an die Einführungsveranstaltung erprobten die pädagogischen Fachkräfte von Februar 2013 bis Juni 2013 die Spielekiste mit ihren Kindergruppen. Die pädagogischen Fachkräfte mussten die Regelspiele über einen Zeitraum von zwölf Wochen den Kindern aktiv anbieten. Pro Woche sollten die pädagogischen Fachkräfte bewusst zwei bis vier circa 30-minütige Spieleinheiten durchführen. Während der Erprobung durch die pädagogischen Fachkräfte erhob das Projektteam folgende Daten (vgl. Abbildung 5.2):

Abbildung 5.2 Schritte der Evaluation (Böhringer, Hertling & Rathgeb-Schnierer, 2017, S. 48)

- Videografie von je sechs Regelspielen à 20 bis 30 Minuten zur Erfassung von Spielsituationen (März 2013 & Juni 2013),
- Interviews mit den pädagogischen Fachkräften zu handlungsleitenden Überlegungen während der Spielbegleitung zum Zeitpunkt der Videografie (März 2013 & Juni 2013),
- Spielpässe für die Kinder zur Einsicht in Spielhäufigkeiten während des gesamten Erprobungszeitraums (Februar 2013 bis Juni 2013),
- Kindermeinungen zu den Regelspielen (Juni 2013),
- Austauschtreffen mit den pädagogischen Fachkräften zur Rückmeldung über die Regelspiele, Spielanleitung und Handreichung (April 2013 & Juli 2013).

Die vorliegende Studie basiert auf den Daten aus der Videografie (Erhebungszeitpunkte: t1 und t2) des Projekts *spimaf* (vgl. Abschnitt 5.3.2).

3. Phase: Analyse und Überarbeitung
Die erhobenen Daten im Projekt *spimaf* dienten der Überarbeitung der Spielekiste. Hierbei wurden die einzelnen Regelspiele unter anderem im Hinblick auf die Spielbeliebtheit bei den Kindern, den Spielfluss, das mathematische Potenzial[4], die Materialisierung sowie die Regelverständlichkeit betrachtet und optimiert. Aus diesem Prozess entstand dann das Endprodukt[5], welches nunmehr 18 Regelspiele mit Spielanleitung[6] umfasst, die eine umfassende arithmetische Förderung im Kindergarten ermöglichen (vgl. Tabelle 5.1).

---

[4] Das mathematische Potenzial von Regelspielen, die in der Erprobung eingesetzt wurden, aber in der überarbeiteten Spielekiste nicht mehr vorhanden sind, können in der Endfassung der Spieleinschätzungen bei der Autorin eingesehen werden.

[5] Detaillierte Ausführungen mit Spielanleitungen und Praxisbeispielen zur entstandenen Spielekiste finden sich in Hauser et al. (2017).

[6] Die endgültige Spielanleitung kann bei der Autorin eingesehen werden.

Tabelle 5.1 Mathematisches Potenzial der Regelspiele aus dem Projekt *spimaf* (Hauser et al., 2017, S. 64)

Spiel	Gruppengröße	Zeitdauer	Schwierigkeitsgrad	Vergleichen von Mengen	Bestimmen von Anzahlen	Zerlegen und Zusammensetzen von Mengen	Zahlenreihenfolge herstellen	Zuordnen von Anzahl- und Zahldarstellungen	Erstes Rechnen
Ab in die Mitte	2–4	15+	★★☆		■			■	
Bohnenspiel	2	15	★☆☆	■		■		■	
Dreh	2–4	15+	★★★	■				■	
Dschungel	2–4	10	★☆☆	■					
Fünferraus	2–4	15+	★★☆				■		
Halli Galli	2–4	15	★★☆	■					
Klecksimonster	3–4	15+	★★☆					■	
Klipp-Klapp	2	10	★★★				■	■	
Mehr ist mehr	2–4	10	★★☆	■					
Nachbarzahlen	2–4	15+	★★☆				■		
Nimm weg	2	10	★★☆	■					
Pasch	2	10	★☆☆				■		
Plopp	2	5	★★★	■			■		
Schnapp das Quartett	3–4	15	★★☆					■	
Stechen	2–4	10	★☆☆	■	■				
Steine sammeln	2–4	5	★☆☆					■	
Treppauf-Treppab	2	15+	★★★				■	■	
Verflixte 5	2–4	10	★★★						

Erste Ergebnisse der Studie zeigen, dass für die Entwicklung von Regelspielen zur mathematischen Förderung nicht nur das mathematische Potenzial im Mittelpunkt stehen kann. Diese müssen so konzipiert sein, dass ein Spielfluss entsteht. Nur so ist ein Regelspiel bei Kindern beliebt und es wird gespielt (Böhringer et al., 2017).

5.2   Beschreibung ausgewählter Regelspiele

Insgesamt wurden zwölf der 21 zu erprobenden Regelspiele im Rahmen der Datenerhebung videografiert. Im Folgenden werden die jeweiligen Spielregeln der Grundvarianten aus der Erprobung beschrieben (Bussmann et al., 2013):

Bohnenspiel
Beim Bohnenspiel bekommen zwei
Kinder jeweils einen Spielplan und
einen Würfel. Die Kinder würfeln
abwechselnd und dürfen je nach
gewürfelter Anzahl das entsprechende
Feld auf dem Spielplan mit Bohnen,
einem bunten Chip pro Feld oder
Zahlenkarten belegen. Gibt es zu der
gewürfelten Anzahl kein leeres Feld
mehr, muss das Kind aussetzen.
Gewonnen hat das Kind, das zuerst
alle Felder belegt hat (Bussmann
et al., 2013; Köppen, 1990; Schuler,
2010).

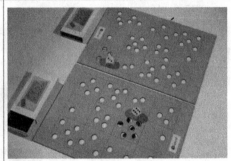

(Bussmann et al., 2013, S. 16)

Dreh

Bei dem Regelspiel Dreh dreht das Kind, das an der Reihe ist, die Drehscheibe, auf der verschiedene Felder mit Gruppen von Anzahlen (je nach Drehscheibe entweder Tiere, Punkte, Ziffern oder Zehnerfelder) aufgezeichnet sind. Anschließend würfelt das Kind mit sechs Würfeln. Nun muss das Kind vergleichen, ob es entsprechend der dargestellten Anzahlen auf dem Feld eine passende Anzahl auf einem Würfel hat. Stimmt ein Würfelbild mit einer Anzahl auf dem Feld überein, darf das Kind diesen Würfel auf das Feld legen. Sind Würfel übrig, die nicht zugeordnet werden konnten, darf das Kind mit diesen ein zweites Mal würfeln und weitere Übereinstimmungen suchen. Ist es einem Kind möglich, alle Anzahldarstellungen auf dem gedrehten Feld zu erwürfeln, darf es sich einen Chip nehmen. Ist es nicht möglich, kommt das nächste Kind mit drehen und würfeln dran. Hält die Drehscheibe auf einem Jokerfeld, muss das Kind die entsprechende Anzahl an Chips nehmen beziehungsweise abgeben. Gewonnen hat das Kind, das am Ende die meisten Chips hat (Bussmann et al., 2013).

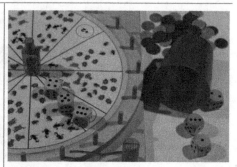

(Bussmann et al., 2013, S. 20)

Früchtespiel
Jedes Kind erhält sechs Karten.
Von den übrigen Karten wird
eine Karte offen in die Mitte des
Tisches gelegt und die anderen
verdeckt auf einen Stapel. Nun
vergleicht das Kind, das an der
Reihe ist, seine Karten mit der
offenliegenden Karte. Hat das
Kind eine Karte, auf der von
einer Fruchtsorte genaue eine
Frucht mehr abgebildet ist, darf
es diese Karte auf den Tisch
legen. Besitzt ein Kind einen
Joker, darf es diesen immer
anstelle einer Früchtekarte
legen. In diesem Falle muss das
nächste Kind seine Karte mit
der Karte vor dem Joker
vergleichen. Ist es einem Kind
nicht möglich, eine Karte
abzulegen, muss es eine Karte
vom Stapel ziehen. Gewonnen
hat das Kind, das keine Karten
mehr hat (Bussmann et al.,
2013; Haller & Schütte, 2000;
Schütte, 2004a).

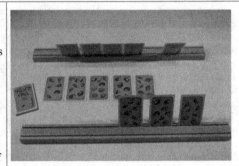

(Bussmann et al., 2013, S. 18)

Fünferraus
Angelehnt an das Spiel
Elferraus (Ravensburger
Verlag) bekommen die Kinder,
je nach teilnehmender Anzahl
an Kindern, circa zehn Karten.
Sofern Karten übrig bleiben,
werden diese verdeckt auf einen
Stapel auf den Tisch gelegt. Als
erstes muss eine fünf (egal von
welcher Farbe) auf den Tisch
gelegt werden. Falls kein Kind
eine fünf besitzt, muss reihum
so lange eine Karte gezogen
werden, bis ein Kind eine fünf
legen kann. Im Folgenden
müssen die Kinder nun die
Ziffernreihe aufsteigend bis zur
zehn und absteigend bis zur
null vervollständigen. Das
Kind, das an der Reihe ist, darf
so viele Karte legen wie es
möchte. Hat es keine passende
Karte, muss eine Karte vom
Stapel gezogen werden, die
– sofern möglich – sofort nach
dem Ziehen abgelegt werden
darf. Gewonnen hat das Kind,
das am Ende keine Karten mehr
besitzt (Bussmann et al., 2013;
Kamii & Yasuhiko, 2005).

(Bussmann et al., 2013, S. 10)

Halli Galli
Beim Halli Galli (Amigo Verlag) werden alle Karten an die Kinder verteilt. Diese legen die Kinder umgedreht auf einen Stapel vor sich. In der Mitte des Tisches wird die Glocke platziert. Nacheinander decken die Kinder nun die oberste Karte ihres Stapels auf und legen diese vor sich, sodass alle Kinder einen Blick darauf werfen können. Sobald fünf gleiche Früchte von einer Sorte (z. B. fünf Bananen) auf dem Tisch liegen, müssen die Kinder klingeln. Das Kind, das als erstes klingelt, erhält alle offenliegenden Karten. Wird zu einem falschen Zeitpunkt geklingelt, muss das Kind den anderen Kindern jeweils eine Karte schenken. Gewonnen hat das Kind, das am Ende die meisten Karten besitzt (Bussmann et al., 2013).

(Bussmann et al., 2013, S. 24)

Klipp Klapp
Jedes Kind erhält ein Klipp Klapp Spiel (Goki Verlag) mit hochgeklappten Zifferntafeln sowie zwei Würfel. Abwechselnd wird nun mit den beiden Würfeln gewürfelt. Das Kind, das an der Reihe ist, darf entweder die entsprechende Ziffer zu einer gewürfelten Anzahl oder die Summe beider gewürfelten Anzahlen nach unten klappen. Gewonnen hat das Kind, das am Ende alle Zifferntafeln nach unten geklappt hat (Bussmann et al., 2013).

(Bussmann et al., 2013, S. 14)

Mehr ist mehr
Beim Mehr ist mehr müssen die Karten, auf denen drei verschiedenfarbige Zehnerfelder mit unterschiedlichen Anzahlen zu sehen sind, an die Kinder verteilt werden. Eine Karte muss offen in die Mitte des Tisches gelegt werden. Die Kinder decken nun gleichzeitig eine Karte von ihrem Stapel auf und müssen vergleichen, ob sie ein Zehnerfeld haben, das die gleiche Farbe hat, wie eines der Zehnerfelder von der Karte in der Mitte. Ist dies der Fall, muss in einem zweiten Schritt überprüft werden, ob auf dem eigenen Zehnerfeld mehr Punkte zu sehen sind, als auf dem der in der Mitte liegenden Karte. Wenn ja, darf die Karte mit den Worten „Mehr blau (jeweilige Farbe)" gelegt werden. Findet das Kind keine Karte, die von einer Farbe mehr Punkte hat als die Karte in der Mitte, darf es die nächste Karte von seinem Stapel anschauen und vergleichen. Legt ein Kind eine falsche Karte und die anderen merken dies, muss es von der Mitte zwei zusätzliche Karten aufnehmen. Gewonnen hat das Kind, das am Ende keine Karten mehr hat (Bussmann et al., 2013).

(Bussmann et al., 2013, S. 12)

Pinguin
Das Spielbrett wird in die Mitte des Tisches gestellt und jedes Kind erhält einen Pinguin, der zunächst auf der mittleren Eisscholle steht. Nacheinander ziehen die Kinder jeweils einen Stein, auf dem ein Zehnerfeld mit einer Anzahl abgebildet ist. Das Kind, das an der Reihe ist, muss dann seinen Pinguin auf die entsprechende Eisscholle, mit der gleichen Anzahl im Zehnerfeld, stellen. Zieht ein Kind ein Zehnerfeld mit einer fünf, darf der Pinguin tauchen und erhält einen Chip. Kommt ein Kind auf eine Eisscholle, auf dem bereits ein anderer Pinguin steht, muss das Kind diesem einen – sofern vorhanden – von den eigenen Chips abgeben. Falls das Kind noch keinen Chip hat, darf das Kind, dessen Pinguin bereits auf der Eisscholle steht, tauchen und sich einen Chip holen. Gewonnen hat das Kind, das fünfmal tauchen war und somit fünf Chips besitzt (Bussmann et al., 2013).

(Bussmann et al., 2013, S. 6)

Quartett
Beim Quartett werden zunächst sechs Karten an die Kinder verteilt. Die restlichen Karten werden auf einen Stapel in die Mitte des Tisches gelegt. Jedes Kind muss nun versuchen, so viele Quartette wie möglich zu erfragen. Dabei müssen die Kinder eine Ziffernkarte mit einer Hausnummer und jeweils eine Mengenkarte mit Katzen, einem Fingerbild und Würfeln zu einer Anzahl sammeln. Hierfür muss das Kind, das an der Reihe ist, ein anderes Kind nach einer Karte fragen. Hat dieses Kind die Karte, muss es diese abgeben und das Kind, das an der Reihe war, darf weiter fragen. Besitzt ein Kind die Karte, nach der gefragt wurde nicht, ist das gefragte Kind an der Reihe. Hat ein Kind von einer Anzahl alle Karten, darf es das Quartett vor sich legen. Gewonnen hat das Kind, das am Ende die meisten Quartette gesammelt hat (Bussmann et al., 2013).

(Bussmann et al., 2013, S. 8)

Schüttelbecher
Jedes Kind erhält sechs Karten, auf denen Zehnerfelder zu einer Zahl abgebildet sind, die es offen vor sich hinlegt. Auf den Zehnerfeldern sieht man verschiedene Zerlegungen zu einer Zahl, die mit Hilfe von zwei Farben dargestellt sind. In einen Schüttelbecher kommt die entsprechende Anzahl an zweifarbigen Wendeplättchen. Nacheinander würfeln die Kinder nun mit den Wendeplättchen und vergleichen, ob sie die gewürfelte Zerlegung auf einer ihrer Zehnerfelder entdecken. Sofern dies der Fall ist, darf das Kind die entsprechende Karte umdrehen. Werden keine passenden Zerlegungen gefunden, darf das nächste Kind mit den Wendeplättchen würfeln. Gewonnen hat das Kind, das am Ende alle Karten umgedreht hat (Bussmann et al., 2013).

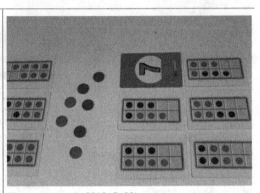

(Bussmann et al., 2013, S. 22)

Steine sammeln
In der Mitte des Tisches befindet sich eine Schachtel mit Steinen (von pädagogischer Fachkraft vorbereitet oder von den Kindern ausgezählt). Die Kinder würfeln nacheinander und dürfen bei den Anzahlen zwei, drei, vier und fünf die entsprechende Anzahl an Steinen aus der Schachtel holen. Bei einer eins muss das Kind, das gewürfelt hat, dem Kind mit den wenigsten Steinen einen Stein schenken. Wird eine sechs gewürfelt, muss das Kind sechs Steine in die Schachtel zurücklegen. Es wird so lange gespielt, bis keine Steine mehr in der Schachtel sind. Gewonnen hat das Kind, das am Ende die meisten Steine hat (Bussmann et al., 2013).

(Bussmann et al., 2013, S. 4)

Verflixte 5
Zu Beginn des Spiels bekommt
jedes Kind fünf Karten. Zudem
werden in die Mitte des Tisches
drei Karten untereinander offen
hingelegt. Nun sucht sich jedes
Kind eine seiner Karten aus, die
dann gleichzeitig aufgedeckt
werden. Das Kind, das die
niedrigste Ziffer auf seiner
Karte hat, darf als erstes an eine
der in der Mitte liegenden Karte
anlegen. Hierbei muss beachtet
werden, dass die gelegte Ziffer
höher (um eins oder mehr) ist
als die bereits gelegte in der
Mitte. Die Karte darf aber nicht
beliebig gelegt werden, sondern
an der Karte, bei der der
Abstand zur eigenen Karte am
geringsten ist. Kann ein Kind
nicht legen, muss es eine
komplette Reihe nehmen. Auch
muss ein Kind die Reihe
nehmen, wenn es die fünfte
Karte in einer Reihe legt. Die
fünfte Karte wird dann zur
neuen Startkarte der Reihe. Die
aufgenommenen Karten legt
das Kind umgedreht zu sich.
Hat das erste Kind seine Karte
gelegt, kommt das nächste Kind
mit der nun niedrigsten Ziffer
auf seiner Karte dran. Gespielt
wird, bis alle Kinder ihre
Karten gelegt haben. Gewonnen
hat das Kind, das am Ende am
wenigsten Krokodile auf den
aufgenommenen Karten hat
(Bussmann et al., 2013).

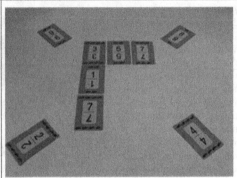

(Bussmann et al., 2013, S. 26)

Die Auswahl der zwölf Regelspiele für die Videografie ist mit Hilfe des entwickelten Kriterienkatalogs (Hertling et al., 2017) erfolgt. Entscheidend hierbei war

es, dass die Regelspiele im Gesamten möglichst alle Teilaspekte des Zahlbegriffs fördern (vgl. Abschnitt 5.1.3, Tabelle 5.1).

5.3 Videografie

5.3.1 Methodische Grundlagen

Der Fokus der Datenerhebung lag gekoppelt an das Forschungsinteresse von *spimaf* und mit Blick auf die vorliegende Studie unter anderem sowohl auf den konkreten Aktivitäten der Kinder beim Spielen der Regelspiele, als auch auf dem verbalen und nonverbalen Interaktionsverhalten der Kinder untereinander und mit der pädagogischen Fachkraft. Um möglichst natürliche und alltagsnahe Aufnahmen zu erhalten (z. B. Deppermann, 2008; Knoblauch, Tuma & Schnetter, 2010), die verbale Äußerungen, nonverbale Verhaltensweisen und konkrete Aktivitäten beinhalten (Deppermann, 2008), wurden die Spiel- und Interaktionsprozesse im natürlichen Umfeld mittels Videografie festgehalten. Dieses Vorgehen ist der Feldforschung zuzuordnen (z. B. Bodenmann, 2006; Legewie, 1995). Die Videografie gewährleistet dabei, dass das erhobene Datenmaterial nicht an subjektive Empfindungen angepasst ist, sondern weitestgehend die konkreten Situationen widerspiegelt (Deppermann, 2008). Zudem ist es in einer videobasierten Studie, wie zum Beispiel der vorliegenden Studie möglich, die zahlreichen und eng aufeinanderfolgenden Interaktionen in ihrer Komplexität festzuhalten und diese in einer nachfolgenden Untersuchung differenziert zu analysieren (Müller, Eichler & Blömeke, 2006).

Durch das Festhalten der Spiel- und Interaktionsprozesse im Projekt *spimaf* mittels der Videografie fand eine teilnehmende Beobachtung als Datenerhebungsverfahren statt (z. B. Bodenmann, 2006; Lamnek & Krell, 2016; Seidel & Prenzel, 2010). Die teilnehmende Beobachtung will die Untersuchungspersonen in ihrer alltäglichen Lebenswelt betrachten und beispielsweise spezifische Interaktionsmuster erkunden, die dann wissenschaftlich auswertbar sind. Die Beobachtung wurde mit Hilfe der Videografie durchgeführt, um das erhobene Datenmaterial beliebig oft wiedergeben zu können sowie dieses aus verschiedenen Perspektiven zu betrachten und zu analysieren. Durch die Ermöglichung der Reproduktion der Videoaufnahmen ist es möglich, ein passendes Analyseschema zu entwickeln (Lamnek & Krell, 2016). Somit ist eine Bewertung, Zuordnung, Interpretation und Sinnzuweisung der erhobenen Daten durchführbar. Bei der teilnehmenden Beobachtung muss darauf geachtet werden, dass die Aufzeichnungen die Untersuchungspersonen (wie zum Beispiel in der vorliegenden Studie die Kinder und

die pädagogischen Fachkräfte) nicht übermäßig beeinflussen oder stören (Strübing, 2013), um möglichst alltagsgetreue Videoaufnahmen zu erhalten. Allerdings
kann man bei der

> Beobachtung [...] kaum davon ausgehen, dass die zu beobachtenden Vorgänge von
> unserer Anwesenheit völlig unbeeindruckt bleiben. Dies gilt umso mehr, wenn wir
> unsere Beobachtungen [...] *offen* durchführen, die beobachteten Personen also von
> unserem Tun vorab in Kenntnis setzen. Zwar verliert sich dieser Effekt bei längeren
> Beobachtungen im Zeitverlauf, weil die Beobachteten sich an die Anwesenheit der
> Beobachterinnen gewöhnen. Auf jeden Fall aber kann hier in einem strengen Sinne
> kaum von einer Nicht-Beeinflussung des Feldes durch die Forschenden gesprochen
> werden. Im Paradigma der qualitativen Forschung stellt dies allerdings – anders als in
> der standardisierten Sozialforschung – kein wesentliches Problem dar [...], solange
> nur die Rolle des Beobachters im Feld analytisch mit reflektiert wird. (Strübing, 2013,
> S. 55, Hervorhebung im Original)

Die obigen Ausführungen begründen den Einsatz der Videografie als teilnehmende Beobachtung in der vorliegenden Studie. Nachfolgend wird der Gegenstand der Datenerhebung dargestellt.

5.3.2 Durchführung der Videografie

Die in Abschnitt 5.2 beschriebenen Regelspiele wurden für die Videografie in
zwei Serien aufgeteilt und zu zwei Zeitpunkten videografiert. Im März 2013 fand
die Videografie der Regelspiele *Fünferraus, Klipp Klapp, Mehr ist mehr, Pinguin,
Quartett* und *Steine sammeln* statt und im Juni 2013 kamen die Regelspiele *Bohnenspiel, Dreh, Früchtespiel, Halli Galli, Schüttelbecher* und *Verflixte 5* an die
Reihe. Bis zum jeweiligen Zeitpunkt der Videografie mussten die pädagogischen
Fachkräfte die sechs Regelspiele in ihren Kindergruppen einführen. Dies hatte den
Grund, dass die Spielregeln nicht während der Videografie im Detail besprochen
werden mussten und somit genügend Zeit für die eigentlichen Spiel-, Interaktions-
und Unterstützungsprozesse zwischen den Kindern und mit der pädagogischen
Fachkraft zur Verfügung stand.

Jeweils unterschiedliche Personen führten die Videografie in den teilnehmenden Kindergärten der drei Länder Deutschland, Österreich und der Schweiz
durch. Zur Standardisierung der Videografie wurde von den Projektmitgliedern

ein Kameraskript[7] erarbeitet, pilotiert, überarbeitet, fertiggestellt und gemeinsam besprochen. Das Kameraskript reglementiert die folgenden Bereiche:

- Kontaktaufnahme zur Vereinbarung der Termine zur Videografie und zum Austausch weiterer Informationen (z. B. Situation vor Ort erfragen, Ablauf der Videografie erläutern)
- Arbeiten im Vorfeld der Aufnahme (z. B. Vorbereitung und Überprüfung des benötigten technischen Equipments sowie weiterer Materialien)
- Arbeiten am Aufnahmetag vor der Aufnahme (z. B. Einverständniserklärung der teilnehmenden Kinder überprüfen, Nummerierung der Kinder, Ablauf mit pädagogischer Fachkraft durchgehen, Kameras und Mikrofone positionieren, Tische nummerieren, Regelspiele bereitlegen, Raumsituation fotografieren)
- Arbeiten am Aufnahmetag beim Aufnahmestart (z. B. Kameras aktivieren, Synchronisationsklappe aktivieren)
- Arbeiten am Aufnahmetag während der Aufnahme (z. B. Verfolgerkamera führen, Protokoll verfassen, Kameras überprüfen)
- Arbeiten am Aufnahmetag nach der Aufnahme (z. B. Kameras ausschalten, technisches Equipment und Materialen einpacken, Interview mit pädagogischer Fachkraft führen)
- Arbeiten nach dem Aufnahmetag (z. B. Aufnahmen der Fotokamera, der Videografie sowie der Interviews auf einen Server laden)

Zudem erhielten alle Aufnahmeteams gemeinsam eine technische Schulung von der Medienwerkstatt der Pädagogischen Hochschule St. Gallen. Diese diente zusätzlich der Standardisierung der Datenerhebung sowie zum richtigen Einsatz des technischen Equipments.

Der Fokus der Videografie lag auf den Spielprozessen und mathematischen Aktivitäten der Kinder (Projekt *spimaf*), auf der Lernunterstützung durch die pädagogische Fachkraft (Wullschleger, 2017) sowie auf den mathematischen Interaktionen unter den Kindergartenkindern (vorliegende Studie). Mit Blick auf diese drei Zielsetzungen wurde das Spielsetting standardisiert aufgebaut. Die Kinder mussten in einer vorgegebenen Spieleinheit von circa 20 bis 30 Minuten in frei gewählten Kleingruppen verschiedene Regelspiele (n = 6) an drei Tischen spielen. An einem Spieletisch konnten die Kinder ein Regelspiel auswählen. Die pädagogische Fachkraft konnte sich währenddessen frei im Raum bewegen und

---

[7] Das Kameraskript ist nur zur projektinternen Verwendung erstellt worden und kann bei der Autorin eingesehen werden.

abwechselnd zu verschiedenen Spieltischen gehen, um die Kinder zu beobachten und gegebenenfalls zu unterstützen. Abbildung 5.3 zeigt exemplarisch eine
vereinfachte Raumsituation während der Videografie.

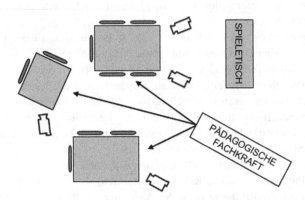

Abbildung 5.3   Vereinfachte Darstellung des Spielsettings der Videografie

Die Standkameras (vgl. Abbildung 5.3) waren dabei so positioniert, dass man
die Spielprozesse, das Handeln mit den Spielmaterialien sowie das Gesicht von
jedem Kind komplett sehen kann. Je Spieltisch gab es ein oder zwei Standkameras sowie ein Tischmikrofon. Die pädagogische Fachkraft trug eine Kopfkamera,
um zu analysieren, worauf diese ihre Aufmerksamkeit während der Videografie
richtet. Zudem gab es eine Aufnahmeperson aus dem Projektteam mit einer Verfolgerkamera, die das Handeln und die Interaktion der pädagogischen Fachkraft
in den Fokus genommen hat sowie eine Person aus dem Projektteam, die die
Situation schriftlich protokollierte.

Aus den vorhandenen Videoaufnahmen werden für die vorliegende Studie ausschließlich die Aufzeichnungen der Standkameras genutzt und im Rahmen der
Datenanalyse strukturiert[8].

---

[8] Das komplette Videomaterial ist bei der Autorin gesichert.

Datenanalyse

6

In diesem Kapitel wird zunächst auf die forschungsmethodischen Grundlagen eingegangen, an denen sich die vorliegende Studie bei der Datenanalyse orientiert (vgl. Abschnitt 6.1). Daran anschließend wird die Datenstrukturierung dargelegt, die aufzeigt, wie die mathematischen Interaktionen aus dem Videomaterial des Projekts *spimaf* herausgefiltert wurden (vgl. Abschnitt 6.2). Im Anschluss daran konnten die vorliegenden Interaktionssegmente hinsichtlich verschiedener Analyseelemente detailliert analysiert werden (vgl. Abschnitt 6.3). Die eingehaltenen Gütekriterien in der vorliegenden Studie finden sich in Abschnitt 6.4.

6.1 Methodische Grundlagen

Die vorliegende Studie hat einen rekonstruktiven Charakter, da erfasst werden soll, wie Kindergartenkinder beim Spielen von arithmetischen Regelspielen über mathematische Sachverhalte eigenständig interagieren, spezifisch argumentieren. Es kommt somit zur Rekonstruktion argumentativer Prozesse in Anlehnung an Fetzer (2011) und Toulmin (1996, 2003). Die Rekonstruktion der strukturellen Eigenschaften erfolgt im weitesten Sinne durch das Herausarbeiten unbewusster, aber regelhafter Interaktions- beziehungsweise Argumentationsstrukturen (Friebertshäuser & Seichter, 2013). Das Analysieren von Argumentationen

Elektronisches Zusatzmaterial Die elektronische Version dieses Kapitels enthält Zusatzmaterial, das berechtigten Benutzern zur Verfügung steht https://doi.org/10.1007/978-3-658-35234-9_6.

wird stets verbunden sein müssen mit einer Rekonstruktion der Anlässe und Funktionen[1], aus denen erst die Spezifik der Form, ihre besondere Leistung als spezifische Art der Problembehandlung unter bestimmten Dialogbedingungen verständlich wird. Dabei mag sich herausstellen, dass Argumentieren nicht nur in seinen besonderen Anlässen und Inhalten eine situierte Aktivität ist, sondern dass elementare Struktur- und Prozessmerkmale, die bisher kontextfrei bestimmbar galten, auch von Einbindungen des Argumentierens in allgemeine Handlungsbedingungen bestimmt sind. Der typologische Ansatz ist induktiv. Er kann materialgestützt die theoretische Diskussion vorantreiben, was eigentlich Argumentieren ganz allgemein ausmacht. (Deppermann, 2006, S. 24)

Zudem enthält das Forschungsvorhaben explorative Aspekte, da es darauf abzielt, ein bislang kaum erforschtes Themengebiet zu untersuchen. „Auf der Basis von offenen Forschungsfragen werden verschiedene Aspekte eines Sachverhalts beleuchtet und anschließend differenziert beschrieben" (Döring & Bortz, 2016, S. 192). Diesbezüglich stehen in der vorliegenden Studie die Beschreibung der Interaktions- und Argumentationsprozesse sowie die deskriptive Darstellung von Kategorienhäufigkeiten im Mittelpunkt.

Überblick über methodische Entscheidungen

Für die Interaktions- und Argumentationsanalyse wurden die Videodaten aus dem Projekt *spimaf* genutzt (vgl. Kapitel 5). Das methodische Vorgehen der vorliegenden Studie umfasst verschiedene Analyseschritte (vgl. Abbildung 6.1).

Der erste Untersuchungsschritt umfasste die Strukturierung der im Projekt *spimaf* erhobenen Daten. Das Datenmaterial konnte mittels eines Eventsamplings so aufbereitet werden, dass am Ende Videosegmente zu allen mathematischen Interaktionen vorlagen (vgl. Abschnitt 6.2).

In einem zweiten Schritt erfolgte die Rekonstruktion der strukturellen Eigenschaften in den Interaktionen nach Toulmin (1996, 2003; vgl. Abschnitt 6.3.2.1). Dieses Vorgehen ermöglichte es, die Interaktionen dahingehend zu unterscheiden, ob diese Argumentationen (Garant und gegebenenfalls Stützung) beinhalten oder nicht. Dieser Schritt war notwendig, da sich der weitere Analyseprozess auf die Argumentationen konzentriert.

Der dritte Schritt umfasste die inhaltsanalytische Entwicklung von Kategorien aus dem Material heraus, um die Interaktionen ohne und mit Argumentationen zu beschreiben (vgl. Abschnitt 6.3.2.2 bis Abschnitt 6.3.2.5). Zum einen ließen sich durch diesen qualitativen Prozess grundsätzliche Fragen zum Argumentieren

---

[1] In der vorliegenden Studie können die *Anlässe* den Interaktionsauslösern (vgl. Abschnitt 6.3.2.2) und die *Funktionen* den interaktionsbezogenen Reaktionen (vgl. Abschnitt 6.3.2.3) zugeordnet werden.

im Vorschulalter beantworten. Zum anderen entstand ein Modell, anhand dessen Interaktionen ohne und mit Argumentationen theoretisch zu fassen sind. Auf Basis des entwickelten Kategoriensystems erfolgte die Kodierung der erhobenen Daten.

In Schritt vier fand die häufigkeitsanalytische Beschreibung der Kategorisierungen im Rahmen des entwickelten Modells statt (vgl. Kapitel 8 und Kapitel 9). Dieses Vorgehen brachte weitere Erkenntnisse in Bezug auf die konkreten Spielsituationen und die Gestaltung von Regelspielen mit sich. Die ermittelten Kategorienhäufigkeiten dienten zur Präsentation der Ergebnisse, zur Darstellung von Zusammenhängen zwischen verschiedenen Kategorien und zur Interpretation.

Im abschließenden fünften Analyseschritt stand die Interpretation der deskriptiv dargestellten Häufigkeiten bezogen auf die Forschungsfragen im Fokus (vgl. Kapitel 8 und Kapitel 9).

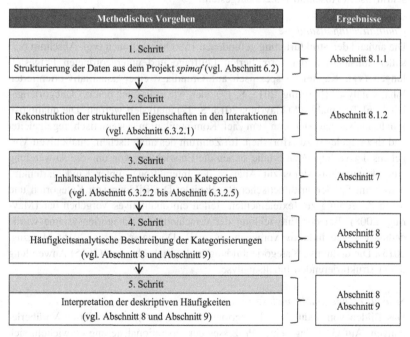

Abbildung 6.1 Überblick über das methodische Vorgehen

Somit stützt sich die vorliegende Studie auf eine Kombination von qualitativen und quantitativen Vorgehensweisen. Die ersten drei Analyseschritte erfolgten qualitativ. In der anschließenden Darstellung der Ergebnisse in Form von Häufigkeitsanalysen im vierten Analyseschritt lag der Schwerpunkt auf der Quantifizierung der qualitativ analysierten Daten und hat somit quantitativen Charakter (Mayring, 2008). Die quantitativ dargestellten Häufigkeiten sind deskriptiv zu verstehen. Die Ergebnisse der Quantifizierung werden im fünften wiederum qualitativen Analyseschritt abschließend bezogen auf die Forschungsfragen interpretiert.

Nachfolgend sind die deduktive und induktive Kategorienbildung der qualitativen Inhaltsanalyse (3. Analyseschritt) sowie die Interpretation der deskriptiven Häufigkeiten (4. und 5. Analyseschritt) näher beschrieben. Das methodische Vorgehen der Datenstrukturierung (1. Analyseschritt) ist in Abschnitt 6.2 und die Rekonstruktion der strukturellen Eigenschaften der Interaktionen (2. Analyseschritt) ist in Abschnitt 6.3.2.1 dargestellt.

Qualitative Inhaltsanalyse
Die anhand der Strukturierung gefundenen 1586 Interaktionen (vgl. Abschnitt 6.2) sollen hinsichtlich der formulierten Leitfrage und untergeordneten Fragestellungen (vgl. Kapitel 4) spezifisch auf Grundlage einer „qualitativ-orientierten Inhaltsanalyse" (Mayring, 2015, S. 17) oder, wie er es auch nennt, „kategoriengeleitete[n] Textanalyse" (Mayring, 2015, S. 17) analysiert werden. Die qualitative Inhaltsanalyse hat nach ihm zum Ziel, Kommunikation systematisch, regelgeleitet und theoriegeleitet zu erforschen. Im Zentrum des analytischen, qualitativen Vorgehens der vorliegenden Studie stehen die Entwicklung von und die Anwendung eines Kategoriensystems zur Analyse der Interaktionen unter Kindergartenkindern beim Spielen arithmetischer Regelspiele. Die Bildung von Kategorien und deren Zuordnung zu Textelementen stellen ein qualitatives Vorgehen dar (Mayring, 2008). Bei der Entwicklung der verschiedenen Kategoriensysteme wurde deduktiv sowie induktiv vorgegangen (z. B. Döring & Bortz, 2016; Mayring, 2015). Die deduktive Kategorienbildung findet nach Mayring (2015) Anwendung in der strukturierenden Inhaltsanalyse.

Strukturierende Inhaltsanalyse
Das Bilden von deduktiven Kategorien entsteht aus theoriebasierten Vorüberlegungen. Auf Grundlage eines Prozesses der Operationalisierung entwickeln sich unter anderem aus Voruntersuchungen, aktuellen Forschungen und Theorien, spezifisch für das eigene Material, verschiedene Kategorien (Mayring, 2015). Die beschriebene deduktive Kategorienbildung wurde bei der Entwicklung von Kategoriensystemen in Abschnitt 6.3.2.4 und Abschnitt 6.3.2.5 angewandt. Dabei fand

eine Orientierung an dem allgemeinen Modell strukturierender Inhaltsanalyse nach Mayring (ebd.) statt, das diesen Ablauf systematisiert (vgl. Abbildung 6.2).

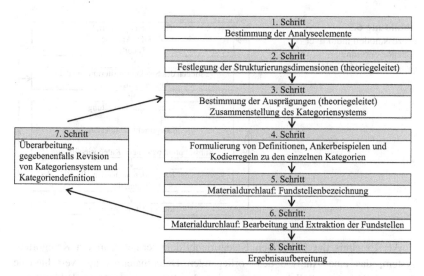

Abbildung 6.2 Ablaufmodell strukturierender Inhaltsanalyse (allgemein) (Mayring, 2015, S. 98)

Eine spezifische Form der strukturierenden Inhaltsanalyse stellt die inhaltliche Strukturierung dar, die in der vorliegenden Studie zur Anwendung kam. Dies begründet sich darin, dass die inhaltliche Strukturierung das Ziel verfolgt, spezielle Bereiche aus dem Datenmaterial herauszuarbeiten und zusammenzufassen. Die Bildung deduktiver Kategorien konkretisiert diese Bereiche und es geht eine Systematisierung relevanter Teile des Datenmaterials mit einher (Mayring, 2015).

Induktive Kategorienbildung
Neben der deduktiven Kategorienbildung kommt in der vorliegenden Studie aber auch die induktive Kategorienbildung zum Einsatz. Hier findet eine verallgemeinernde Ableitung von Kategorien direkt aus dem vorhandenen Material statt, ohne eine Verknüpfung zu bereits vorhandenen Theorien herzustellen (Mayring, 2015). Das Vorgehen der induktiven Kategorienbildung ist in Abschnitt 6.3.2.2, Abschnitt 6.3.2.3 und Abschnitt 6.3.2.4 verankert.

Damit eine systematische Beschreibung dieses induktiven Prozesses möglich ist, hat Mayring (2015) ein Prozessmodell entwickelt, an dem sich die vorliegende Studie orientiert (vgl. Abbildung 6.3).

Abbildung 6.3
Prozessmodell induktiver
Kategorienbildung
(Mayring, 2015, S. 86)

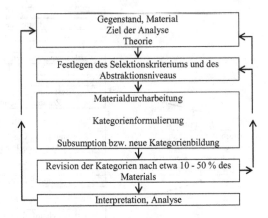

Als Ergebnis der induktiven Kategorienbildung erhält man ein Kategoriensystem, das eine Analyse des vorliegenden Datenmaterials auf verschiedene Art und Weise ermöglicht: Interpretation des Kategoriensystems, Bildung von Hauptkategorien oder Quantifizierung der Kategorien (Mayring, 2015).

Interpretation deskriptiver Häufigkeiten
Ergänzt wird das qualitative Vorgehen (Mayring, 2015) bei der Ergebnispräsentation in Teil III mit der Interpretation von deskriptiven Häufigkeiten der vorgenommenen Kodierungen (z. B. Mayring, 2008, 2015). Pauli (2012) beschreibt dies als kodierende Beobachtungsverfahren und meint unter anderem damit, dass sich anhand von Kodierungen beispielsweise Häufigkeiten und Verteilungen bestimmter Merkmale von Interaktionen erschließen und quantifizieren lassen. Die Ergebnisse der Quantifizierung sind nach Mayring (2015) dann wieder in Bezug auf die Fragestellungen zu interpretieren.

6.2   Datenstrukturierung

Die Strukturierung der Daten hat das Ziel, eine thematische Strukturierung der Aufnahmen der Standkameras aus dem Projekt *spimaf* spezifisch für das Forschungsinteresse der vorliegenden Studie (vgl. Kapitel 4) zu erlangen. Hierfür sind alle mathematischen Interaktionen zwischen den Kindern herauszufiltern. Die selektierten Interaktionen werden dann unter einer mikroskopischen Perspektive (Deppermann, 2008) detailliert analysiert (vgl. Abschnitt 6.3). Dieses Kapitel stellt demnach den Zwischenschritt von der Datenerhebung (vgl. Kapitel 5) zur Interaktions- und Argumentationsanalyse (vgl. Abschnitt 6.3) dar.

Die Definition der mathematischen Interaktionen (vgl. Abschnitt 6.2.1), das konkrete methodische Vorgehen zur Erfassung von mathematischen Interaktionen (vgl. Abschnitt 6.2.2) sowie die Transkription der Interaktionen (vgl. Abschnitt 6.2.3) werden nun aufgezeigt.

6.2.1 Definition einer mathematischen Interaktion

Eine mathematische Interaktion unter Kindern beim Spielen von arithmetischen Regelspielen stellt in dieser Studie ein Event dar. Die hierfür in Abschnitt 3.1 erarbeitete Definition, die in Anlehnung an verschiedene Interaktionsdefinitionen (z. B. Albers, 2009; Brinker & Sager, 2006; Piontkowski, 1976) zustande kam, lautet:

Eine mathematische Interaktion unter Kindergartenkindern beim Spielen arithmetischer Regelspiele ist eine Folge von mindestens zwei Äußerungen zweier oder mehrerer Kinder über einen mathematischen Sachverhalt, wobei eine der Äußerungen verbal sein muss.

Anhand dieser Definition[2] erfolgte im Weiteren die Selektion des Datenmaterials. Zu beachten ist, dass in der vorliegenden Studie rein nonverbale Interaktionen unter den Kindern, also Stränge, die nur aus nonverbalen Äußerungen bestehen, nicht analysiert werden. Wie die Interaktionen in der Praxis konkret herauszufiltern sind, findet sich im nachfolgenden Kapitel.

6.2.2 Vorgehen zur Erfassung der Interaktionen

Ziel der Strukturierung des Datenmaterials war es, anhand der vorangegangenen Definition die Interaktionen zu erfassen und herauszufiltern. Mit diesem Fokus wird das vorhandene Datenmaterial für die spätere Analyse aufbereitet. Die Intention „inhaltlicher Strukturierung ist es, bestimmte Themen, Inhalte, Aspekte aus dem Material herauszufiltern und zusammenzufassen" (Mayring, 2015, S. 103).

---

[2] Weitere Erläuterungen zu der Definition einer mathematischen Interaktion finden sich in Abschnitt 6.2.2.1 sowie im Kodierleitfaden (vgl. Anhang 1 im elektronischen Zusatzmaterial).

Auch Deppermann (2008) stellt heraus, dass es wichtig ist, das vorhandene Datenmaterial zu selektieren, um einen optimalen Überblick darüber zu haben. Bei der Selektion geht es darum, „das Erkenntnisinteresse anhand einer ersten Auswahl von Gesprächspassagen zu konkretisieren, an denen die analytische Arbeit beginnen kann" (ebd., S. 36). Die für die jeweilige Studie selektierten Analyseausschnitte aus dem Datenmaterial müssen nach ihm auf die zentralen Leitfragen bezogen sein und die thematische Handlungslogik muss abgeschlossen sein.

In der vorliegenden Studie wird das vorhandene Datenmaterial mittels eines Eventsamplings auch genannt Ereignisstichprobe selektiert (z. B. Bodenmann, 2006; Faßnacht, 1979; Pauli, 2012; Seidel & Prenzel, 2010). Dies bedeutet, dass das Datenmaterial zu sichten ist und sobald das zu analysierende Ereignis beziehungsweise die zu analysierende Interaktion auftritt, die Sequenz entsprechend kodiert wird. Dadurch kann man gerade bei Videomaterial bestimmen, wie häufig ein Ereignis vorkommt und von welcher Dauer es ist (Bodenmann, 2006).

Das methodische Vorgehen der Datenstrukturierung (vgl. Abbildung 6.4) entstand in Anlehnung an Mayring (2015) und dessen Ablaufmodell zur strukturierenden Inhaltsanalyse, spezifisch der inhaltlichen Strukturierung (vgl. Abschnitt 6.1).

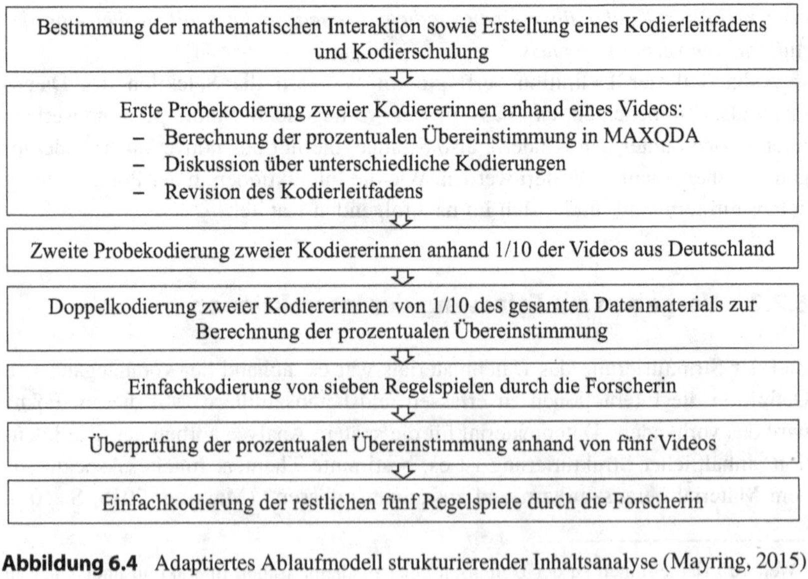

Bestimmung der mathematischen Interaktion sowie Erstellung eines Kodierleitfadens und Kodierschulung
Erste Probekodierung zweier Kodiererinnen anhand eines Videos: – Berechnung der prozentualen Übereinstimmung in MAXQDA   – Diskussion über unterschiedliche Kodierungen   – Revision des Kodierleitfadens
Zweite Probekodierung zweier Kodiererinnen anhand 1/10 der Videos aus Deutschland
Doppelkodierung zweier Kodiererinnen von 1/10 des gesamten Datenmaterials zur Berechnung der prozentualen Übereinstimmung
Einfachkodierung von sieben Regelspielen durch die Forscherin
Überprüfung der prozentualen Übereinstimmung anhand von fünf Videos
Einfachkodierung der restlichen fünf Regelspiele durch die Forscherin

Abbildung 6.4 Adaptiertes Ablaufmodell strukturierender Inhaltsanalyse (Mayring, 2015)

Die einzelnen Schritte der strukturierenden Inhaltsanalyse (vgl. Abbildung 6.4) sind nachfolgend beschrieben.

6.2.2.1 Kodierleitfaden

Zunächst entwickelte die Forscherin auf Grundlage der Definition einer Interaktion (vgl. Abschnitt 6.2.1) ein Kodierleitfaden, mit Hilfe dessen die relevanten Interaktionen aus dem Datenmaterial herausgefiltert werden können. Der Kodierleitfaden (vgl. Anhang 1 im elektronischen Zusatzmaterial) besteht aus zwei zentralen Bestandteilen: der Kodieranleitung und den spielbezogenen Ankerbeispielen.

Kodieranleitung
Kodiert werden ausschließlich die der Definition zuzuordnenden Interaktionen mittels eines Eventsamplings. Die Grundstruktur einer Interaktion besteht aus einem Interaktionsauslöser, der eigentlichen Interaktion und einem Interaktionsende (vgl. Tabelle 6.1).

Tabelle 6.1 Grundstruktur der Interaktion

Interaktionsauslöser	Mathematische Interaktion unter den Kindergartenkindern	Interaktionsende

Der Interaktionsauslöser stellt dabei eine verbale Äußerung (z. B. „Sind das fünf?") oder eine nonverbale Handlung (z. B. mit Finger auf eine Karte tippen) dar, auf den einen Austausch zweier oder mehrerer Kinder über einen mathematischen Sachverhalt folgt. Das heißt, ein Kind reagiert konkret auf eine verbale Äußerung oder nonverbale Handlung eines anderen Kindes, mit Bezug auf einen mathematischen Sachverhalt. Reagiert ein Kind auf eine verbale oder nonverbale Äußerung, indem es ausschließlich den Blick auf das andere Kind lenkt, wird das Segment nicht kodiert. Die vorangegangene, spielbezogene Handlung (z. B. würfeln, eine Karte legen, Ermittlung des Siegerkindes) ist mit zu kodieren und stellt den Interaktionsauslöser dar. Auch kann eine mathematische Interaktion zwischen den Kindern durch die pädagogische Fachkraft ausgelöst werden (z. B. „Sind das wirklich drei?"). Hierbei ist es allerdings zentral, dass sich die pädagogische Fachkraft nach ihrer Frage, ihrem Impuls, ihrer Anregung, etc. aus dem weiteren Gespräch zurückzieht und die Interaktion nur unter den Kindern fortgeführt wird. Die pädagogische Fachkraft beobachtet die weitere Interaktion lediglich oder sie verlässt die Situation komplett.

Die Interaktion muss sich immer auf Sachverhalte beziehen, die einem oder mehreren der inhaltsbezogenen Bereiche der frühen mathematischen Bildung (vgl. Abschnitt 1.3) zuzuordnen sind.

Mathematische Interaktionen, die auf Grundlage projektspezifischer Eigenheiten, wie zum Beispiel Tischnummern oder Klebenummern der Kinder zustande kommen, werden nicht kodiert. Die zu kodierende Sequenz endet nach der letzten verbalen Äußerung (z. B. „Ja, das ist richtig!") oder nonverbalen Handlung (z. B. eine Karte legen), die sich noch direkt auf den mathematischen Sachverhalt bezieht.

Spielbezogene Ankerbeispiele
Die spielbezogenen Ankerbeispiele der Interaktionen beinhalten eine kurze Situationsbeschreibung sowie das Transkript einer beispielhaften Interaktion aus dem erhobenen Datenmaterial (vgl. Abbildung 6.5).

Ankerbeispiel: *Halli Galli*

Situationsbeschreibung:

Kind 9 und Kind 10 spielen *Halli Galli* nach den Regeln. Auf dem Tisch liegen drei Bananen und eine Erdbeere. Kind 9 will klingeln, wird davor aber von Kind 10 unterbrochen.

Transkription einer Interaktion:

Kind 10:   Geht nicht.

Kind 9:   (zieht seine Hand zurück)

Kind 9:   Okay. Eins, zwei, drei, vier (zählt mit Hilfe des Fingers alle offenliegenden Früchte ab)

Abbildung 6.5 Ankerbeispiel zum Regelspiel *Halli Galli*

Zur Anschauung sind im Kodierleitfaden (vgl. Anhang 1 im elektronischen Zusatzmaterial) je Regelspiel zwei Ankerbeispiele aufgeführt. Auf Basis des erstellten Kodierleitfadens erfolgte die Kodierung zur Strukturierung des Datenmaterials.

6.2.2.2 Kodierschritte
Das Vorgehen der Kodierung besteht aus mehreren aufeinander aufbauenden Schritten.

Schritt 1: Erste und zweite Probekodierung
Mit Hilfe einer ersten Fassung des Kodierleitfadens zum Regelspiel *Steine sammeln* kam es zu einer Kodierschulung mit einer studentischen Hilfskraft. Daran anschließend erfolgte die erste Probekodierung anhand eines zufällig ausgewählten Videos aus Deutschland. Diese diente vorrangig dazu, die Handhabbarkeit des Kodierleitfadens zu überprüfen sowie die prozentuale Übereinstimmung zweier unabhängiger Kodiererinnen (Forscherin und studentischer Hilfskraft) in Bezug auf die Kodierung der Interaktionen zu bestimmen. Die prozentuale Übereinstimmung meint, dass mehrere Personen die Kodierung (teilweise oder komplett) durchführen (s.h. Abschnitt 6.4). Im Rahmen eines Eventsamplings (z. B. Bodenmann, 2006; Faßnacht, 1979; Pauli, 2012; Seidel & Prenzel, 2010) fand die Kodierung der relevanten Interaktionssequenzen durch die Forscherin und die studentische Hilfskraft unabhängig voneinander mittels Zeitmarken in der Software MAXQDA (VERBI Software, 2019) zur qualitativen Datenanalyse statt (vgl. Abbildung 6.6)[3].

Abbildung 6.6 Kodierung einer Interaktion in MAXQDA (VERBI Software, 2019) mittels Zeitmarken

Nach dieser ersten unabhängigen Kodierung des Videos zum Regelspiel *Steine sammeln* wurde in der Software MAXQDA (VERBI Software, 2019) die prozentuale Übereinstimmung der kodierten Sequenzen, also der später zu analysierenden Interaktionen, berechnet[4]. Der Prozentwert, der festlegt, wann zwei kodierte Interaktionen als Übereinstimmung gelten, lag bei 50 % (vgl. Abbildung 6.7). Für den Prozentwert wurde ein eher niedriges Niveau gewählt, da es zunächst zentral war, die mathematischen Interaktionen im Kern zu finden. Aufgrund dessen, dass die Interaktionen in den meisten Fällen nur sehr kurz dauern (< 1 Minute), ist eine höher angesetzte Prozentschwelle zur Bestimmung

---

[3] Die MAXQDA-Datei (VERBI Software, 2019) des gesamten Projekts mit dem Kategoriensystem, allen Transkripten und vorgenommenen Kodierungen kann bei der Autorin eingesehen werden.

[4] Das Vorgehen zur Berechnung der prozentualen Übereinstimmung wird in Abschnitt 6.4 erläutert.

der prozentualen Übereinstimmung als nicht tragfähig einzuschätzen. Zudem lassen sich beim Eventsampling die Zeitpunkte von Anfang und Ende eines Events häufig nicht exakt bestimmen (Faßnacht, 1979). Der sekundengenaue Start und das sekundengenaue Ende sind für das Ziel der Strukturierung der Daten in der vorliegenden Studie nicht von Bedeutung.

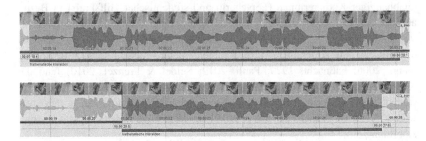

Abbildung 6.7 Beispiel einer Übereinstimmung (oben: Kodierung der Forscherin; unten: Kodierung der studentischen Hilfskraft) in MAXQDA (VERBI Software, 2019)

Die erste, mittels MAXQDA (VERBI Software, 2019) berechnete prozentuale Übereinstimmung betrug 83,33 %[5]. Insgesamt lagen zwölf Kodierungen vor, wovon zwei Kodierungen keine Übereinstimmung erzielten. Auf Grundlage dieser ersten Probekodierung wurde das Video nochmals gemeinsam durchgegangen, Schwierigkeiten bei der Kodierung ausgetauscht und über die unterschiedlichen Kodierungen diskutiert. Im Anschluss daran überarbeitete die Forscherin den Kodierleitfaden zum Regelspiel *Steine sammeln* und ergänzte diesen um die Ankerbeispiele für die anderen elf Regelspiele.

Es folgte eine zweite Probekodierung anhand von 1/10 per Zufall ausgewählter Videos aus Deutschland. Von jedem der zwölf Regelspiele wurde mindestens ein Videosegment von beiden Kodiererinnen unabhängig voneinander kodiert. Bei der zweiten Probekodierung lag die mit Hilfe von MAXQDA (VERBI Software, 2019) ermittelte prozentuale Übereinstimmung bei lediglich 40,48 %. Die deshalb daran anschließende gemeinsame Diskussion über Schwierigkeiten und unterschiedliche Kodierungen ergab eine nochmalige intensive Überarbeitung des Kodierleitfadens. Gerade spielbezogene Eigenheiten beeinflussen die Kodierung stark.

---

[5] Die MAXQDA-Dateien (VERBI Software, 2019) zur Berechnung der prozentualen Übereinstimmungen an verschiedenen Stellen im Forschungsprozesses können bei der Autorin eingesehen werden.

Schritt 2: Doppelkodierung zweier unabhängiger Kodiererinnen
Nach Abschluss der ersten beiden Probekodierungen, die zur Überarbeitung und Fertigstellung des Kodierleitfadens dienten, kodierten die beiden unabhängigen Kodiererinnen 1/10 des gesamten Datenmaterials zur Berechnung der prozentualen Übereinstimmung. Als Grundlage hierfür, dienten zufällig ausgewählte Videos zu jedem Regelspiel aus jedem Land aus jedem Kindergarten. Die Doppelkodierung erreichte eine prozentuale Übereinstimmung von 84,27 %. Dieser Prozentwert ist als noch zufriedenstellend zu bewerten (vgl. Abschnitt 6.4).

Schritt 3: Einfachkodierung durch die Forscherin
Nach zufriedenstellender prozentualer Übereinstimmung der Kodierungen durch die beiden unabhängigen Kodiererinnen führte die Forscherin die Strukturierung des gesamten Datenmaterials, einschließlich der Videos aus der Probe- und Doppelkodierung, alleine durch. Nach Kodierung der sieben Regelspiele *Bohnenspiel, Fünferraus, Halli Galli, Klipp Klapp, Mehr ist mehr, Steine sammeln* und *Verflixte 5*, erfolgte nochmals eine Überprüfung der prozentualen Übereinstimmung mit Hilfe der unabhängigen Kodierung durch zwei Kodiererinnen. Hierzu wurden zufällig fünf Videos, je eines aus den fünf noch übriggebliebenen Regelspielen, ausgewählt. Hier ergab sich eine Übereinstimmung von 77,62 %. Diese berechnete prozentuale Übereinstimmung wurde gemeinsam im Expertenteam als noch ausreichend betrachtet und so kodierte die Forscherin das restliche Datenmaterial der fünf übrigen Regelspiele *Dreh, Früchtespiel, Pinguinspiel, Quartett* und *Schüttelbecher* alleine zu Ende. Die beschriebene Strukturierung der Daten ergab 1586 zu analysierende Interaktionssegmente.

6.2.3 Transkription der Interaktionen

Die Datenstrukturierung endete mit der Transkription aller kodierten 1586 mathematischen Interaktionen. Videoaufnahmen sind zeitlich dynamisch und flüchtig, weshalb sich eine detaillierte Analyse dieser schwierig gestalten kann (Deppermann, 2008). Durch die Transkription ist man dazu angehalten, sich Gedanken dazu zu machen, was die zentralen Aspekte des Materials für die spätere Interpretation sind. „Diese Explikation ist die Voraussetzung dafür, daß [sic] Annahmen über Eigenschaften und Zusammenhänge in Gesprächsprozessen wissenschaftlich kommuniziert werden können (und nicht nur Eindrücke und Anmutungen bleiben, deren Grundlage nur empfunden, nicht aber erkannt ist)" (ebd., S. 40).

Da die Kinder beim Spielen der Regelspiele nicht nur verbal, sondern häufig auch nonverbal kommunizieren, fand dies für eine realitätsnahe Darstellung in der

Transkription Berücksichtigung. Transkribiert wurden die kodierten Interaktionen in MAXQDA (VERBI Software, 2019), wodurch diese mit der entsprechenden Zeitmarke im Video verknüpft sind. Dadurch ist in der nachfolgenden Analyse gewährleistet, dass jederzeit das Video mit einem Klick aufrufbar ist. Somit wirkt das Vorgehen dieser Studie den Nachteilen von Transkriptionen entgegen, dass diese die Interaktionen nicht unvermittelt widerspiegeln sowie ausgewählte Interaktionssequenzen aus dem Geschehen extrahieren (Deppermann, 2008).

In Anlehnung an verschiedene Autoren wurden in dieser Studie Transkriptionsregeln eingehalten (vgl. Anhang 2 im elektronischen Zusatzmaterial), die praktisch sind, eine gute Lesbarkeit gewährleisten, relevante Aspekte widerspiegeln, Auffälliges berücksichtigen sowie wenig Interpretationsspielräume ergeben (Deppermann, 2008; Dresing & Pehl, 2013; Kowal & O'Connell, 2015; Kuckartz, 2014; Mayring, 2016; Rechtsteiner-Merz, 2013).

Die beiden nachfolgenden Transkripte aus dem Regelspiel *Klipp Klapp*[6] veranschaulichen die Umsetzung der Transkriptionsregeln (vgl. Abbildung 6.8).

Klipp Klapp - Transkript 1

Kind 6:	((würfelt eine Fünf und eine Zwei)) Äh, was gibt nochmal Fünf und Zwei? Weißt du das?
Kind 7:	Sechs.
Kind 6:	Fünf <<verdeutlicht die Fünf mit einer Hand>> (Kind 7: SECHS) <<verdeutlicht mit der anderen Hand die Zwei>> ((schaut dabei auf die eigenen Hände)) Fünf und Zwei, nein, Sieben. Guck (Kind 7: ((schaut auf die Hände von Kind 6)) Sieben) Fünf, Zwei. ((klappt die Zahlentafel mit der Sieben herunter))

Klipp Klapp - Transkript 2

Kind 7:	((würfelt eine Fünf und eine Vier))
Kind 6:	Haha, was ist es?
Kind 7:	[((zählt mit dem Finger die Punkte auf den beiden Würfeln ab))]
Kind 6:	[Acht denke ich.]
Kind 7:	Neun.
Kind 6:	Neun.

Abbildung 6.8 Darstellung zweier beispielhafter Transkriptionen aus dem Regelspiel *Klipp Klapp*

---

[6] Die Spielregeln für das Regelspiel *Klipp Klapp* können in Abschnitt 5.2 nachgelesen werden.

Größtenteils fertigte eine studentische Hilfskraft die Transkripte an. Diese erhielt vor der Transkription eine Einweisung sowie eine schriftliche Ausfertigung der Transkriptionsregeln mit den Hinweisen zur Schreibweise. Teilweise erfolgte eine Anpassung oder Ergänzung der Transkriptionen durch die Forscherin. Am Ende der Strukturierung der Daten lag der Forscherin eine MAXQDA-Datei (VERBI Software, 2019) vor, in der

- alle vorhandenen Videoaufnahmen aus dem Projekt *spimaf* hochgeladen sind,
- mittels Eventsampling (z. B. Bodenmann, 2006; Faßnacht, 1979; Pauli, 2012; Seidel & Prenzel, 2010) die Stellen in den Videos mit Zeitmarken versehen wurden, in denen eine mathematische Interaktion unter Kindergartenkindern stattfindet sowie
- jede Transkription einer Interaktion mit der entsprechenden Interaktionssequenz im Video verknüpft ist.

Das aufbereitete Datenmaterial konnte in einem nächsten Schritt hinsichtlich der formulierten Leitfrage und den im Prozess der Strukturierung entwickelten untergeordneten Fragestellungen (vgl. Kapitel 4) analysiert werden.

6.3 Interaktions- und Argumentationsanalyse

Die Analyse der Daten zielt mit Blick auf die Leitfrage darauf ab, den Gegenstand des mathematischen Interagierens, spezifisch des Argumentierens unter Kindergartenkindern beim Spielen arithmetischer Regelspiele zu ergründen und dessen inhaltliche Ausgestaltung zu erfassen. Dieser Analysebereich ist aufgrund des bestehenden Forschungsdesiderates von Interesse (vgl. z. B. Abschnitt 3.4 und Abschnitt 3.5). Zudem ist eine Einsicht möglich, ob Kinder im Kindergartenalltag beim Spielen von Regelspielen überhaupt mathematisch interagieren und argumentieren und wenn ja, welche zentralen Merkmale für diese Interaktionen zu erkennen sind. Dadurch lassen sich die Interaktionen strukturieren und es lassen sich Aussagen dazu machen, wie sich die Interaktionen gestalten. Durch die Entwicklung eines entsprechenden Kategoriensystems, die Kodierung der Daten sowie die deskriptiv häufigkeitsanalytische Auswertung der Kodierungen ergeben sich weitere Kenntnisse zu einem Teilaspekt der mathematischen Bildung im Elementarbereich.

Folgend wir nun zunächst in Abschnitt 6.3.1 das Ablaufschema zur Analyse der mathematischen Interaktionen unter Kindern skizziert und in Abschnitt 6.3.2 die einzelnen Analyseelemente detailliert beschrieben.

6.3.1 Ablaufschema

Bevor die einzelnen Schritte der Analyse dargestellt werden, folgt zunächst ein Überblick über die gesamten Analysen der vorliegenden Studie. Die Analyse der Interaktionen, bezogen auf die Leitfrage und die untergeordneten Fragestellungen (vgl. Kapitel 4), kann mit Hilfe eines zusammenfassenden Ablaufschemas dargestellt werden (vgl. Abbildung 6.9):

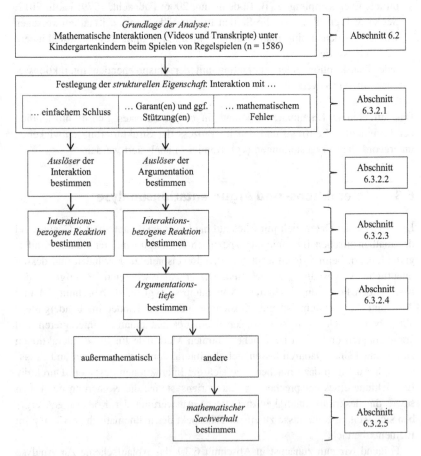

Abbildung 6.9 Ablaufschema der Interaktions- und Argumentationsanalyse

Dieses Ablaufschema entwickelte sich im Prozess und veranschaulicht alle Analyseschritte. Bezogen auf die Erarbeitung müsste das Ablaufschema am Ende dieses Kapitels stehen. Zur besseren Lesbarkeit und Einordnung des Analysevorgehens wird dieses jedoch vorangestellt. Aufgrund dessen sind vereinzelt Begrifflichkeiten aus dem Ablaufschema noch nicht bekannt, da diese erst in den nachfolgenden Kapiteln erklärt werden.

Analyseelemente der vorliegenden Studie
Die Bereiche *strukturelle Eigenschaften, Interaktionsauslöser, interaktionsbezogene Reaktionen, Argumentationstiefe* und *mathematischer Sachverhalt der Garanten und Stützungen* stellen die zentralen Analyseelemente der vorliegenden Studie dar.

Die Analyseelemente lassen sich anhand ihrer Fokussierung auf *Oberflächenmerkmale* oder *inhaltliche Merkmale* unterscheiden. Den Oberflächenmerkmalen lassen sich die aufgrund der Strukturierung gefundenen Anzahlen an Interaktionen sowie die strukturellen Eigenschaften zuordnen. Die Auslöser der Interaktionen, die interaktionsbezogenen Reaktionen, die Argumentationstiefen und die mathematischen Sachverhalte der Garanten und Stützungen beziehen sich auf inhaltliche Merkmale.

6.3.2 Analyseelemente

Die einzelnen Schritte der Analyse (vgl. Abbildung 6.9) werden nun detailliert beschrieben und anhand von Beispielen konkretisiert[7].

6.3.2.1 Strukturelle Eigenschaften
Auf der makroskopischen Ebene (Deppermann, 2008) findet als erstes die Beschreibung der strukturellen Eigenschaften der Interaktionen statt. Hierzu werden die Interaktionen in Anlehnung an Toulmin (1996, 2003) strukturiert. Das Toulmin-Layout ist ein Hilfsmittel zur Bestimmung der strukturellen Eigenschaft einer Interaktion ohne oder mit Garant(en) beziehungsweise Stützung(en) (vgl. Abschnitt 3.2.1.2). Dieses Strukturschema wurde an den Forschungsgegenstand und an die Kindergartenkinder als Zielgruppe wie folgt angepasst:

Als *Datum* zählt der unbestrittene Sachverhalt, der für alle Kinder einsichtig ist (Toulmin, 1996, 2003). Meist ist dies eine konkrete Spielsituation.

---

[7] Das komplette Kategoriensystem, das alle Analyseelemente beinhaltet, findet sich in Anhang 1 im elektronischen Zusatzmaterial.

Konklusionen sind Aussagen, Schlussfolgerungen oder Sachverhalte, die bestritten sind oder bestritten sein könnten (Toulmin, 1996, 2003). In der vorliegenden Studie werden Aussagen auch als Konklusionen gewertet, wenn diese auf einer reinen Zustimmung oder Ablehnung basieren, wie „Das ist richtig.", „Ja.", „Das geht." oder „Das ist falsch.", „Nein.", „Das geht nicht.". Dies begründet sich unter anderem durch Beobachtungen bei der Sichtung des Datenmaterials. Hier fiel auf, dass die Kinder ihre Konklusionen teilweise auf diesen Ebenen formulieren. Auch Krummheuer und Brandt (2001) ordnen in ihren Argumentationsanalysen ähnliche Aussagen den Konklusionen zu. Diese rekonstruieren Gegenbehauptungen wie „Die Aufgabe geht nicht." (ebd., S. 126) und „Die Aufgabe geht doch." (ebd., S. 126) als Konklusionen. Ebenso akzeptiert Fetzer (2011) auf dieser Ebene („Deswegen kann es die 13 nicht sein." (ebd., S. 39)) Konklusionen (vgl. Abschnitt 3.3).

Wird die Konklusion beziehungsweise die hervorgebrachte Annahme durch ein Argument belegt, ist dies der *Garant* (Toulmin, 1996, 2003).

Stützungen sind weitere Argumente, die die Garanten untermauern oder legitimieren (Toulmin, 1996, 2003).

An dieser Stelle wird beispielhaft die Struktur einzelner Interaktionen[8] aus dem Regelspiel *Steine sammeln* (vgl. Abschnitt 5.2) dargestellt, um einen Einblick in die Rekonstruktion der Argumentationen im Layout nach Toulmin (1996, 2003) zu geben.

Nach Fetzer (2011) ist die einfachste Form beziehungsweise ein Vorläufer einer Argumentation der einfache Schluss (vgl. Abschnitt 3.3). In der ersten Interaktion aus dem Regelspiel *Steine sammeln* findet der einfache Schluss auf Basis der Anzahlbestimmung statt:

(1)   [9]Die Kinder spielen *Steine sammeln* mit zwei Würfeln. Kind 3 ist mit Würfeln an
        der Reihe.

Kind 3:   ((würfelt eine Eins und eine Zwei))
Kind 19:   Drei.
Kind 3:   >>nimmt nacheinander drei Steine aus dem Korb und zählt dazu
               laut<<Eins, zwei, drei.

---

[8] Die nachfolgenden Transkriptionen ausgewählter Interaktionen werden gegebenenfalls zur besseren Lesbarkeit und Verständlichkeit leicht angepasst.

[9] Die angegebenen Nummerierungen bei den Transkripten ermöglichen eine Verknüpfung mit den entsprechenden Videos, in denen die Interaktionen zu finden sind.

Rekonstruiert man diese mathematische Interaktion ergibt sich folgendes Toulmin-Layout:

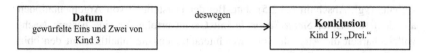

Die Summe der beiden Würfelaugen bestimmt die Anzahl an Steinen, die das Kind aus dem Korb nehmen darf. Somit stellen die gefallenen Augenzahlen, die konkrete Spielsituation dar. Aus diesem Datum schließt Kind 19 auf die Gesamtanzahl der Würfelaugen und äußert dies mit der Konklusion „Drei.". Die Konklusion bedarf keines Garanten, da Kind 3 im Anschluss daran anfängt, die entsprechende Anzahl an Steinen aus dem Korb zu nehmen.

Die zweite Interaktion aus dem Regelspiel *Steine sammeln* zeigt einen einfachen Schluss, der auf dem Vergleichen von Mengen beruht:

(2) Die Kinder spielen *Steine sammeln* mit einem Würfel. Kind 7 ist mit Würfeln an der Reihe.

Kind 7: ((würfelt eine Eins)) Eins.
Kind 3: Wer hat am wenigsten? Du hast am wenigsten.>>zeigt auf Steine von Kind 16<<
Kind 16: Ich habe am wenigsten.
Kind 7: ((gibt Kind 16 einen Stein))

Das Toulmin-Layout zu der oben dargestellten Interaktion sieht wie folgt aus:

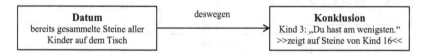

Würfelt ein Kind eine Eins, muss ein Stein an das Kind mit den wenigsten Steinen abgegeben werden. Somit ist die konkrete, für alle Kinder einsichtige Spielsituation, dass alle gesammelten Steine auf dem Tisch liegen. Aus diesem Datum schließen Kind 3 und Kind 16, dass Kind 16 am wenigsten Steine hat. Daraufhin gibt Kind 7 ohne die Anführung eines Garanten Kind 16 einen Stein ab.

Die Interaktionen mit einfachem Schluss werden in der weiteren Analyse nur noch hinsichtlich der interaktionsbezogenen Reaktion (vgl. Abschnitt 6.3.2.3) kodiert. Bei Interaktionen mit Garanten und gegebenenfalls Stützungen findet eine Betrachtung der interaktionsbezogenen Reaktion (vgl. Abschnitt 6.3.2.3), der Argumentationstiefe (vgl. Abschnitt 6.3.2.4) und des mathematischen Sachverhalts (vgl. Abschnitt 6.3.2.5) statt. Bei der Darstellung von Argumentationen aus dem Regelspiel *Steine sammeln* mit Garant erfolgt für eine bessere Nachvollziehbarkeit die Auswahl von zwei Interaktionen, die inhaltlich mit den obig aufgeführten Beispielen übereinstimmen.

Die erste Interaktion bezieht sich auf den gleichen mathematischen Sachverhalt wie das erste Beispiel zum einfachen Schluss:

(3) Die Kinder spielen *Steine sammeln* mit einem Würfel. Kind 8 ist mit Würfeln an der Reihe.

Kind 8:   ((würfelt eine Fünf)) Fünf. >>nimmt Steine aus dem Säckchen und zählt dazu laut<< Eins >>nimmt zwei Steine heraus<< (Kind 16: Du hast gerade zwei) drei, drei, vier.

Kind 16:   Fünf. Das sind schon fünf, weil du hast vorher zwei heraus, dann drei, dann vier, dann fünf >>zeigt dabei auf die entsprechenden herausgenommenen Steine<<

Kind 8:   >>zählt mit dem Finger herausgenommene Steine ab<< Eins, zwei, drei,

Kind 16:   vier, [fünf].

Kind 15:   [fünf].

Bringt man die Interaktion in die Struktur nach Toulmin, ergibt sich folgendes Bild:

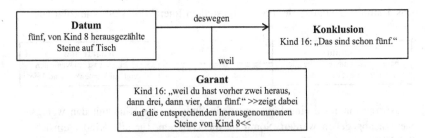

Kind 16 beobachtet die spielbezogene Handlung von Kind 8, das nach der gewürfelten Fünf, fünf Steine aus dem Korb nehmen darf. Dabei fällt Kind 16 auf, dass Kind 8 zu Beginn nicht einen sondern zwei Steine herausgenommen hat. Kind 8 geht trotzdem zunächst weiter korrekt vor, indem es den nächsten Stein als dritten Stein zählt. Kind 16 unterbricht Kind 8 an dieser Stelle und wirft

„Du hast gerade zwei." ein. Danach zählt Kind 8 beim nächsten Stein nochmals „drei" und dann die „vier". An dieser Stelle folgt dann die Konklusion von Kind 16, dass es schon fünf Steine sind. Dies begründet es anhand von Weiterzählen ab der Zwei bis zur Fünf und unterstützt dies nonverbal, indem es auf die einzelnen Steine beim Abzählen zeigt.

Im Inhaltsbereich des Mengenvergleichs zeigt sich im Regelspiel *Steine sammeln* folgende Interaktion mit Garant:

(4) Die Kinder spielen *Steine sammeln* mit einem Würfel. Kind 10 ist mit Würfeln an der Reihe.

Kind 10:   ((würfelt eine Eins)) Wer hat am wenigsten?
Kind 1:   Äh >>zählt Steine von Kind 6 mit Finger ab und zählt dazu laut<< Eins, zwei, drei, vier, fünf, sechs.
Kind 10:   [[((zählt eigene Steine mit dem Finger ab und zählt dazu laut)) Eins, zwei, drei, vier, fünf, sechs, sieben.]]
Kind 1:   Sie hat am wenigsten. >>zeigt auf Kind 6<< Einen Stein hergeben. Sie hat sechs, du hast sieben.
Kind 10:   ((gibt einen Stein ab))

Folgendes Toulmin-Layout lässt sich zu dieser Interaktion erstellen:

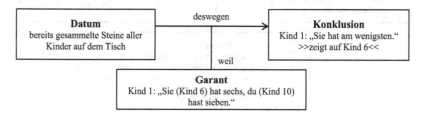

Um zu bestimmen, welches Kind am wenigsten Steine hat, müssen die Kinder die Anzahl ihrer gesammelten Steine vergleichen. Kind 1 hat bereits 19 Steine und fällt für die Kinder von vornherein aus der Entscheidung heraus. Der Mengenvergleich der Steine von Kind 6 und Kind 1 findet dann auf Grundlage eines vorher stattgefundenen Zählprozesses ab. Aufgrund der gezählten Anzahlen kommt Kind 1 zu dem Schluss, dass Kind 6 mit den sechs Steinen am wenigsten hat und somit einen Stein von Kind 10, das eine Eins gewürfelt hatte, bekommt. Diese Konklusion untermauert Kind 1 dann mit der Äußerung „Sie (Kind 6) hat sechs, du (Kind 10) hast sieben." und stellt hiermit die konkreten, zuvor gezählten Anzahlen in Bezug zueinander. Alle Kinder scheinen die Konklusion und den Garanten zu akzeptieren, da Kind 10 im Anschluss daran Kind 6 einen Stein gibt und danach die Kinder weiterspielen.

Des Weiteren wird eine Interaktion aus dem Regelspiel *Steine sammeln* aufgezeigt, die einen Garanten sowie eine Stützung beinhaltet:

(5) Die Kinder spielen *Steine sammeln* mit einem Würfel. Kind 16 ist mit Würfeln an der Reihe.

Kind 16:	((würfelt eine Fünf)) Fünf. >>nimmt Steine aus dem Glas<<
Kind 12:	Hast du fünf?
Kind 16:	>>zählt Steine aus dem Glas und behält diese in der Hand<< Eins, zwei, drei, vier, fünf.
Kind 12:	[[((zählt die Zahlen drei und vier laut mit)) drei, vier]] Darf ich mal sehen, wie viele du hast? ((möchte mit dem Finger die herausgenommenen Steine von Kind 16 abzählen))
Kind 16:	Nein, ich lege jetzt eine Fünf. ((legt aus den fünf Steinen das entsprechende Würfelbild)) Ja, eine Fünf. >>zählt Steine mit Finger ab<< Eins, zwei, drei, vier, fünf. Guck.

Das Toulmin-Layout zur vorangegangenen Interaktion ist wie folgt:

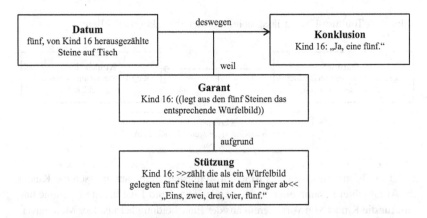

Kind 16 muss nach dem Würfeln fünf Steine aus dem Glas nehmen. Die herausgenommenen Steine hält Kind 16 zunächst noch in der Hand. An dieser Stelle möchte Kind 12 nachsehen, wie viele Steine Kind 16 tatsächlich herausgenommen hat. Kind 16 lässt dies aber nicht zu und fängt an zu argumentieren, warum es tatsächlich fünf Steine sind. Als Garant strukturiert Kind 16 die fünf Steine zu dem entsprechenden Würfelbild. Zusätzlich zur vorgenommenen Strukturierung zählt Kind 16 im Anschluss die Steine mit dem Finger ab und stützt somit seinen Garanten. Kind 12 beobachtet Kind 16 und im Anschluss daran geht das Spiel weiter.

Die hier aufgezeigten Interaktionen charakterisieren die einfachsten Struktur-möglichkeiten und geben einen Einblick in die vorgenommene Analyse nach Toulmin (1996, 2003). Im Datenmaterial finden sich zudem Interaktionen, die weiter in die Breite (horizontale Ausrichtung) oder Tiefe (vertikale Ausrichtung) gehen (vgl. Abschnitt 3.2.1.2).

Interaktionen, die einen nicht richtig gestellten, mathematischen Fehler bein-halten, werden aus der weiteren Analyse herausgenommen und im Bereich der strukturellen Eigenschaften mit der Kategorie *mathematischer Fehler* kodiert. Diese Entscheidung fiel aufgrund einer gemeinsamen Einigung im Experten-team. Dies begründet sich darin, da ein positiver Einfluss auf die mathematischen Kompetenzen der Kinder bei unerkannten und nicht verbesserten Fehlern mit Einschränkungen nicht gewährleistet ist. Sofern ein mathematischer Fehler auf-gegriffen und richtig korrigiert wird, bleibt die Interaktion entsprechend dem Ablaufschema (vgl. Abschnitt 6.3.1) in der weiteren Analyse.

Das Kategoriensystem (vgl. Anhang 1 im elektronischen Zusatzmaterial) zur Kodierung der strukturellen Eigenschaften der Interaktionen gestaltet sich folgendermaßen (vgl. Abbildung 6.10):

Abbildung 6.10
Hauptkategorien der
strukturellen
Eigenschaften[10]

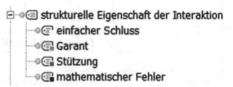

Die Bestimmung der prozentualen Übereinstimmung der Kodierung zu den strukturellen Eigenschaften wird mit weiteren Bereichen der Analyse kombi-niert und ist in Abschnitt 6.4 dargestellt. Nach der Kodierung der strukturellen Eigenschaft einer Interaktion folgt die Analyse der Interaktionsauslöser.

6.3.2.2 Interaktionsauslöser

In Anlehnung an Mayring (2015) ergaben sich die Auslöser der Interaktionen mittels induktiver Kategorienbildung auf Sichtebene (vgl. Abschnitt 6.1). Das induktive Vorgehen zeigt Abbildung 6.11 überblicksartig.

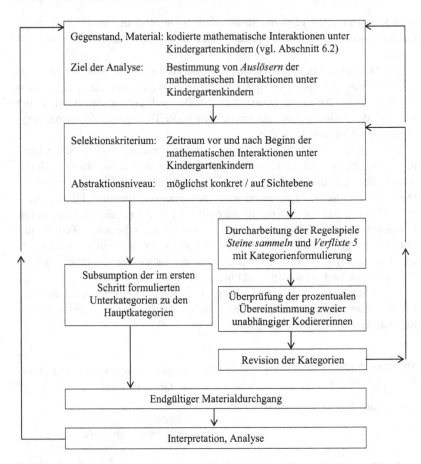

Abbildung 6.11 Adaptiertes Prozessmodell der induktiven Kategorienbildung (Mayring, 2015) zur Bestimmung der *Interaktionsauslöser*

Die detaillierte Betrachtung der herausgefilterten Interaktionen (vgl. Abschnitt 6.2) und die in einem induktiven Prozess abgeleiteten, verallge-meinerbaren Kategorien kennzeichnen den Beginn der Analyse der Interaktionen. Nachdem die Interaktionen zu den zufällig ausgewählten zwei Regelspielen *Steine sammeln* und *Verflixte 5* durchgearbeitet waren, fiel auf, dass sich die induktiv formulierten Kategorien entweder auf eine spielbezogene Handlung (z. B. Würfelbild bestimmen), die pädagogische Fachkraft (z. B. „Sind das fünf?") oder das Spielmaterial (z. B. Anzahl noch abzulegender Karten während des Spiels bestimmen) beziehen. Daraus ergaben sich folgende Hauptkategorien (vgl. Abbildung 6.12):

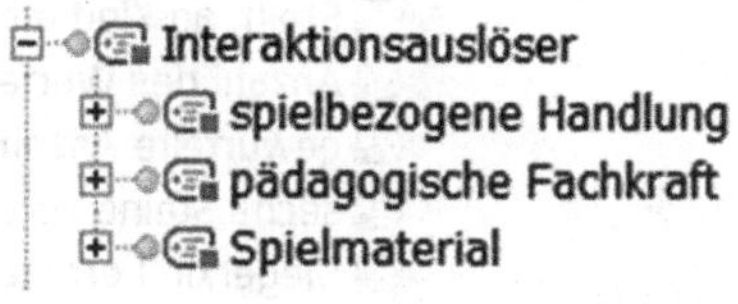

Abbildung 6.12
Hauptkategorien der
Interaktionsauslöser

⊟⊸◎🖵 **Interaktionsauslöser**
    ⊞⊸◎🖵 **spielbezogene Handlung**
    ⊞⊸◎🖵 **pädagogische Fachkraft**
    ⊞⊸◎🖵 **Spielmaterial**

Die drei Hauptkategorien zu den Auslösern aus Abbildung 6.12 differenzieren sich in weitere Unterkategorien aus.

Die Unterkategorien zu den *spielbezogenen Handlungen* (z. B. Würfelbild bestimmen, Siegerkind ermitteln) leiteten sich aus einem induktiven Prozess aus den Spielregeln ab.

Die Hauptkategorie *pädagogische Fachkraft* enthielt als Unterkategorien die einzelnen Regelspiele. Die Art und Weise, wie die pädagogische Fachkraft die mathematischen Interaktionen anregt, wird in Abschnitt 6.3.2.3 näher analysiert.

Das *Spielmaterial* als dritte Hauptkategorie umfasste in den Unterkategorien die konkret vorliegenden Materialien, die zum Spielen des Regelspiels nötig sind. Hierzu zählen zum Beispiel beim Regelspiel *Steine sammeln* die auf dem Tisch liegenden Steine oder beim Regelspiel *Fünferraus* die noch abzulegenden Karten.

Das entwickelte Kategoriensystem (vgl. Ausschnitt zum Regelspiel *Steine sammeln* in Abbildung 6.13) und der dazu gehörende Kodierleitfaden (vgl. Anhang 1 im elektronischen Zusatzmaterial) wendete neben der Forscherin zusätzlich eine studentische Hilfskraft am selben Datenmaterial der Regelspiele *Steine sammeln* und *Verflixte 5* an. Im Nachhinein erfolgte eine gemeinsame Diskussion über unklare Zuordnungen sowie Schwierigkeiten und es fand eine Anpassung des Kodierleitfadens statt. Letztendlich bestätigten sich für die Analyse der Interaktionsauslöser, die induktiv gefundenen Hauptkategorien *spielbezogene Handlung, pädagogische Fachkraft* und *Spielmaterial* (vgl. Abbildung 6.12).

Das fertiggestellte Kategoriensystem (vgl. Abbildung 6.13) mit Kodierleitfaden unterlag der Überprüfung der prozentualen Übereinstimmung von zwei unabhängigen Kodiererinnen. Die Gegenkodierung fand anhand von circa 1/10 des Datenmaterials statt. Es wurde aus jedem teilnehmenden Land zu jedem

---

[10] Dieses und nachfolgend dargestellte Kategoriensysteme wurden in MAXQDA (VERBI Software, 2019) generiert.

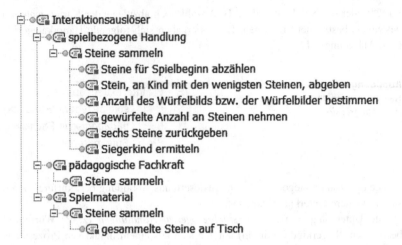

Abbildung 6.13 Hauptkategorien und Unterkategorien der *Interaktionsauslöser* (Vorversion)

Regelspiel eine Aufnahme aus einem zufällig ausgewählten Kindergarten von den beiden Kodiererinnen unabhängig kodiert. Die prozentuale Übereinstimmung beider unabhängiger Kodiererinnen in der Kodierung der Unterkategorien zu den Interaktionsauslösern lag bei 67,36 %. Aufgrund dieses nicht zufriedenstellenden Wertes wurde das Kategoriensystem und das damit verbundene Ziel nochmals hinterfragt und mit Blick auf das Ziel der Analyse, das Selektionskriterium und das Abstraktionsniveau revidiert. Aus diesem Prozess und der Diskussion im Expertenteam ergab sich eine Streichung der Unterkategorien mit der Perspektive, dass damit keine wesentlichen Erkenntnisgewinne verloren gehen.

Für die vorliegende Studie und dem damit verbundenen Forschungsinteresse reicht letztendlich die Zuordnung der Interaktionen zu den Hauptkategorien *spielbezogene Handlung, pädagogische Fachkraft* und *Spielmaterial* (vgl. Abbildung 6.12). Dieses Vorgehen ist nach Mayring (2015) eine Zusammenfassung von Kategorien, die dazu dienen soll, „das Material so zu reduzieren, dass die wesentlichen Inhalte erhalten bleiben, [aber] durch Abstraktion einen überschaubaren Corpus zu schaffen, der immer noch Abbild des Grundmaterials ist" (ebd., S. 67). Nach Verschiebung der kodierten Unterkategorien beider unabhängiger Kodiererinnen in MAXQDA (VERBI Software, 2019) in die Hauptkategorien lag die prozentuale Übereinstimmung bei 88,6 %. Dieser Wert ist zufriedenstellend

(vgl. Abschnitt 6.4). Eine zusätzliche Überprüfung der prozentualen Übereinstimmung, alleine durch die Forscherin durchgeführt, findet sich zusätzlich in
Abschnitt 6.4. Die entwickelten und kodierten spielspezifischen Unterkategorien
sind aber nicht völlig verworfen, sondern dienen des Weiteren als Beschreibungen für die Hauptkategorien im Kodierleitfaden (vgl. Anhang 1 im elektronischen
Zusatzmaterial).
Beispielhaft sind an dieser Stelle drei Interaktionen aus dem Regelspiel *Steine
sammeln* (vgl. Abschnitt 5.2) mit Kodierungen zu den drei induktiv entwickelten
Kategorien zu den Interaktionsauslösern dokumentiert.

Die erste Interaktion passt in die Kategorie *spielbezogene Handlung*:

> (6) Die Kinder spielen *Steine sammeln* mit einem Würfel. Kind 16 ist mit Würfeln an
>   der Reihe.

Kind 16:	((würfelt eine Eins)) Eins, wo am wenigsten hat ((wirft einen Blick auf die Steine der anderen Kinder und gibt Kind 12 einen Stein))
Kind 12:	Ja, danke. Ich habe nicht am wenigsten.
Kind 16:	Doch.
Kind 12:	Oh.

Die Interaktion kommt aufgrund einer spielbezogenen Handlung zustande. Kind
16 würfelt eine Eins und muss in Anlehnung an die Spielregeln einen Stein an
das Kind mit den wenigsten Steinen abgeben. Den Stein gibt Kind 16 nach dem
Überblicken der Steine aller Kinder an Kind 12. Kind 12 widerspricht zunächst,
erkennt dann aber, dass es tatsächlich am wenigsten Steine hat und nimmt diesen
an.

Die zweite Interaktion zeigt eine Interaktion, die die pädagogische Fachkraft
angeregt hat:

> (7) Die Kinder haben alle Steine aus dem Korb gesammelt und müssen nun das
>   Siegerkind bestimmen.

Kind 7:	Ich habe 23 Steine.
pädagogische Fachkraft:	Du hast 23 Steine. ((wendet sich an Kind 1)) Wie viele hast du?
Kind 1:	>>zählt ihre Steine laut durch Verschieben der Steine ab<< Eins, zwei, drei, vier, fünf, sechs, sieben, acht, neun, zehn, elf, zwölf, 13, 14, 15, 16, 17, 18, 19, 20, 21, 22, 23, 24, 25, 26, 27, 28.
Kind 7:	[((zählt leise mit Kind 1 mit))] Du hast gewonnen.

Am Ende des Regelspiels *Steine sammeln* müssen die Kinder bestimmen, wer am meisten Steine gesammelt und somit gewonnen hat. Kind 7 bestimmt die Anzahl der gesammelten Steine und nennt diese der pädagogischen Fachkraft. Daraufhin wendet sich diese mit der Frage „Wie viele hast du?" an Kind 1. Kind 1 zählt die Anzahl der gesammelten Steine, woraus Kind 7 schließt, dass Kind 1 gewonnen hat. Der zweite Teil der Interaktion, also ab dem Redebeitrag von Kind 1, ist im Rahmen der mathematischen Interaktionen unter Kindern zu kodieren.

Interaktion drei stellt eine Interaktion dar, die durch das *Spielmaterial* zustande kam:

(8) Die Kinder spielen *Steine sammeln* mit einem Würfel. Kind 10 ist mit Würfeln an der Reihe.

Kind 10:	((würfelt eine Zwei)) Zwei. ((nimmt zwei Steine aus dem Säckchen heraus))
Kind 9:	Dann hast du jetzt vier gesammelt. >>zählt ihre Steine mit dem Finger ab<< Eins, zwei, drei, vier. Ich habe auch vier.
Kind 6:	Ich habe >>zählt Steine mit Finger ab<< eins, zwei, drei, vier, fünf, sechs.

Kind 10 hat bereits zwei Steine vor sich liegen und würfelt im nächsten Spielzug nochmals eine zwei. Kind 9 äußert sofort, dass Kind 10 nun vier Steine hat und erkennt, nach dem Abzählen der eigenen Steine, dass beide nun gleich viele Steine gesammelt haben. Dadurch angeregt, zählt auch Kind 6 die eigenen Steine ab und kommuniziert, dass es sechs Steine hat. Laut der Spielregel müssen die Kinder die Anzahl der gesammelten Steine erst am Ende bestimmen, um das Siegerkind zu ermitteln. Die Steine als Spielmaterial regen somit während des Spielens zum Vergleichen von Mengen an.

In der vorliegenden Studie erfolgt nur die Analyse der Interaktionsauslöser[11]. Das Ende der Interaktionen wird nicht in die Analyse einbezogen, da die Gespräche für die Kinder in diesem Moment *abgeschlossen* sind. Diese Entscheidung fiel aufgrund einer Diskussion im Expertenteam.

Im nächsten Schritt findet, nach der Bestimmung der Interaktionsauslöser, die Analyse der interaktionsbezogenen Reaktionen der Kinder statt.

---

[11] Zur besseren Lesbarkeit werden die Interaktionsauslöser im Weiteren größtenteils nur noch Auslöser genannt.

6.3.2.3 Interaktionsbezogene Reaktionen

In den mathematischen Interaktionen reagieren die spielenden Kinder auf verschiedene Art und Weise. Die jeweilige interaktionsbezogene Reaktion prägt den weiteren Interaktionsverlauf. Eine Ableitung von induktiven Kategorien aus dem Material (vgl. Abschnitt 6.1) ergaben die interaktionsbezogenen Reaktionen. Hierbei fand eine Orientierung an dem Prozessmodell von Mayring (2015) statt (vgl. Abbildung 6.14).

Abbildung 6.14 Adaptiertes Prozessmodell der induktiven Kategorienbildung (Mayring, 2015) zur Bestimmung der *interaktionsbezogenen Reaktionen*

In einem ersten Schritt fand auch hier die induktive Entwicklung von Unterkategorien anhand des Regelspiels *Steine sammeln* statt. Diese induktiv gefundenen Unterkategorien[12] (z. B. Kind kontrolliert, Kind erkennt bzw. vermutet einen Fehler, Kind stellt eine Frage, Kind zieht eine Schlussfolgerung, Kind gibt konkrete Aufforderung, Kind unterstützt und Kind imitiert) erwiesen sich in Bezug auf das Abstraktionsniveau sehr detailliert. Mit Blick auf das Ziel der Analyse, das Selektionskriterium und das Abstraktionsniveau erfolgte eine Revision des Kategoriensystems. Die vorgenommene, sehr detaillierte Erfassung der interaktionsbezogenen Reaktionen könnte bei einem anderen Ziel der Analyse durchaus sinnvoll sein und ist auch noch weiter ausdifferenzierbar. Da die interaktionsbezogenen Reaktionen in der vorliegenden Studie in Strukturmodelle einzugliedern sind, um daraus zentrale Zusammenhänge einzelner Analyseelemente zu generieren, ist eine Zusammenfassung in allgemeinere Kategorien nötig (Mayring, 2015; vgl. Abschnitt 6.3.2.2). In der Revision entstand somit ein Kategoriensystem mit drei Hauptkategorien (vgl. Abbildung 6.15).

Abbildung 6.15
Hauptkategorien der
interaktionsbezogenen
Reaktionen

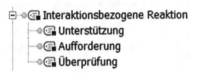

Die interaktionsbezogene Reaktion eines Kindes fällt in die Kategorie *Unterstützung*, sofern diese einen unterstützenden Charakter hat und es keinen sichtbaren Grund zu einer Reaktion (verbal oder nonverbal) gibt. Es kann zum Beispiel vorkommen, dass ein Kind

– eine Handlung eines anderen Kindes übernimmt,
– einem anderen Kind ohne konkrete Aufforderung hilft,
– aus einer Handlung eine Schlussfolgerung zieht beziehungsweise ein Ergebnis nennt,
– gemeinsam mit einem anderen Kind eine Handlung vollzieht oder

---

[12] Gysin (2017) entwickelte in ihrer Studie zu Lerndialogen von Kindern in einem jahrgangsgemischten Anfangsunterricht „Kategorien für potentiell lernförderliche Interaktion" (ebd., S. 208). Die entwickelten Unterkategorien nach Gysin (ebd.) sind teilweise inhaltlich identisch zu den induktiv entwickelten Unterkategorien der vorliegenden Studie (z. B. Aufforderung, Frage, Fehler, gemeinsames Handeln). Die in der vorliegenden Studie beschriebenen Kategorien im Bereich der interaktionsbezogenen Reaktion wurden in einem eigenständigen Prozess erarbeitet.

– die Handlung eines anderen Kindes begleitet, indem es dieses imitiert.

Folgende Interaktion aus dem Regelspiel *Steine sammeln* (vgl. Abschnitt 5.2) veranschaulicht eine *Unterstützung*:

(9) Die Kinder spielen *Steine sammeln* mit zwei Würfeln. Kind 3 ist mit Würfeln an der Reihe.

Kind 3:	((würfelt eine Eins und eine Zwei))
Kind 19:	Drei.
Kind 3:	>>nimmt nacheinander drei Steine aus dem Korb und zählt dazu laut<< Eins, zwei, drei.

Kind 3 würfelt mit zwei Würfeln und muss die Würfelaugen zusammensetzen, um die entsprechende Anzahl an Steinen aus dem Korb nehmen zu können. Kind 19 reagiert spontan auf den Prozess des Würfelns und nennt die Gesamtanzahl an Würfelaugen, zieht also aus dem Handeln von Kind 3 eine Schlussfolgerung und nennt das Ergebnis. Kind 3 nimmt diese Schlussfolgerung an und zählt die entsprechende Anzahl an Steinen aus dem Korb.

Unter der Kategorie *Aufforderung* versteht man das zielgerichtete Anweisen eines Kindes zu einer Handlung oder Äußerung. Mögliche Reaktionen sind zum Beispiel, wenn ein Kind

– eine Frage an ein anderes Kind stellt,
– um Hilfe bittet oder
– eine konkrete Anweisung („Mach mal …") gibt.

Die nachfolgende Interaktion aus dem Regelspiel *Steine sammeln* (vgl. Abschnitt 5.2) ist ein Beispiel für die Kategorie *Aufforderung*:

(10) Die Kinder haben alle Steine aus dem Korb gesammelt und müssen nun das Siegerkind bestimmen.

Kind 4:	Fertig. Jetzt zählen wir alle! >>zählt Steine durch Verschieben laut ab<< Eins, zwei, drei, vier, fünf, sechs, sieben, acht, neun, zehn, elf, zwölf, 13, 14, 15.
Kind 3:	>>zählt Steine durch Verschieben laut ab<< Eins, zwei, drei, vier, fünf, sechs, sieben, acht, neun, zehn, elf, zwölf, 13, 14, 15.
Kind 4:	((wendet sich zu Kind 4)) Yeah, wir sind unentschieden.
Kind 9:	>>zählt Steine durch Verschieben laut ab<< Eins, zwei, drei, vier, fünf, sechs, sieben, acht, neun. Neun.

Als der Korb mit den Steinen leer ist, gibt Kind 4 die Anweisung „Jetzt zählen wir alle!". Nacheinander zählen nun Kind 4, Kind 3 und Kind 9 ihre gesammelten Steine ab und Kind 4 kommt, nachdem Kind 3 die Steine abgezählt hat, zu dem Schluss, dass dieses genauso viele Steine hat, wie es selbst.

Die dritte Kategorie *Überprüfung* steht immer in Bezug zu Fehlern, die im Regelspiel passieren oder vermutet werden. Die Äußerungen oder Handlungen eines Kindes stehen in Zusammenhang damit, dass ein Kind

– einen Fehler erkennt oder vermutet,
– eine Handlung oder Aussage kontrolliert oder
– eine Korrektur vornimmt.

Dies zeigt nachfolgende Interaktion aus dem Regelspiel *Steine sammeln* (vgl. Abschnitt 5.2):

(11)   Die Kinder spielen *Steine sammeln* mit einem Würfel. Kind 2 ist mit Würfeln an der Reihe.

Kind 2:   ((würfelt eine Fünf und nimmt acht Steine aus dem Säckchen))
Kind 6:   N e i n. Nein, das sind nicht fünf. Du schummelst.
Kind 2:   Du hast auch so viele genommen.
Kind 6:   Nein, ich habe nur drei genommen. ((hat im Spielzug davor eine drei gewürfelt))Du schummelst.
Kind 2:   ((zählt herausgenommene Steine nach und wirft erst einen und dann noch einen Stein zurück in das Säckchen))
Kind 6:   >>zählt Steine von Kind 2 ab<< Eins, zwei, drei, vier, fünf, sechs. ((wirft den sechsten Stein zurück in das Säckchen))

Kind 2 ist an der Reihe und würfelt eine Fünf. Statt fünf Steinen, nimmt dieses acht Steine aus dem Säckchen. Kind 6 bemerkt, dass Kind 2 zu viele Steine aus dem Säckchen genommen hat und merkt diesen Fehler an. Kind 2 beginnt daraufhin den Fehler zu korrigieren. Kind 6 überprüft diese Handlung und nimmt die letzte Korrektur vor, damit Kind 2 tatsächlich nur die fünf Steine vor sich liegen hat.

Die Kodierung der interaktionsbezogenen Reaktion erfolgt auf Grundlage zwei verschiedener Vorgehensweisen. Bei einfachen Schlüssen findet die Zuordnung aufgrund der ersten sprachlichen Äußerung oder nonverbalen Reaktion eines Kindes auf die normale Spielhandlung eines Kindes statt. Bei Schlüssen mit Garant(en) und gegebenenfalls Stützung(en) findet die Zuordnung aufgrund der Reaktion statt, die in der Argumentation steckt und somit wird die Reaktion mit Bezug auf den Garanten und gegebenenfalls der Stützung(en) kodiert.

Das revidierte Kategoriensystem zur Einordnung der interaktionsbezogenen Reaktionen[13] mit den Kategorien *Unterstützung, Aufforderung* und *Überprüfung* erprobte die Forscherin nochmals am Regelspiel *Steine sammeln* und stufte es als dem Forschungsgegenstand angemessen ein. Daraufhin konnten die zu analysierenden Interaktionen mit den induktiv entwickelten Kategorien kodiert werden. Die Bestimmung der prozentualen Übereinstimmung des Kategoriensystems zur interaktionsbezogenen Reaktion durch eine Kodiererin zu zwei Zeitpunkten findet sich in Abschnitt 6.4.

Die Analyse der Interaktionen mit einem einfachen Schluss endet an dieser Stelle. Interaktionen mit Garant(en) und gegebenenfalls Stützung(en) werden im weiteren Verlauf hinsichtlich ihrer Argumentationstiefe analysiert.

6.3.2.4 Argumentationstiefe der Garanten und Stützungen

Die Erstellung des Kategoriensystems zum Analyseelement *Argumentationstiefe der Garanten und Stützungen* in den mathematischen Interaktionen erfolgte anhand des adaptierten Prozess- und Ablaufmodells (vgl. Abbildung 6.16) nach Mayring (2015):

Auf Basis der strukturellen Eigenschaften der Interaktionen (vgl. Abschnitt 6.3.2.1) nach Toulmin (1996, 2003) wird die Argumentationstiefe der Garanten und Stützungen bestimmt. Ein deduktiver Prozess (z. B. Mayring, 2015) ermöglichte es zunächst, die in der Literatur auffindbaren Ausprägungen des Argumentierens (vgl. Abschnitt 3.2.1.1) zu einem vorläufigen Kategoriensystem zusammenzufassen und dabei die Hauptkategorien *äußere Überzeugung, beispielhaftes Argument* und *analytisches Argument* zusammenzustellen (vgl. Abschnitt 3.2.1.1, z. B. Almeida, 2001; Balacheff, 1992; Harel & Sowder, 2007; Sowder & Harel, 1998; Toulmin, 1996, 2003). Dieses Kategoriensystem konnte im weiteren Verlauf induktiv an die Daten der vorliegenden Studie und somit an das Argumentieren von Kindergartenkindern beim Spielen arithmetischer

---

[13] Zur besseren Lesbarkeit werden die interaktionsbezogenen Reaktionen im Weiteren größtenteils nur noch Reaktionen genannt.

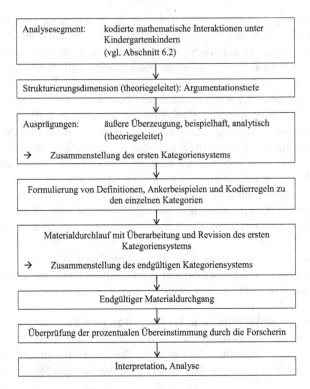

Abbildung 6.16 Kombination des Ablaufmodells strukturierender Inhaltsanalyse und des Prozessmodells zur induktiven Kategorienbildung (Mayring, 2015) zur Bestimmung der *Argumentationstiefe*

Regelspiele angepasst werden (vgl. Abbildung 6.17). Der Prozess der induktiven Veränderung wird bei den Beschreibungen der einzelnen Kategorien explizit verdeutlicht. Somit ist eine Analyse durchführbar, die darlegt, wie Kinder altersgemäß in mathematischen Spielsituationen argumentieren. Die Anpassungen lassen sich durch die allgemeine Sichtweise auf das Argumentieren von Spranz-Fogasy (2006) legitimieren. Dieser vertritt den Standpunkt, dass „eine terminologische Vereinheitlichung [...] ein sinnloses Unterfangen [wäre], weil eine Bedeutungsvielfalt häufig Sinn für den Gegenstand selbst macht, der dann eben eine große Varianzbreite *hat*" (ebd., S. 27, Hervorhebung im Original). Durch induktive Anpassung des Kategoriensystems in der vorliegenden Studie wurde der „Sinn für den Gegenstand" (ebd., S. 27) mit Blick auf das Argumentieren von Kindergartenkindern neu herausgearbeitet und die „Varianzbreite" (ebd., S. 27) des Argumentierens erweitert. Dabei ist es allerdings nicht immer möglich, subjektive Einschätzungen der zu kodierenden Argumentationen völlig auszuschließen. Diesem Dilemma sollte man sich bei der Kodierung bewusst sein und im Zweifel scheint es empfehlenswert, immer zugunsten des Kindes zu entscheiden (Bezold, 2009).

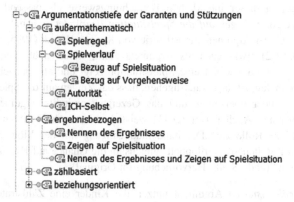

Abbildung 6.17 Hauptkategorien und Unterkategorien der *Argumentationstiefe*

Die deduktiv gefundene Kategorie *äußere Überzeugung* (vgl. Abschnitt 3.2.1.1) mündete in der vorliegenden Studie in der Kategorie *außermathematisch*. In den *äußeren Überzeugungen* sind neben Autoritäten, ritualisierten Praktiken und Intuition auch symbolische Darstellungen mitgedacht (z. B. Almeida, 2001; Sowder & Harel, 1998), welche in der induktiv angepassten Kategorie *außermathematisch* nicht integriert sind. Ein Garant oder eine Stützung fallen in die Kategorie *außermathematisch,* wenn sich diese nicht auf symbolische Darstellungen oder auf eine mathematische Lösungsstrategie beziehen. Beim außermathematischen Argumentieren nehmen die Kinder Bezug auf eine andere Autorität (z. B. pädagogische Fachkraft), auf sich selbst (z. B. „..., weil ich das weiß."), auf eine Spielregel (z. B. „..., weil so die Spielregeln sind.") oder auf den Spielverlauf (z. B. „..., weil da drei Steine lagen." / „..., weil du dich verzählt hast."). In diesem Bereich wurde zunächst auch die Kategorie *ergebnisbezogen* verankert, da die hierunter fallenden Argumentationen noch keine mathematische Lösungsstrategie aufzeigen. Nach mehrfachen Diskussionen im Expertenteam wurde diese Kategorie allerdings separiert und in einem induktiven Prozess als eigenständige Hauptkategorie aufgenommen. Dies lässt sich dadurch begründen, dass bei dem ergebnisbezogenen Argumentieren ein konkreter mathematischer Bezug (z. B. „Nein, weil das sind fünf.") herzustellen ist und sich dieses damit wesentlich von den außermathematischen Argumenten unterscheidet.

Die entwickelte Hauptkategorie *ergebnisbezogen* besteht aus den Unterkategorien *Nennen des Ergebnisses, Zeigen auf die Spielsituation*[14] sowie der Kombination der beiden. Diese entstand induktiv, da keine der deduktiv gefundenen Beweiskategorien dieser inhaltlichen Betrachtungsweise als passend erschien. Die Unterkategorie *Zeigen auf die Spielsituation* begründet sich unter anderem darin, dass nach der Argumentationstheorie von Kopperschmidt (1995, 2000; vgl. Abschnitt 3.2.1.2) etwas auch als Argument zählt, wenn es überzeugt. Wenn ein Kindergartenkind also auf eine Spielsituation zeigt und alle danach entsprechend weiterspielen, ist davon auszugehen, dass das Zeigen auf die Spielsituation die anderen Kinder überzeugte und das Gezeigte somit als Argument eingestuft werden kann. Auch Fetzer (2011) weist dem nonverbalen Argumentieren eine wesentliche Rolle zu: „Der handelnde Umgang mit der Möglichkeit des non-verbalen Begründens ‚verdoppelt' gleichsam die Chance auf Explizität einer Argumentation" (ebd., S. 48, Hervorhebung im Original).

Bei einem *zählbasierten* Argument nutzen die Kinder eine Zählstrategie (vgl. Abschnitt 1.3.3). Diese Kategorie ist in Anlehnung an das beispielhafte Argumentieren entstanden (vgl. Abschnitt 3.2.1.1), da das zählende Vorgehen ein Lösungsverfahren darstellt. Das zählbasierte Argumentieren ersetzt in dem für die vorliegende Studie entwickelten Kategoriensystem das beispielhafte Argumentieren. Zählen gilt als die Hauptstrategie von Kindergartenkindern. Es äußert sich als prozesshaft, da es eine flüchtige Handlung ist und nach dessen Vollzug nicht mehr im Nachhinein einzusehen ist.

Argumentieren die Kinder *beziehungsorientiert,* so legen sie eine konkrete Lösungsstrategie dar, die sich an mathematischen Beziehungen orientiert und somit einen analysierenden Charakter hat. Diese Hauptkategorie wurde induktiv ergänzt, da sich in den Daten Argumentationen zeigen, die sich auf erkannte

---

[14] Beim Regelspiel *Halli Galli* wurden zum Beispiel die Karten mit einer Banane, drei Erdbeeren und zwei Pflaumen gelegt. Nun legt das entsprechende Kind fünf Erdbeeren auf die zuerst gelegte Karte mit der einen Banane und klingelt. Eines der anderen Kinder bemerkt den Fehler und zeigt mit dem Kommentar „Nein, schau." auf die zudem liegende Karte mit den drei Erdbeeren. Das Kind, das falsch geklingelt hat, gibt den anderen mitspielenden Kindern eine Strafkarte ab.

Strukturen und konkrete Zusammenhänge beziehen. Es werden wahrnehmbare[15] (z. B. das Nutzen der Struktur eines Würfelbilds, das Zeigen von Fingerzahlen, das Überblicken durch räumliches Anordnen, etc.) oder zahlbezogene (z. B. das geschickte Nutzen von Differenzen oder Verdopplungen, etc.) Zusammenhänge hergestellt. Der Bereich der wahrnehmbaren Argumente ist darstellender Art, da die Situation für alle Kinder einsehbar ist (z. B. Steine zu einem Würfelbild legen). Die zahlbezogenen Zusammenhänge sind, je nach der konkreten Ausführung durch die Kinder, der prozesshaften oder der darstellenden Ebene zuzuordnen. Das Herstellen der wahrnehmbaren und zahlbezogenen Zusammenhänge kann als eine Art Vorstufe zum analytischen Argument bezeichnet werden.

Beim *analytischen* Argumentieren wechseln die Kinder auf eine abstrakte mathematische Ebene und nutzen formale Argumente. Da dies noch keine angemessene Argumentationsform für Kindergartenkinder ist, wurde das analytische Argumentieren aus dem Kategoriensystem herausgenommen.

Die dargestellten Arten der Argumentationstiefe machen die Qualität der Argumentation deutlich (z. B. Almeida, 2001; vgl. Abschnitt 3.2.1.1). Almeida (ebd.) betitelt diese als hierarchisch gegliederte Niveaustufen. Bezieht man das auf die in der vorliegenden Studie definierten Argumentationstiefen (vgl. Abschnitt 3.2.2), ergeben sich folgende Niveaustufen, die jeweils an Qualität zunehmen:

außer-mathematisches Argumentieren	ergebnisbezogenes Argumentieren	zählbasiertes Argumentieren	beziehungs-orientiertes Argumentieren

steigende Argumentationstiefe ⟶

Zur besseren Veranschaulichung wird nachfolgend zu jeder Kategorie eine Interaktion aufgezeigt. Die Garanten sind dabei jeweils hervorgehoben.

Außermathematisches Argumentieren mit *Bezug auf eine Spielregel* zeigt sich in folgender Interaktion aus dem Regelspiel *Halli Galli* (vgl. Abschnitt 5.2):

[15] Der Bereich der *wahrnehmbaren Zusammenhänge* ist in Anlehnung an das *perceptual proof scheme* nach Sowder & Harel (1998) entstanden.

(12) Auf dem Tisch liegen Karten mit einer Erdbeere, vier Pflaumen, drei Bananen
      und drei Pflaumen.

Kind 11:   ((schlägt auf die Glocke)) Guck.
Kind 9:   >>zählt die Pflaumen ab<< Eins, zwei, drei, vier, fünf, sechs, sieben.
            Nein, nur wenn es fünf sind kannst du.
Kind 11:   Aber drei und drei. >>zeigt auf die Karten mit den drei Pflaumen und den
            drei Bananen<<
Kind 9:   Drei und drei geht nicht.

Kind 11 schlägt auf die Glocke, obwohl keine fünf Früchte von einer Sorte auf
dem Tisch liegen. Diesen Fehler bemerkt Kind 9 und untermauert das „Nein, …"
mit dem Anführen der entsprechenden Spielregel („…, nur wenn es fünf sind
kannst du.").

Außermathematischen Argumentieren mit *Bezug auf eine Spielsituation* – die konkret vorlag, aber bereits vergangen ist – lässt sich dieser Interaktion aus dem
Regelspiel *Dreh* (vgl. Abschnitt 5.2) zuordnen:

(13) Die Kinder spielen *Dreh* mit den Zahlenwürfeln und der Zahlen-Drehscheibe.
      Kind 3 hat gewürfelt und ordnet die Zahlenwürfel der Zahlen-Drehscheibe zu.

Kind 3:   Hier. >>legt einen Würfel auf der passenden Stelle auf der Drehscheibe ab,
            nimmt die anderen Würfel wieder in die Hand und möchte damit nochmals
            würfeln<<
Kind 5:   Doch, da kannst du auch. Du könntest. Du könntest.
Kind 3:   Echt?
Kind 5:   **Ja, da war eine Eins und eine Zwei.**

Die Kinder spielen mit den Zahlenwürfeln und der Zahlen-Drehscheibe. An der
Reihe ist Kind 3, das eine Zahlenwürfel-Drehscheiben-Zuordnung findet. Da es
keine weitere Zuordnung erkennt, möchte das Kind nochmals würfeln. An dieser
Stelle hakt Kind 5 ein und gibt Kind 3 den Hinweis, dass eine weitere Zuordnung
möglich gewesen wäre. Die Zahlenwürfel eins und zwei hätten auf das freie Feld
zur Zahl drei gelegt werden können. Da Kind 3 die Würfel allerdings in die Hand
genommen hat, kann dies nicht mehr sichtlich nachvollzogen werden.

Der *Bezug auf eine Vorgehensweise* im Spiel beim *außermathematischen Argumentieren* wird in folgender Interaktion aus dem Regelspiel *Steine sammeln* (vgl.
Abschnitt 5.2) deutlich:

(14) Die Kinder möchten *Steine sammeln* spielen und zählen die Steine für den Spiel-
      beginn aus der Dose heraus. Kind 17 ist an der Reihe und muss zehn Steine aus
      der Dose herausnehmen, die dann in ein Körbchen in der Mitte kommen.

Kind 17:   >>zählt zehn Steine für den Spielbeginn aus der Dose heraus<< [Eins,
            zwei, drei, vier, fünf, sechs, sieben, acht, neun, zehn.] >>holt den zehnten
            Stein nicht aus der Dose heraus<<
Kind 2:   **Nein, das waren noch nicht zehn, du hast nur neun. Und dann zu
            wenig hineingelegt.** >>holt noch einen Stein aus der Dose heraus<<

Kind 17 passiert beim Abzählen der zehn Steine für den Spielbeginn ein Fehler.
Am Ende des Abzählprozesses nennt es zwar die Zahl Zehn, holt den zehnten
Stein aber nicht aus der Dose heraus. Kind 2, das das Abzählen der Steine genau
beobachtet und laut mitgezählt hat, erkennt dies („Nein, das waren noch nicht
zehn.") und verweist bei der Argumentation dann auf das konkrete Vorgehen („…
zu wenig hineingelegt.").

Ein *außermathematisches Argument*, das sich auf eine *Autorität* stützt, lässt sich in
nachfolgender Interaktion aus dem Regelspiel *Schüttelbecher* (vgl. Abschnitt 5.2)
erkennen:

(15) Die Kinder spielen *Schüttelbecher*. Kind 15 ist an der Reihe, die Wendeplättchen
      zu werfen und die entsprechende Zerlegung auf den eigenen Zehnerfeldkarten
      zu finden.

Kind 15:   ((schüttelt die Plättchen und wirft sechs blaue und ein rotes Plättchen))
            Hier. >>zeigt auf eine passende Karte<< Ein rotes >>legt rotes Plättchen
            auf roten Punkt<<
Kind 7:   **Nein, nicht da drauf, du hast gesehen, dass es passt und fertig.**
Kind 15:   ((dreht passende Karte um))

Kind 15 ist an der Reihe und schüttelt eine Zerlegung der Plättchen, von der
es die passende Karte besitzt. Dies möchte Kind 15 verdeutlichen, indem es die
Plättchen auf der Karte durch darauflegen zuordnet. Kind 7 hält diese Art des
Begründens allerdings für nicht angebracht und unterbricht Kind 15. Als Argument, warum Kind 15 die Plättchen nicht darauflegen muss, gibt Kind 7 an: „… du
hast gesehen, dass es passt und fertig". Kind 7 vertraut demnach der ersten Äußerung und Handlung von Kind 15: „Hier.>>zeigt auf eine passende Karte<<"
und somit auf die Autorität des anderen Kindes.

Als letztes wird im Bereich des *außermathematischen Argumentierens* eine Interaktion aus dem Regelspiel *Schüttelbecher* (vgl. Abschnitt 5.2) dargestellt, die der Unterkategorie *ICH-Selbst* zugeordnet werden kann:

(16) Die Kinder spielen *Schüttelbecher*. Kind 15 ist an der Reihe, die Wendeplättchen zu werfen und die entsprechende Zerlegung auf den eigenen Zehnerfeldkarten zu finden.

Kind 15:   ((schüttelt mit den Plättchen und wirft fünf rote und drei blaue Plättchen))
Kind 7:   **Nein, die hast du nicht, dass weiß ich.**

Nachdem Kind 15 die Plättchen auf den Tisch geworfen hat, gibt Kind 7 zu verstehen, dass Kind 15 diese Zerlegung nicht hat und argumentiert hier mit den Worten „… das weiß ich.". Somit bezieht sich Kind 7 auf das eigene Wissen und somit auf das ICH-Selbst.

Ergebnisbezogenes Argumentieren kann in drei Ausprägungen auftreten. Die erste Ausprägung ist das *Nennen des Ergebnisses*. Dies zeigt sich unter anderem in einer Interaktion aus dem Regelspiel *Fünferraus* (vgl. Abschnitt 5.2):

(17) Die Kinder spielen *Fünferraus*. Kind 7 ist an der Reihe, eine Karte anzulegen.

Kind 2:   >>an Kind 7 gerichtet<< Du kommst.
Kind 7:   ((möchte die blaue Neun neben die blaue Fünf legen))
Kind 2:   **Nein, das ist eine Neun.**
Kind 7:   >>nimmt die Karte zurück<< Dann kann ich nicht.

Kind 7 verwechselt anscheinend die Zahl Sechs mit der Zahl Neun und möchte statt der blauen Sechs die blaue Neun neben die blaue Fünf legen. Kind 2 erkennt diesen Fehler („Nein, …") und führt dann als Argument („… das ist eine Neun.") an, dass es nicht die Zahl Sechs, sondern die Zahl Neun ist.

Als zweite Ausprägung von *ergebnisbezogenem Argumentieren* gibt es das *Zeigen auf die Spielsituation*, wie in folgender Interaktion aus dem Regelspiel *Halli Galli* (vgl. Abschnitt 5.2) deutlich wird:

(18)   Auf dem Tisch liegen Karten mit drei Erdbeeren, vier Erdbeeren, einer Pflaume
       und einer Limette.

Kind 16:	((legt Karte mit fünf Limetten auf Karte mit drei Erdbeeren))
Kind 10 und Kind 12:	((schlagen auf die Glocke))
Kind 16:	**Nein, eh, eh >>zeigt auf Karte mit einer Limette und auf Karte mit fünf Limetten<<** Ihr zwei müsst eine Karte abgeben.
Kind 10 und Kind 12:	((geben jeweils eine Karte an alle mitspielenden Kinder ab))

Nach dem Spielzug von Kind 16 denken Kind 10 und Kind 12, dass von den
Limetten insgesamt fünf auf dem Tisch offen liegen. Dabei übersehen die Kinder
allerdings, dass neben der gelegten Karte mit den fünf Limetten noch eine Karte
mit einer Limette offen auf dem Tisch liegt. Kind 16 nimmt dies wahr und untermauert ihr „Nein, ..." argumentativ, indem es auf die entsprechenden Karten mit
den fünf Limetten und der einen Limette zeigt.

Die dritte Ausprägung des *ergebnisbezogenen* Argumentierens ist eine Kombination der beiden ersten Ausprägungen und vereint das *Nennen des Ergebnisses und
das Zeigen auf die Spielsituation.* Folgende Interaktion aus dem Regelspiel *Mehr
ist mehr* (vgl. Abschnitt 5.2) kann hierzu angeführt werden:

(19)   Die Kinder spielen *Mehr ist mehr*. Kind 1 möchte eine Karte ablegen.

Kind 1:	Blau. ((möchte Karte mit zehn blauen Punkten auf Karte mit zehn blauen Punkten legen))
Kind 13:	Mh, **nein, das ist gleich viel. >>zeigt auf die blauen Punkte beider Karten<<**

Kind 1 möchte eine Karte legen, die laut Spielregel nicht gelegt werden darf.
Kind 13 erkennt dies („Nein, ..."). Als Argument gibt es an, dass es gleich viele
Punkte der Farbe blau sind (Nennen des Ergebnisses) und zeigt dabei auf die
beiden Karten (Zeigen auf Spielsituation).

Zählbasiertes Argumentieren wird dann kodiert, wenn eine konkrete Zählstrategie
auftaucht. Dies ist zum Beispiel in folgender Interaktion aus dem Regelspiel *Klipp
Klapp* (vgl. Abschnitt 5.2) der Fall:

(20) Die Kinder spielen *Klipp Klapp* mit zwei Augenwürfeln. Kind 12 ist mit Würfeln
an der Reihe.

Kind 12:   ((würfelt mit zwei Würfeln eine Eins und eine Vier)) >>zählt mit dem
Finger die beiden Augenzahlen zusammen; zuerst den Punkt des Eins-
erwürfels, dann die Punkte des Viererwürfels<< Eins, zwei, drei, vier,
fünf.
Kind 3:   Sechs. >>zeigt auf den Würfel mit der Eins<<
Kind 12:   **Nein. >>zählt die Augenzahlen nochmals mit dem Finger zusam-
men<< Eins, zwei, drei, vier, fünf.**
Kind 3:   Achso.

Die Punkte der beiden Würfel zählt Kind 12 mit den Fingern richtig zusammen.
Kind 3 scheint den Zählprozess nicht genau zu verfolgen und zählt nochmals
den Punkt des Einserwürfels dazu. Daraufhin widerspricht Kind 12 mit „Nein,
…" und argumentiert, indem es nochmals die Punkte beider Würfel beispielhaft
zusammenzählt und wieder zum Ergebnis „…, fünf." kommt.

Beziehungsorientiertes Argumentieren meint das wahrnehmbare oder zahlbezogene Erkennen, Herstellen und Nutzen von mathematischen Strukturen und
Zusammenhängen. Hierunter fällt zum Beispiel das Nutzen von Würfelbildern,
Fingerzahlen, Differenzen oder das räumliche Anordnen. Das Nutzen von Fingerzahlen taucht zum Beispiel in einer Interaktion aus dem Regelspiel *Klipp Klapp*
(vgl. Abschnitt 5.2) auf:

(21) Die Kinder spielen *Klipp Klapp* mit zwei Augenwürfeln. Kind 2 ist mit Würfeln
an der Reihe.

Kind 2:   ((würfelt eine Zwei und eine Fünf))
Kind 14:   Ich weiß, was das ist.
Kind 2:   Eine Neun.
Kind 14:   Das kann keine Neun sein, echt nicht, das ist nämlich eine Sieben. **Fünf
plus zweisind sieben. >>zeigt parallel zu den genannten Zahlen die
entsprechende Anzahl an Fingern<<**

Kind 14 korrigiert die falsche Antwort von Kind 2 und nutzt zur Argumentation
des anderen Ergebnisses die Fingerzahlen. Beim Nennen der Zahl fünf zeigt es
mit der einen Hand fünf Finger und beim Nennen der Zahl zwei mit der anderen
Hand die Zahl zwei. So demonstriert Kind 14 mit den Fingerzahlen, wie es zum
Ergebnis Sieben kommt.

Mit Hilfe eines Re-Tests überprüfte die Forscherin die prozentuale Übereinstimmung des entwickelten Kategoriensystems in Bezug auf die Argumentationstiefe der Garanten und Stützungen. In Abschnitt 6.4 finden sich hierzu das genaue Vorgehen und die Ergebnisse.

In einem letzten Analyseschritt folgt die Analyse der Argumentationen hinsichtlich ihres mathematischen Sachverhalts.

6.3.2.5 Mathematischer Sachverhalt der Garanten und Stützungen

Für die Kodierung des mathematischen Sachverhalts der Garanten und Stützungen wurde das bereits vorhandene Kategoriensystem zu den Grunderfahrungen im Bereich *Zahlen und Operationen* (Hertling et al., 2017; vgl. Abschnitt 1.3.3) angepasst (vgl. Abbildung 6.18). Die Anpassung bezieht sich lediglich auf das Streichen der Kategorie *Aufsagen der Zahlwortreihe*. Das Zählen wird in der vorliegenden Studie als ein Werkzeug zur Bewältigung der Anforderungen in einigen Teilbereichen der Grunderfahrungen im Bereich *Zahlen und Operationen* (vgl. Abschnitt 1.3.3) angesehen. Dies zeigt sich zum Beispiel im Bereich *Bestimmen von Anzahlen*. Um Anzahlen abzählen zu können und somit zu bestimmen, müssen Kinder unter anderem die Zahlwortreihe beherrschen. Das *Aufsagen der Zahlwortreihe* findet sich in der vorliegenden Studie ganz konkret in den zählbasierten Garanten und Stützungen (vgl. Abschnitt 6.3.2.4). Da lediglich eine Kategorie aufgrund der vorangegangenen Begründung aus diesem Kategoriensystem herauskam, gibt es kein allgemeines Ablaufschema nach Mayring (2015) zur deduktiven Entwicklung (vgl. Abschnitt 6.1) des Kategoriensystems in dem Analyseelement *mathematischer Sachverhalt der Garanten und Stützungen* (vgl. Abbildung 6.18).

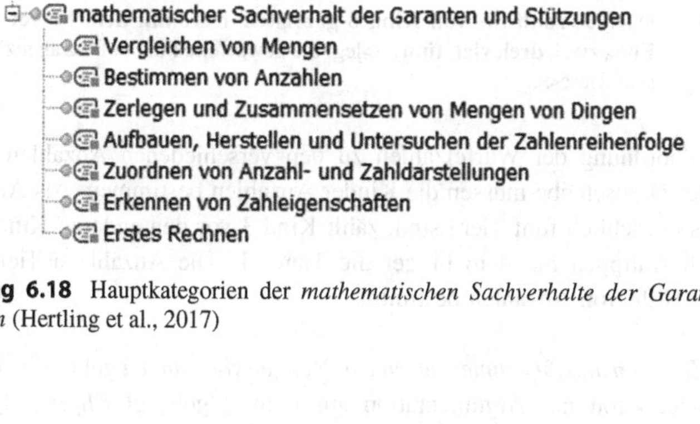

⊟ ◦ 🖳 mathematischer Sachverhalt der Garanten und Stützungen
  ├ ◦ 🖳 Vergleichen von Mengen
  ├ ◦ 🖳 Bestimmen von Anzahlen
  ├ ◦ 🖳 Zerlegen und Zusammensetzen von Mengen von Dingen
  ├ ◦ 🖳 Aufbauen, Herstellen und Untersuchen der Zahlenreihenfolge
  ├ ◦ 🖳 Zuordnen von Anzahl- und Zahldarstellungen
  ├ ◦ 🖳 Erkennen von Zahleigenschaften
  └ ◦ 🖳 Erstes Rechnen

Abbildung 6.18 Hauptkategorien der *mathematischen Sachverhalte der Garanten und Stützungen* (Hertling et al., 2017)

Anhand von verschiedenen Interaktionen wird nachfolgend aufgezeigt, wie sich die mathematischen Sachverhalte in den Garanten und Stützungen zeigen können.

Das *Vergleichen von Mengen* findet in der Interaktion mit Argumentation aus dem Regelspiel *Mehr ist mehr* (vgl. Abschnitt 5.2) statt:

(22) Die Kinder spielen *Mehr ist mehr*. Kind 1 möchte eine Karte ablegen.

Kind 1:   Rot. >>legt Karte mit neun roten Punkten auf Karte mit acht roten Punkten<<
Kind 2:   Hä? >>schaut sich die beiden Karten an<< Achso.
Kind 1:   **Ja, zwei und eins.**

Die Kinder sind in dem Regelspiel *Mehr ist mehr* dazu aufgefordert, Mengen an Punkten im Zehnerfeld zu vergleichen. In der obig dargestellten Situation vergleichen die Kinder auf den beiden Karten die Zehnerfelder mit den roten Punkten und erkennen, dass neun rote Punkte mehr sind als acht rote Punkte. Als Argument führt Kind 1 die jeweilige Differenz zur Zahl Zehn an.

Die nachfolgend aufgeführte Interaktion mit Argumentation aus dem Regelspiel *Dreh* (vgl. Abschnitt 5.2) bezieht sich auf das *Bestimmen von Anzahlen:*

(23) Kind 3 ist dabei, die Würfelzahlen der Drehscheibe mit den Tieren zuzuordnen und hat unter anderem eine Fünf gewürfelt.

Kind 5:   Fünf. >>zeigt auf Bereich mit fünf gleichen Tieren auf der Drehscheibe<<
Kind 2:   Nein.
Kind 5:   Oder?
Kind 3:   **Doch >>zählt die von Kind 5 gezeigten Tiere mit dem Finger ab<< Eins, zwei, drei, vier, fünf.** >>legt die gewürfelte Fünf auf die abgezählten fünf Tiere<<

Bei der Zuordnung der Würfelzahlen zu den verschiedenen Anzahlen an Tieren auf der Drehscheibe müssen die Kinder Anzahlen bestimmen. Als Argument, warum es tatsächlich fünf Tiere sind, zählt Kind 3 vor den anderen Kindern laut und durch Antippen mit dem Finger die Tiere ab. Die Anzahl an Tieren wird somit mit Hilfe von Abzählen bestimmt.

Um das *Zerlegen und Zusammensetzen von Mengen von Dingen* geht es in anschließender Interaktion mit Argumentation aus dem Regelspiel *Klipp Klapp* (vgl. Abschnitt 5.2):

(24) Die Kinder spielen *Klipp Klapp* mit zwei Augenwürfeln. Kind 6 ist mit Würfeln an der Reihe.

Kind 6: ((würfelt eine Vier und eine Zwei; zählt leise mit dem Finger die Augenzahlen zusammen)) Fü...

Kind 8: **Nein, eins, zwei, drei, vier, fünf, sechs. >>deutet mit dem Finger Zählbewegung in der Luft an<<**

Kind 6: ((klappt die Zahlentafel Sechs um))

Die Kinder müssen, um die entsprechende Zahlentafel umklappen zu können, die Augenzahlen der beiden Würfel zusammensetzen. Kind 8 vollzieht dies, indem es die Augenzahlen beginnend von der Eins zusammenzählt und setzt somit Mengen von Dingen zusammen.

Blickt man auf den mathematischen Sachverhalt *Aufbauen, Herstellen und Untersuchen der Zahlenreihe* zeigt sich dieser in folgender Interaktion mit Argumentation aus dem Regelspiel *Fünferraus* (vgl. Abschnitt 5.2) zeigt:

(25) Die Kinder spielen *Fünferraus*. Kind 4 ist an der Reihe, eine Karte anzulegen.

Kind 4: Ich habe etwas. >>legt die Karte mit der blauen Zehn neben die Karte mit der blauen Acht<<

Kind 5: **Nein, da fehlt noch die Neun. Da fehlt noch die Neun.**

Kind 4: ((nimmt die Karte mit der blauen Zehn zurück))

Nachdem Kind 4 eine falsche Karte abgelegt hat, greift Kind 5 mit einem „Nein, ..." ein. Dies argumentiert Kind 5, indem es die richtige Zahl nennt, die nach der Acht kommt. Damit bestimmt und nennt Kind 5 die größere Nachbarzahl zur Zahl acht.

Das *Zuordnen von Anzahl- und Zahldarstellungen* wird in einer Interaktion mit Argumentation aus dem Regelspiel *Klipp Klapp* (vgl. Abschnitt 5.2) sichtbar:

(26) Die Kinder spielen *Klipp Klapp* mit zwei Augenwürfeln. Kind 4 ist mit Würfeln an der Reihe.

Kind 4: ((würfelt mit den beiden Augenwürfeln eine Fünf und eine Sechs; klappt die Zahlentafel Fünf herunter))

Kind 12: Geht nicht.

Kind 4: **Doch. ((klappt die Zahlentafel Fünf wieder hoch)) Guck. >>zählt die Augenzahlen mit dem Finger ab<< Eins, zwei, drei, vier, fünf, sechs, sieben, acht, neun, zehn, elf. Also muss ich die fünf oder die sechs.**

Kind 4 klappt eine richtige Zahlentafel um. Allerdings ist Kind 12 damit zunächst nicht einverstanden. Kind 4 zeigt dann über das Abzählen der Zahlentafel auf, dass es die Zahl Elf nicht nach unten klappen kann. Es versucht also die Zahl Elf einer Zahlentafel zuzuordnen und zeigt Kind 12 auf diesem Wege, dass die Summe der beiden Augenwürfel keiner Zahlentafel zugeordnet werden kann. Somit bleiben nur die Zahlentafeln Fünf oder Sechs zum herunterklappen.

Dem *Erkennen von Zahleigenschaften* ist zum Beispiel diese Interaktion mit Argumentation aus dem Regelspiel *Verflixte 5* (vgl. Abschnitt 5.2) zuzuordnen:

> (27) Die Kinder spielen *Verflixte 5*. Kind 6 darf als erstes die aufgedeckte Karte anlegen.

Kind 6:   Du hast die kleinste, du kannst irgendwo legen.
Kind 3:   ((legt die Karte mit der Zahl Fünf neben die Karte mit der Zahl Sechs))
Kind 6:   **Nein. Sechs, fünf, fünf, sechs. Nein, weniger geht nicht.**

Kind 3 legt eine Karte an, die kleiner ist. Dies fällt Kind 6 auf und es setzt die beiden Zahlen, die als Ziffern auf den Karten dargestellt sind, in Bezug auf ihre Größe richtig in Beziehung („fünf, sechs") und erkennt somit eine Zahleigenschaft.

Erstes Rechnen wird in einer Interaktion mit Argumentation aus dem Regelspiel *Halli Galli* (vgl. Abschnitt 5.2) deutlich:

> (28) Auf dem Tisch liegen die Karten mit zwei Pflaumen, einer Erdbeere und drei Pflaumen.

Kind 19:   ((schlägt auf die Glocke und nimmt die Karten))
pädagogische Fachkraft: Woher weißt du jetzt, dass es fünf sind?
Kind 19:   **Weil drei plus zwei gibt, ähm.**
Kind 6:   drei plus [zwei gibt fünf.]
Kind 19:   **[zwei gibt fünf.]**
pädagogische Fachkraft: Genau.

Auf Nachfrage der pädagogischen Fachkraft soll Kind 19 nochmals erläutern, warum es geklingelt hat. Dieses führt dann gemeinsam mit Kind 6 als Argument an, dass drei plus zwei die Zahl Fünf ergibt. Es wird also ein automatisierter Zahlensatz genutzt, der dem ersten Rechnen zuzuordnen ist.

Da der Fokus der Analyse im Forschungsprozess vertieft auf die Argumentationen gefallen ist, werden die mathematischen Sachverhalte nur bei Interaktionen mit Argumentationen kodiert (vgl. Ablaufschema Abschnitt 6.3.1).

Die Kodierung des mathematischen Sachverhalts in den Garanten und Stützungen ist der letzte Analyseschritt. Die Ergebnisse zur Bestimmung der prozentualen Übereinstimmung zu diesem Teil des Kategoriensystems sind in nachfolgendem Kapitel dargestellt.

6.4 Gütekriterien

Der gesamte Forschungsprozess der vorliegenden Studie stützt sich auf die Einhaltung zentraler Gütekriterien.

Alle Kategorisierungen wurden in MAXQDA (VERBI Software, 2019) mit Blick auf das Gütekriterium der *prozentualen Übereinstimmung* überprüft. Die prozentuale Übereinstimmung bestimmt, an welchen Stellen im Datenmaterial unterschiedliche Personen dieselben Codes vergaben und an welchen Stellen die Kodierungen nicht übereinstimmen. Somit gibt der Wert der prozentualen Übereinstimmung an, in wie vielen Kodierungen, prozentual angegeben, beide oder mehrere Kodierer oder Kodiererinnen dieselben Kategorien zugeordnet haben (z. B. Bortz & Döring, 2003). Aus der Perspektive Mayrings (2015) versteht man darunter weitestgehend die Bestimmung der Intercoderreliabilität[16]. In Anlehnung an Hugener, Pauli und Reusser (2006) wird für die vorliegende Studie ein Mindestwert von 85 % oder höher für eine zufriedenstellende prozentuale Übereinstimmung festgelegt.

Die Berechnung der Werte für die prozentuale Übereinstimmung zur *Datenstrukturierung* (vgl. Abschnitt 6.2.2) und zu den *Auslösern* der Interaktionen (vgl. Abschnitt 6.3.2.2), finden sich in den jeweiligen Kapiteln selbst.

Für die Analyse der *strukturellen Eigenschaft* (vgl. Abschnitt 6.3.2.1), der *interaktionsbezogenen Reaktionen* (vgl. Abschnitt 6.3.2.3), der *Argumentationstiefe* (vgl. Abschnitt 6.3.2.4) und dem *mathematischen Sachverhalt* (vgl. Abschnitt 6.3.2.5) überprüfte alleine die Forscherin die prozentuale Übereinstimmung. Dieses Vorgehen kann man im weitesten Sinne dem Vorgehen zur Bestimmung der Intracoderreliabilität nach Mayring (2015) zuordnen. Er versteht darunter, dass „der gleiche Inhaltsanalytiker am Ende der Analyse nochmals das

---

[16] In der vorliegenden Studie finden sich allerdings keine Reliabilitätsberechnungen wie z. B. Kohens Kappa statt. Es wurde aber das Vorgehen der Intercoderreliabilität beziehungsweise der Intracoderreliabilität (z. B. Mayring, 2015) vor der Bestimmung von Kennwerten genutzt.

Material (oder relevante Ausschnitte) kodiert, ohne seine ersten Kodierungen zu
kennen (*Intracoderreliabilität*)" (ebd., S. 124, Hervorhebung im Original). An
dieser Stelle bestimmte die Forscherin zudem nochmals die prozentuale Übereinstimmung zu den Auslösern der Interaktionen mit. Die Forscherin nahm die
beiden Kodierungen mit einem Abstand von sieben Monaten vor. Während der
sieben Monate arbeitete die Forscherin weiterhin am Thema (z. B. Fertigstellung
des Kodierleitfadens, Verschriftlichung der Dissertation). Dies hat womöglich
den berechneten Wert der prozentualen Übereinstimmung positiv beeinflusst. Die
zweite Kodierung erfolgte ohne Einsicht in die zum ersten Zeitpunkt vergebe-
nen Kategorien. Für die Überprüfung der prozentualen Übereinstimmung nutzte
die Forscherin circa 1/10 des Datenmaterials: aus jedem teilnehmenden Land zu
jedem Regelspiel eine Aufnahme aus einem zufällig ausgewählten Kindergarten.
Dabei gab es eine prozentuale Übereinstimmung von 95,57 % bei der Kodierung
der mathematischen Interaktionen mit den Hauptkategorien der Analyseelemente
strukturelle Eigenschaften, Auslöser, Reaktion, Argumentationstiefe und *mathematischer Sachverhalt*. Dieser Wert ist als sehr zufriedenstellend anzusehen (z. B.
Hugener et al., 2006; Schuster, 2010).

Eine *intersubjektive Nachvollziehbarkeit* (z. B. Mayring, 2016; Steinke, 2015)
ist durch die möglichst detaillierte Dokumentation des Verfahrens in Bezug auf
das Vorverständnis der Forscherin (vgl. Teil IV), den Kontext der Forschung
(vgl. Abschnitt 5.1), die Methoden der Datenerhebung (vgl. Abschnitt 5.3),
Transkriptionsregeln (vgl. Abschnitt 6.2.3) sowie die Strukturierung der Daten
(vgl. Abschnitt 6.2) und der Interaktionsanalyse (vgl. Abschnitt 6.3) gegeben. Durch die Darstellung verschiedener Ablaufmodelle bei der Strukturierung
(vgl. Abschnitt 6.2) und der Interaktions- und Argumentationsanalyse (vgl.
Abschnitt 6.3) findet das Gütekriterium der *Regelgeleitetheit* (z. B. Mayring,
2016) Beachtung. Die *Nähe zum Gegenstand* (ebd.) ist gewährleistet, da die
Erhebung der Daten anhand von Videografie direkt im Kindergarten stattfand.
Zudem kann das entwickelte Analyseinstrument als *gegenstandsangemessen* (z. B.
Steinke, 2015) bezeichnet werden, da am Ende der Analyse die gestellten
Forschungsfragen zufriedenstellend beantwortet werden konnten.

Trotz des Einhaltens verschiedener Gütekriterien ist es wahrscheinlich, dass
vereinzelt Situationen von verschiedenen Personen oder zu verschiedenen Zeitpunkten von derselben Person anders gedeutet beziehungsweise kodiert werden
können (Pauli, 2012). Dies begründet sich in der qualitativen Inhaltsanalyse
nach Mayring (2015) durch eine mögliche Re-Interpretation von sprachlichem
Material.

In Teil III folgt nun die Beschreibung und Interpretation der Ergebnisse aus
verschiedenen Perspektiven.

Teil III
Ergebnisse und Interpretationen

Die Ergebnisse der vorliegenden Studie werden in diesem Teil auf Grundlage der in Kapitel 6 entwickelten und beschriebenen Analyseschritte präsentiert.

Zunächst liegt in Kapitel 7 der Fokus auf einem eigens entwickelten Modell zu Beschreibung von mathematischen Interaktionen und Argumentationen unter Kindergartenkindern. Dieses Modell beinhaltet die zentralen Analyseelemente *Interaktionsauslöser, interaktionsbezogene Reaktion, strukturelle Eigenschaften, Argumentationstiefe* sowie *mathematischer Sachverhalt.* Es ermöglicht, Interaktionen theoretisch zu fassen sowie Interaktions- und Argumentationsmuster herauszuarbeiten. Der qualitative Prozess, der hinter diesem Modell steckt, führt zu grundlegenden Erkenntnissen bezüglich des Argumentierens im Vorschulalter.

In Kapitel 8 werden verschiedene deskriptive Häufigkeitsanalysen dargestellt, die sich auf die einzelnen Interaktionen beziehen. Hierbei sind einerseits Oberflächenmerkmale, andererseits inhaltliche Merkmale im Blick. Zu den Oberflächenmerkmalen gehören: *Anzahl der Interaktionen* und *strukturelle Eigenschaften.* Inhaltliche Merkmale sind: *Interaktionsauslöser, interaktionsbezogene Reaktionen, Argumentationstiefe von Garanten und Stützungen* sowie *mathematische Sachverhalte der Garanten und Stützungen.*

Die einzelnen Bereiche der Analyse werden in Kapitel 9 in einen Zusammenhang gebracht. Hierunter fallen *Zusammenhänge einzelner Hauptkategorien* sowie *spielbezogene und spielübergreifende Zusammenhänge aller Hauptkategorienohne und mit Stützungen.*

Das häufigkeitsanalytische Vorgehen in Kapitel 8 und Kapitel 9 ermöglicht es, allgemeine Aussagen über die Interaktionen und Argumentationen zu machen. Die Interpretation der deskriptiven Häufigkeiten bringt zusätzliche Erkenntnisse über die konkreten Spiel- und Interaktionssituationen mit sich und lässt Rückschlüsse auf den Einfluss der jeweiligen Gestaltung der Regelspiele auf die Interaktionen zu.

Die Ergebnisse und deren Interpretation sind in verschiedene thematische Bereiche zusammengefasst. In den jeweiligen Kapiteln wird das Ergebnis zunächst beschrieben und danach interpretiert.

7

Modell zur Beschreibung von Interaktions- und Argumentationsprozessen

Auf Grundlage der einzelnen Analyseschritte (vgl. Abschnitt 6.3.2) kam es auf der makroskopischen Ebene (z. B. Deppermann, 2008) zur Entwicklung eines Modells, anhand dessen die Interaktionen und Argumentationen unter den Kindern beim Spielen arithmetischer Regelspiele beschrieben werden können (vgl. Abbildung 7.1). Das entwickelte Modell ist ein Ergebnis der vorliegenden Studie und bringt die verschiedenen Analyseelemente mit den dazugehörigen Hauptkategorien in einen Zusammenhang (vgl. Tabelle 7.1).

Tabelle 7.1 Entwickelte Analyseelemente mit dazugehörigen Hauptkategorien

Analyseelemente	dazugehörige Hauptkategorien
Interaktionsauslöser	spielbezogene Handlung
	pädagogische Fachkraft
	Spielmaterial
interaktionsbezogene Reaktion	Unterstützung
	Aufforderung
	Überprüfung
strukturelle Eigenschaft	einfacher Schluss
	Garant
	Stützung

(Fortsetzung)

Tabelle 7.1   (Fortsetzung)

Analyseelemente	dazugehörige Hauptkategorien
Argumentationstiefe der Garanten und Stützungen	außermathematisch
	ergebnisbezogen
	zählbasiert
	beziehungsorientiert
mathematischer Sachverhalt der Garanten und Stützungen	Vergleichen von Mengen
	Bestimmen von Anzahlen
	Zerlegen und Zusammensetzen von Mengen von Dingen
	Aufbauen, Herstellen und Untersuchen der Zahlenreihenfolge
	Zuordnen von Anzahl- und Zahldarstellungen
	Erkennen von Zahleigenschaften
	erstes Rechnen

Bei der Entwicklung des Modells lag der Fokus darauf, Muster in den Interaktionen sichtbar zu machen und herauszubilden (Deppermann, 2008). Diese machen in Anlehnung an Voigt (1984), der unter anderem Interaktionsmuster im Mathematikunterricht untersucht hat, interaktive Prozesse sichtbar. Die Analyse der Interaktionsmuster ermöglicht auf rekonstruktive Weise, Regelhaftigkeiten in den Interaktionen ausfindig zu machen. Hierfür wurden die einzelnen Interaktionen hinsichtlich der entwickelten Analyseelemente und Hauptkategorien analysiert und auf der theoretischen Basis des erarbeiteten Modells in einen Zusammenhang gebracht. In der Literatur sind vorwiegend Studien zu Interaktionsmustern zwischen Lehrpersonen und Schülerinnen beziehungsweise Schülern im Grundschulbereich zu finden (z. B. Bauersfeld, 1978; Rasku-Puttonen, Lerkkanen, Poikkeus & Siekkinen, 2012; Voigt, 1984; Wood, Williams & McNeal, 2006). Das von mir entwickelte Modell (vgl. Abbildung 7.1) konkretisiert erstmalig zentrale Bestandteile von mathematischen Interaktionen und dahinterliegenden Mustern im Elementarbereich.

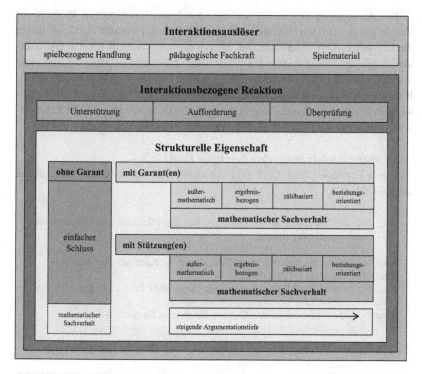

Abbildung 7.1 Modell zur Beschreibung von Interaktions- und Argumentationsprozessen in mathematischen Spielsituationen

Die mathematischen Interaktionen unter den Kindern werden durch eine spielbezogene Handlung, die pädagogische Fachkraft oder das Spielmaterial im Allgemeinen ausgelöst und stellen den Rahmen der Interaktion dar (vgl. Abschnitt 6.3.2.2). Reagieren die Kinder auf einen Auslöser mit einer Interaktion, zeigen diese damit verknüpft eine interaktionsbezogene Reaktion (vgl. Abschnitt 6.3.2.3). Die Interaktionen können ohne oder mit einer Argumentation sein. Liegt eine Argumentation vor, können die Garant(en) und gegebenenfalls Stützung(en) auf verschiedenen Ebenen der Argumentationstiefe sein (vgl. Abschnitt 6.3.2.4) und sich auf verschiedene mathematische Sachverhalte beziehen (vgl. Abschnitt 6.3.2.5). Es ist darauf hinzuweisen, dass in der vorliegenden Studie alle im Modell aufgezeigten Elemente analysiert wurden, ausgenommen die mathematischen Sachverhalte der einfachen Schlüsse.

Die Anwendung des in der vorliegenden Studie entwickelten Modells zur Beschreibung von Interaktions- und Argumentationsprozessen wird an dieser Stelle exemplarisch veranschaulicht. Hierzu dient beispielhaft jeweils eine Interaktion aus den vier Regelspielen *Halli Galli, Klipp Klapp, Mehr ist mehr* und *Steine sammeln* (vgl. Abschnitt 5.2). Dadurch ist ein Einblick in die detaillierte Interaktions- und Argumentationsanalyse möglich. Auf dieser Basis werden sowohl die vorgenommenen Analysen (vgl. Abschnitt 6.3) als auch die Ergebnispräsentationen in Teil III der vorliegenden Studie nachvollziehbar.

Beispielhafte Interaktion aus dem Regelspiel Halli Galli
Aus dem Regelspiel *Halli Galli* (vgl. Abschnitt 5.2) wurde folgende Interaktion ausgewählt:

(29) Auf dem Tisch liegt jeweils eine Karte mit drei Pflaumen, einer Pflaume, drei Bananen und einer Banane.

Kind 7:   ((legt die Karte mit zwei Pflaumen auf die Karte mit einer Banane))
Kind 15:   ((schlägt auf die Glocke))
Kind 3:   Nein. >>zählt Pflaumen laut mit Finger ab<< Eins, zwei, drei, vier, fünf, sechs. Jeder bekommt eine Karte von dir.
Kind 15:   Ja. ((gibt jeweils eine Karte an die anderen Kinder ab))

Erstellt man das Toulmin-Layout[1] zu der Interaktion ergibt sich dieses Bild:

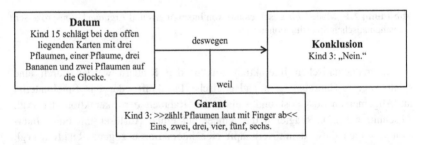

Der Interaktionsauslöser ist eine *spielbezogene Handlung* und zwar das Betätigen der Glocke von Kind 15. Kind 3 *überprüft* die Richtigkeit des Klingelns

---

[1] Das Toulmin-Layout ist an dieser Stelle nur für einen Ausschnitt der Interaktion dargestellt. Es wurde die Stelle mit dem Datum und der Konklusion ausgewählt, die den Garanten hervorbringt, da diese detailliert analysiert werden. Dieses Vorgehen wird, sofern Garant(en) und gegebenenfalls Stützung(en) vorhanden sind, auch für die drei weiteren Beispiele übernommen.

und erkennt, dass keine fünf Pflaumen, wie es die Spielregel verlangt, auf dem Tisch liegen. Es schließt aus dem Datum die Konklusion „Nein.". Als *Garant* argumentiert Kind 3 *zählbasiert* mit Hilfe des Abzählens durch Zeigen auf die einzelnen Elemente beginnend bei eins. Dadurch, dass die verschiedenen Anzahlen an Pflaumen zusammengesetzt werden müssen, befinden sich die Kinder im mathematischen Sachverhalt des *Zerlegens und Zusammensetzens von Mengen von Dingen*. Entsprechend der obigen Beschreibung erfolgte die Kodierung der Interaktion in MAXQDA (VERBI Software, 2019).

Das Modell zur Beschreibung der aufgezeigten Interaktion gestaltet sich folgendermaßen (vgl. Abbildung 7.2):

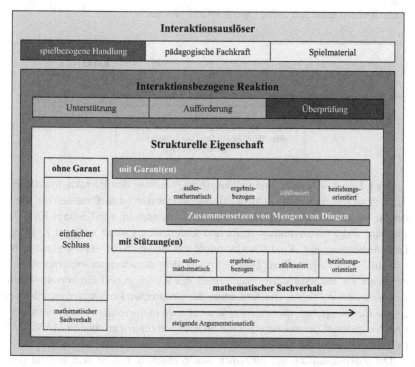

Abbildung 7.2 Modell zur Beschreibung einer Interaktion aus dem Regelspiel *Halli Galli*

Beispielhafte Interaktion aus dem Regelspiel Klipp Klapp
Die nächste Interaktion stammt aus dem Regelspiel *Klipp Klapp* (vgl. Abschnitt 5.2):

(30) Die Kinder spielen *Klipp Klapp* mit zwei Augenwürfeln. Kind 6 ist mit Würfeln an der Reihe.

Kind 6:   ((würfelt eine Fünf und eine Zwei)) Was gibt nochmals Fünf und Zwei, weißt du es?
Kind 7:   Sechs.
Kind 6:   Fünf und Zwei >>verdeutlicht mit der einen Hand die Fünf und mit der anderen
Hand die Zwei<< Ne, Sieben. ((klappt die Zahlentafel Sieben runter))

Nach Toulmin kann folgendes Layout erstellt werden:

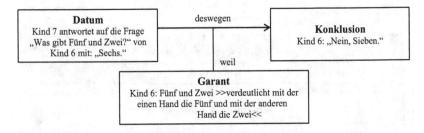

Auch hier stellt wieder eine *spielbezogene Handlung* den Interaktionsauslöser dar. Um zu wissen, welche Zahlentafel umgeklappt werden darf, müssen die Kinder die Augenzahlen der beiden Würfel zusammensetzen. Kind 6 fragt Kind 7, was fünf und zwei zusammen ergibt und *fordert* dieses somit zunächst zu einer Ergebnisnennung *auf*. Kind 6 widerspricht mit einem „Nein." und argumentiert mit Hilfe von Fingerzahlen. Dies entspricht dem *beziehungsorientierten Argumentieren* im mathematischen Sachverhalt des *Zerlegens und Zusammensetzens von Mengen von Dingen*. Die Kodierung der entsprechenden Kategorien *spielbezogene Handlung, Aufforderung, mit Garant, beziehungsorientiertes Argumentieren* und *Zerlegen und Zusammensetzen von Mengen von Dingen* erfolgte in MAXQDA (VERBI Software, 2019).
     Der Zusammenhang der einzelnen Kategorisierungen lässt sich anhand des Modells wie folgt aufzeigen (vgl. Abbildung 7.3):

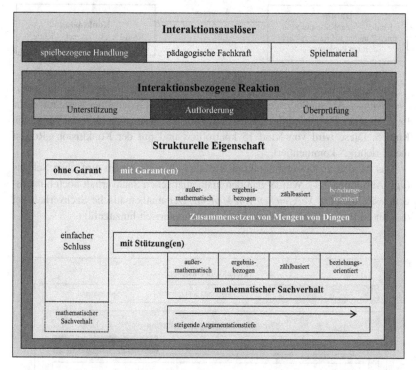

Abbildung 7.3 Modell zur Beschreibung einer Interaktion aus dem Regelspiel *Klipp Klapp*

Beispielhafte Interaktion aus dem Regelspiel Mehr ist mehr
Die dritte Interaktion stammt aus dem Regelspiel *Mehr ist mehr* (vgl.
Abschnitt 5.2):

(31) Die Kinder spielen *Mehr ist mehr*. Kind 5 möchte eine Karte ablegen.

Kind 5:   >>legt Zehnerfeldkarte mit zehn roten Punkten auf Karte mit acht roten
            Punkten<<
Kind 15:   ((hebt gelegte Karte von Kind 5 kurz an)) Rot ist mehr, richtig.

Der einfache Schluss zeigt sich im Toulmin-Layout:

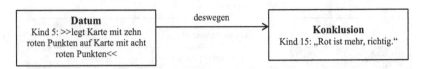

Die Kategorisierungen sind *spielbezogene Handlung, Überprüfung* und *einfacher Schluss*. Als spielbezogene Handlung zählen das Finden einer Karte mit mehr Punkten einer Farbe und das Legen dieser auf den Kartenstapel in der Mitte von Kind 5. Diese wird von Kind 15 kontrolliert und mit der Konklusion „Rot ist mehr, richtig." kommentiert.

Das Modell zu dieser Interaktion gestaltet sich mit einem einfachen Schluss (vgl. Abbildung 7.4). Würde man den mathematischen Sachverhalt noch hinzufügen, wäre dies das *Vergleichen von Mengen*. Der mathematische Sachverhalt bei diesem einfachen Schluss wurde hier nur exemplarisch hinzugefügt.

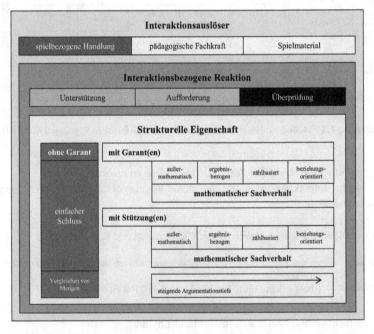

Abbildung 7.4 Modell zur Beschreibung einer Interaktion aus dem Regelspiel *Mehr ist mehr*

Beispielhafte Interaktion aus dem Regelspiel Steine sammeln
Als letztes folgt eine Interaktion aus dem Regelspiel *Steine sammeln* (vgl. Abschnitt 5.2):

> (32) Die Kinder spielen *Steine sammeln* mit einem Augenwürfel. Kind 6 ist mit Würfeln an der Reihe.

Kind 6: >>würfelt eine Fünf und möchte Steine aus Säckchen nehmen<< Drei.
Kind 17: Nein, du hast fünf. >>lacht, holt Würfel und zeigt ihn Kind 6<< Da >>zählt mit
Finger die Punkte auf dem Würfel ab<< Eins, zwei, drei, vier, fünf. Siehst du.

Die Interaktion führt zu folgendem Toulmin-Layout:

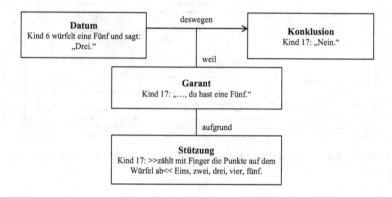

Aufgrund der *spielbezogenen Handlung*, das Würfelbild bestimmen zu müssen, um die entsprechende Anzahl an Steinen aus dem Säckchen nehmen zu können, kommt die Interaktion zustande. Hieraus entsteht ein Fehler seitens des Kindes 6 bei der Bestimmung des Würfelbildes. Kind 17 bemerkt dies und führt als Garanten für das „Nein." zunächst einen ergebnisbezogenen *Garanten* „..., du hast fünf." an. Diesen untermauert Kind 17 weiter, indem eine *zählbasierte Stützung* über das Abzählen durch Zeigen auf einzelne Elemente von eins folgt. Der Garant und die Stützung beziehen sich dabei auf das *Bestimmen von Anzahlen* als mathematischer Sachverhalt.

Erstellt man das Modell für diese Interaktion, lassen sich die Kategorisierungen auf einen Blick erkennen (vgl. Abbildung 7.5):

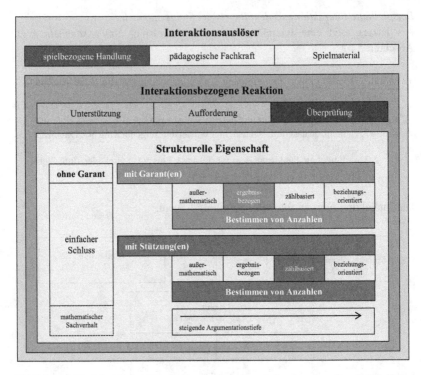

Abbildung 7.5 Modell zur Beschreibung einer Interaktion aus dem Regelspiel *Steine sammeln*

Ein zentrales Ergebnis der vorliegenden Studie ist somit das entwickelte Modell zur Analyse und Beschreibung mathematischer Interaktionen von Kindern beim Spielen von Regelspielen (vgl. Abbildung 7.1). Dieses kann nicht nur zur Analyse und Beschreibung mathematischer Interaktionen zwischen Kindergartenkindern genutzt werden, vielmehr ist eine Übertragung und Anwendung des Modells auf mathematische Interaktionen zwischen den Kindern und der pädagogischen Fachkraft möglich. Das entwickelte Modell scheint auch mit geringen Einschränkungen für den Einsatz in anderen alltagsbezogene Situationen oder spezifisch angebotene Lerngelegenheiten im Kindergarten brauchbar zu sein. Hier ist allerdings das Analyseelement zu den Interaktionsauslösern weiter auszudifferenzieren sowie das Analyseelement zu den mathematischen Sachverhalten in Bezug auf die anderen Inhaltsbereiche auszuweiten.

Deskription von Häufigkeiten

8

Die Häufigkeitsanalysen, auch Frequenzanalysen genannt, haben das Auszählen verschiedener Kategorien und das Ermöglichen des Vergleichs ihrer Häufigkeit mit dem Auftreten anderer Kategorien zum Ziel (Mayring, 2015). Die Deskription der Häufigkeiten findet aus zwei Perspektiven statt: Einerseits ist die Berechnung von Häufigkeiten in Bezug auf Oberflächenmerkmale möglich (vgl. Abschnitt 8.1). Darunter fallen die Ergebnisse aus der Datenstrukturierung (vgl. Abschnitt 6.2) sowie die strukturellen Eigenschaften der herausgefilterten Interaktionen (vgl. Abschnitt 6.3.2.1). Andererseits beinhaltet die Analyse der Daten konkrete inhaltliche Merkmale (vgl. Abschnitt 6.3.2.2 bis Abschnitt 6.3.2.5), die quantifizierbar sind (vgl. Abschnitt 8.2). Diese umfassen die Interaktionsauslöser, die interaktionsbezogenen Reaktionen, die Argumentationstiefe sowie den mathematischen Sachverhalt der Garanten und Stützungen.

8.1 Oberflächenmerkmale

Die Oberflächenmerkmale umfassen die Anzahl der Interaktionen über alle Regelspiele hinweg und auf einzelne Regelspiele bezogen sowie die Erfassung der strukturellen Eigenschaften der Interaktionen nach Toulmin (1996, 2003).

Elektronisches Zusatzmaterial Die elektronische Version dieses Kapitels enthält Zusatzmaterial, das berechtigten Benutzern zur Verfügung steht https://doi.org/10.1007/978-3-658-35234-9_8.

8.1.1   Anzahlen der Interaktionen

Aus der Strukturierung der Daten (vgl. Abschnitt 6.2) ergeben sich als Daten-grundlage 1586 mathematische Interaktionen unter Kindern ($n_{GESAMT} = 1586$). Diese verteilen sich auf die insgesamt zwölf eingesetzten Regelspiele (vgl. Abbildung 8.1).

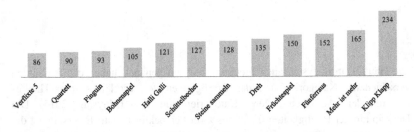

■ Anzahlen der Interaktionen je Regelspiel

Abbildung 8.1   Spielbezogene Anzahlen der Interaktionen ($n_{GESAMT} = 1586$)

Die spielbezogenen Anzahlen in Abbildung 8.1 zeigen, dass innerhalb einer durchschnittlich 20-minütigen Spieldauer bei den einen Regelspielen weniger und bei anderen Regelspielen häufiger interagiert wird.

Interpretation
Betrachtet man die einzelnen Regelspiele, lassen sich die unterschiedlichen Anzahlen an Interaktionen anhand einer Kombination der Komplexität der mathe-matischen Herausforderungen in den Regelspielen sowie der Offenheit des Spielraums erklären. Unter Offenheit des Spielraums verstehe ich, in wieweit die Kinder in die Spielprozesse der anderen Kinder einsehen können. Die genannte Erklärung wird nachfolgend durch eine Kontrastierung ausgewählter Regelspiele und deren Eigenschaften exemplarisch verdeutlicht.

Als erstes findet eine Kontrastierung der Regelspiele *Verflixte 5* und *Klipp Klapp* statt. Während die Kinder im Regelspiel *Verflixte 5* (n = 86) wenig interagieren, wird im Regelspiel *Klipp Klapp* (n = 234) häufig interagiert.

Verflixte 5 ist von allen untersuchten Regelspielen am komplexesten. Die Kin-der sind herausgefordert, den mathematischen Ansprüchen gerecht zu werden. Als mathematischer Anspruch stellt sich den Kindern vorwiegend das Bestimmen von Differenzen auf der symbolischen Ebene. In Bezug auf das mathematische Poten-zial steckt in diesem Regelspiel das Vergleichen von Mengen, das Bestimmen von

Anzahlen, das Herstellen den Zahlenreihenfolge, das Zuordnen von Anzahl- und Zahldarstellungen sowie das erste Rechnen (vgl. Abschnitt 5.1.3, Tabelle 5.1). Dadurch ist es wahrscheinlich, dass die Konzentration der Kindergartenkinder größtenteils auf der Bewältigung der mathematischen Herausforderung im eigenen Spielprozess liegt und die Aktivitäten der anderen mitspielenden Kinder nicht vorrangig mit im Blick sind. Dies wird zudem noch dadurch unterstützt, da der Spielraum für die Kinder nur teilweise offen ist. Es liegt zwar für alle einsehbar eine Spielsituation mit Karten, an die angelegt werden muss, auf dem Tisch, aber jedes Kind hat auch noch Handkarten, die die anderen Kinder in der Regel nicht sehen. Es besteht bei *Verflixte 5* also eine Kombination von komplexen mathematischen Herausforderungen und einem nur teilweise offenen Spielraum.

Kontrastiert man dazu das Regelspiel *Klipp Klapp* ist zunächst festzustellen, dass dieses Regelspiel ebenso mathematisch sehr anspruchsvoll ist. Die Kinder werden beim *Klipp Klapp* mit dem Bestimmen von Anzahlen, dem Zerlegen und Zusammensetzen von Mengen, dem Zuordnen von Anzahl- und Zahldarstellungen sowie dem ersten Rechnen konfrontiert (vgl. Abschnitt 5.1.3, Tabelle 5.1). Im Gegensatz zu *Verflixte 5* hat das *Klipp Klapp* allerdings einen komplett offenen Spielraum. Das bedeutet, dass die Kinder in alle Handlungen der anderen Kinder einsehen können. Es lässt sich vermuten, dass hierdurch mehr Anknüpfungspunkte für Interaktionen entstehen. Das *Klipp Klapp* hat demnach zwar auch komplexe mathematische Herausforderungen, aber der Spielraum ist komplett offen.

Als nächstes werden die Regelspiele *Quartett* (n = 90) und *Mehr ist mehr* (n = 165) miteinander verglichen.

Kontrastiert man die beiden Regelspiele *Quartett* und *Mehr ist mehr* kann man dieselbe Erklärung heranziehen wie bei den Regelspielen zuvor. Beide Regelspiele sind in Bezug auf die mathematischen Herausforderungen relativ gleich einzuschätzen. Aus mathematischer Sicht steckt jeweils schwerpunktmäßig das Vergleichen von Mengen und das Bestimmen von Anzahlen dahinter (vgl. Abschnitt 5.1.3, Tabelle 5.1). Die Regelspiele unterscheiden sich jedoch hinsichtlich der Offenheit des Spielraums. Beim *Quartett* sind die Spielhandlungen weitgehend von den anderen mitspielenden Kindern nicht einsehbar. Während des Spielens kann jedes Kind nur in die eigenen Karten schauen. Ausschließlich beim Ablegen eines Quartetts sind die vier dem Quartett zugehörigen Karten für alle Kinder zu sehen. Hingegen ist der Spielraum bei *Mehr ist mehr* teilweise offen bis ganz offen. Alle Kinder sehen auf jeden Fall die Karte in der Tischmitte, an die angelegt werden muss sowie den Anlegeprozess der anderen Kinder. Je nach konkreter Umsetzung des Regelspiels konnte im Datenmaterial beobachtet werden, dass die Kinder häufig auch in die Vergleichskarten der anderen

Kinder einsehen können. Somit gibt es im *Mehr ist mehr*, das ähnliche mathematische Herausforderungen wie das *Quartett* hat, aufgrund des offenen Spielraums mehr Entstehungsmöglichkeiten für Interaktionen. Es lässt sich also die gleiche Erklärung finden wie bei der Kontrastierung von *Verflixte 5* und *Klipp Klapp*.

Schaut man sich nun Regelspiele an, die zwar denselben Spielraum haben, sich aber in den mathematischen Herausforderungen unterscheiden, kann man exemplarisch die Regelspiele *Steine sammeln* (n = 128) und *Klipp Klapp* (n = 234) kontrastieren.

Beide Regelspiele haben einen komplett offenen Spielraum, in dem alle Kinder in alle Aktivitäten beim Spielen einsehen können. Sie unterscheiden sich jedoch hinsichtlich der mathematischen Herausforderungen beim Spielen. Das Regelspiel *Steine sammeln* ist bezogen auf die mathematischen Anforderungen sehr einfach und regt vor allem das Vergleichen von Mengen sowie das Bestimmen von Anzahlen an (vgl. Abschnitt 5.1.3, Tabelle 5.1). Hingegen ist das *Klipp Klapp* mathematisch herausfordernd, da es das Bestimmen von Anzahlen, das Zerlegen und Zusammensetzen von Mengen, das Zuordnen von Anzahl- und Zahldarstellungen sowie das erste Rechnen impliziert (vgl. Abschnitt 5.1.3, Tabelle 5.1). Bei gleichem Spielraum finden somit tendenziell mehr Interaktionen in Regelspielen mit komplexeren mathematischen Herausforderungen statt. Dies lässt sich dadurch erklären, dass bei einfachen Regelspielen vermutlich die geforderten Aktivitäten beim Spielen des Öfteren für alle nachvollziehbar sind. Im Gegensatz dazu ist davon auszugehen, dass bei komplexeren Regelspielen die Kinder nicht so häufig die Spielhandlungen nachvollziehen können und deshalb häufiger in Interaktion treten, um mathematische Sachverhalte zu klären.

Ob in einem Regelspiel mehr oder weniger interagiert wird, scheint demnach mit der Kombination aus der Komplexität mathematischer Herausforderungen und der Offenheit des Spielraums erklärbar zu sein.

8.1.2 Strukturelle Eigenschaften der Interaktionen

Durch die Analyse der strukturellen Eigenschaften der Interaktionen (vgl. Abschnitt 6.3.2.1) lassen sich deskriptive Häufigkeiten bestimmen (vgl. Abbildung 8.2).

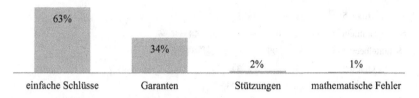

einfache Schlüsse   Garanten   Stützungen   mathematische Fehler

▪ prozentualer Anteil der strukturellen Eigenschaften

Abbildung 8.2 Strukturelle Eigenschaften der Interaktionen (n = 1717)

Die Gesamtanzahl der Kodierungen der strukturellen Eigenschaften ($n_{STRUKTUR}$ = 1717) ist höher als die Gesamtanzahl mathematischer Interaktionen (n_{GESAMT} = 1586), da im Rahmen von Argumentationen mehr als nur ein Garant oder eine Stützung vorkommen können. Der einfache Schluss ist die am häufigste vergebene Hauptkategorie (63 %). Nur halb so oft kommen Garanten vor (34 %). Sehr selten lassen sich Stützungen (2 %) und mathematische Fehler (1 %) finden. Rechnet man die Ergebnisse auf die Gesamtanzahl an analysierten Interaktionen (n_{GESAMT} = 1586) um, sind von den 1586 auf mathematische Sachverhalte bezogene Interaktionen 69 % mit einem einfachen Schluss. Zieht man die Anzahl an Interaktionen mit einfachem Schluss und mathematischen Fehlern von der Gesamtanzahl (n_{GESAMT} = 1586) ab, sind 30 % (n = 483) der Interaktionen mit Garant(en) und gegebenenfalls Stützung(en).

In Abbildung 8.3 ist die spielbezogene Verteilung der strukturellen Eigenschaften *einfache Schlüsse, Garanten* und *Stützungen* dargestellt. Die Angaben sind nicht in Prozentwerte umgerechnet, da ansonsten im Bereich der Stützungen bei allen Regelspielen 0 % ausgegeben wird und dies das Bild verzerrt[1].

---

[1] Bei den weiteren Abbildungen mit den spielbezogenen Verteilungen in Kapitel 8 wird ebenso verfahren und die entsprechenden Anzahlen ausgewiesen.

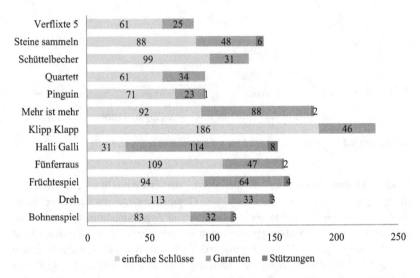

Abbildung 8.3 Spielbezogene Anzahlen der strukturellen Eigenschaften (n = 1702)

In Abbildung 8.3 fallen die Regelspiele *Halli Galli* und *Mehr ist mehr* auf, die eine vergleichsweise hohe Anzahl an Garanten aufweisen.

Betrachtet man die Gesamtheit der mathematischen Interaktionen, zeigt sich in Abbildung 8.4, dass nur 15 davon fehlerhaft enden.

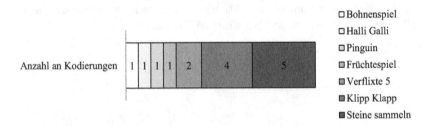

Abbildung 8.4 Spielbezogene Anzahlen der mathematischen Fehler (n = 15)

Mathematische Fehler tauchen in den Interaktionen des vorliegenden Daten-materials nicht in allen Regelspielen auf (vgl. Abbildung 8.4). Die Interaktionen mit mathematischem Fehler werden aus den weiteren Analysen herausgenommen (vgl. Abschnitt 6.3.2.1). Somit verringert sich die Gesamtanzahl für die weiteren Analysen auf 1571 mathematische Interaktionen.

Interpretation

Die Interpretation der *strukturellen Eigenschaften* vor dem Hintergrund der Regelspiele findet sich größtenteils in Kapitel 9. An dieser Stelle werden lediglich die
beiden Bereiche *Stützungen* und *mathematische Fehler* aufgegriffen.
Stützungen sind nur sehr selten vorhanden (2 %). Da das vorliegende Datenmaterial an sich sehr groß ist, ist davon auszugehen, dass Kindergartenkinder in
mathematischen Spielsituationen allgemein nur sehr wenig stützen. Dies könnte
zwei Gründe haben. Zum einen ist es möglich, dass die konkreten Spielsituationen die Stützung von Garanten gar nicht erfordern. Sind beispielsweise die
angeführten Garanten für alle Kinder verständlich und nachvollziehbar, kann auf
die Stützung(en) verzichtet werden. Zum anderen ist in diesem Zusammenhang
noch zu klären, ob Kinder in diesem Alter überhaupt in der Lage sind Garanten
angemessen zu stützen.

Die wenigen nicht korrigierten *mathematischen Fehler* in den untersuchten
Interaktionen könnten an der Konzeption der einzelnen Regelspiele liegen. Alle
Regelspiele aus dem Projekt *spimaf* sind explizit für Kindergartenkinder und deren
mathematischen Kompetenzen entwickelt (vgl. Hauser et al., 2017). Dadurch ist
davon auszugehen, dass die Kinder den mathematischen Ansprüchen in den Regelspielen größtenteils gut gerecht werden und somit nur vereinzelt unerkannte und nicht
verbesserte Fehler in den Interaktionen auftreten. Dieses Ergebnis lässt allerdings
keine allgemeine Aussage über die generellen Fehler zu, die beim Spielen auftauch-
ten, da mathematikbezogene Fehler nicht kodiert wurden, sofern keine Interaktion
diesbezüglich zustande kam.

8.2 Inhaltliche Merkmale

Die inhaltlichen Merkmale beziehen sich auf die Interaktionsauslöser, die interaktionsbezogenen Reaktionen, die Argumentationstiefe der Garanten und Stützungen sowie die mathematischen Sachverhalte der Argumentationen.

8.2.1 Interaktionsauslöser

Die dargestellten prozentualen Anteile (vgl. Abbildung 8.5) zu den Kodierungen
der Auslöser (vgl. Abschnitt 6.3.2.2) zeigen, dass vorrangig spielbezogene Handlungen die mathematischen Interaktionen unter den Kindern hervorrufen (89 %).
Die pädagogische Fachkraft (2 %) und das Spielmaterial (9 %) lösen hingegen
kaum Interaktionen aus. Hierbei ist zu beachten, dass im Rahmen der vorliegenden Studie die pädagogische Fachkraft nur als Auslöser kodiert wurde, sofern

diese eine Interaktion unter den Kindern anstößt (z. B. mit einem Impuls, einer Frage oder einer Aufforderung) und sich dann im weiteren Verlauf nicht mehr an der Interaktion beteiligt (vgl. Kodierleitfaden: Anhang 1 im elektronischen Zusatzmaterial).

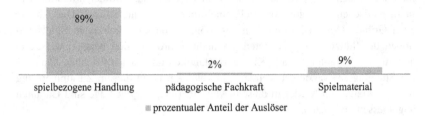

Abbildung 8.5   Interaktionsauslöser (n = 1571)

Bringt man die Auslöser in Bezug zu den einzelnen Regelspielen, ergeben sich folgende spielbezogene Anzahlen der Kodierungen (vgl. Abbildung 8.6).

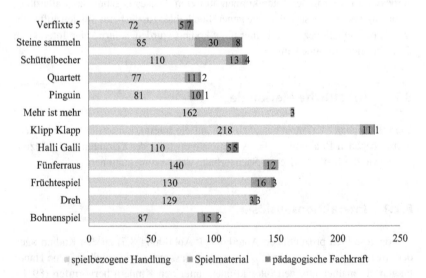

Abbildung 8.6   Spielbezogene Anzahlen der Interaktionsauslöser (n = 1571)

Die Auslöser sind relativ gleichmäßig auf die einzelnen Regelspiele verteilt (vgl. Abbildung 8.6). Heraus sticht das Regelspiel *Steine sammeln,* bei dem relativ häufig das Spielmaterial an sich als Auslöser der Interaktionen fungiert.

Interpretation
Die *spielbezogenen Handlungen* lösen vermutlich deshalb die mathematischen Interaktionen unter den Kindern aus, da sich die Kinder beim Spielen intensiv mit den darin geforderten Spielhandlungen beschäftigen.

Der geringe Anteil der *pädagogischen Fachkräfte* lässt sich dadurch erklären, dass sich diese nach ihrer Anregung in der Regel nicht aus der weiteren Interaktion zurückziehen, sondern im Austausch mit den Kindern bleiben. In der vorliegenden Studie wurden diese Interaktionen nicht betrachtet (vgl. Kapitel 4).

Anhand der spielbezogenen Anzahlen der Kodierungen zu den Auslösern erkennt man, dass das *Spielmaterial* beim Regelspiel *Steine sammeln* vergleichsweise häufig Interaktionen auslöst. Als ein möglicher Grund ist anzuführen, dass die Kinder bei diesem Regelspiel im Laufe des Spielprozesses eine relativ große Menge an ungeordneten Steinen sammeln und direkt vor sich liegen haben. Diese Spielsituation könnte in Anlehnung an Lee (2014) einen hohen Aufforderungscharakter für die Kinder haben, mit der großen Anzahl an ungeordneten Dingen jenseits der Spielregeln mathematisch tätig zu sein. Das Spielmaterial an sich scheint also ein Einfluss auf die Anzahl an mathematischen Interaktionen zu haben.

8.2.2 Interaktionsbezogene Reaktion

Die Kodierungen zu den interaktionsbezogenen Reaktionen in den Interaktionen bringen diese deskriptive Häufigkeiten mit sich (vgl. Abbildung 8.7):

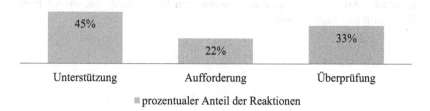

Abbildung 8.7 Interaktionsbezogenen Reaktionen (n = 1571)

Die prozentuale Häufigkeitsverteilung (vgl. Abbildung 8.7) zeigt, dass in den mathematischen Interaktionen neben unterstützenden (45 %) zudem häufig überprüfende (33 %) Reaktionen stattfinden. Auffordernder Art sind immerhin noch gut ein Fünftel der Interaktionen (22 %).

Zur spielbezogenen Verteilung der interaktionsbezogenen Reaktion lässt sich nachfolgendes Balkendiagramm erstellen (vgl. Abbildung 8.8).

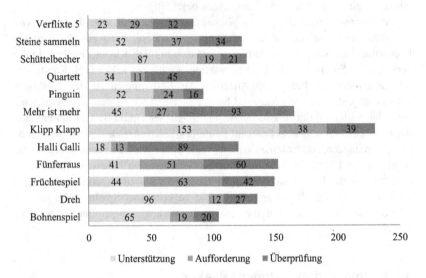

Abbildung 8.8 Spielbezogene Anzahlen der Reaktionen (n = 1571)

Auffallend ist in Abbildung 8.8, dass beim *Fünferraus*, *Früchtespiel* und *Verflixte 5* im Vergleich zu den anderen Regelspielen prozentual häufiger auffordernder Art reagiert wird. Zudem dominieren überprüfende Reaktionen beim *Halli Galli* und *Mehr ist mehr.*

Interpretation

Der allgemein hohe Anteil an *unterstützenden Reaktionen* könnte dadurch erklärt werden, dass die Kinder in einem Spielfluss sind und dieser möglichst erhalten bleiben soll. Durch die Unterstützung eines anderen Kindes, das gegebenenfalls langsamer ist oder zu Fehlern neigt, kann der Spielfluss aufrecht erhalten bleiben. Die häufig vorkommenden überprüfenden Reaktionen (>50 %) in den Regelspielen *Halli Galli* (n = 89 entspricht 74 %)[2] und *Mehr ist mehr* (n = 93 entspricht 56 %) kommen gegebenenfalls dadurch zustande, da diese die einzigen Geschwindigkeitsspiele sind. Die Kinder konzentrieren sich so zunächst auf die eigenen Spielaktivitäten, um möglich schnell zu sein. Nach dem Klingeln beim *Halli Galli* oder dem Ablegen einer Karte beim *Mehr ist mehr* nehmen sich die Kinder dadurch nochmals gezielt die Zeit, um zu prüfen, ob die Spielhandlung korrekt ausgeführt wurde. Da es bei den anderen Regelspielen nicht auf Geschwindigkeit ankommt, können sich die Kinder auf die jeweilige Spielhandlung jedes einzelnen Kindes konzentrieren und frühzeitig unterstützend einwirken.

Die vielen Aufforderungen in den Regelspielen *Fünferraus* (34 %), *Früchtespiel* (42 %) und *Verflixte 5* (35 %) könnten im Spielprozess begründet sein. Bei diesen drei Regelspielen sind die Karten, an die angelegt werden muss, in der Tischmitte offen für alle Spielenden ersichtlich. Hingegen sind die Spielkarten auf der Hand jedes einzelnen Kindes nicht für alle einsehbar. Deshalb kommt es hier vermutlich häufig zu Fragen im Anlegeprozess, wie zum Beispiel „Hast du die gelbe Sieben?" beim *Fünferraus*, „Hast du drei Kastanien?" beim *Früchtespiel* oder „Hast du eine größere Zahl als Fünf?" beim *Verflixte 5*. Die Fragen, die als Aufforderung kodiert wurden, beziehen sich auf mögliche abzulegende Karten und darauf, ob das jeweilige Kind diese Karte besitzt. Beim *Verflixte 5* ist zusätzlich zu beobachten, dass bei der Entscheidung, welche Reihe genommen wird, häufig die Frage „In welcher Reihe sind am wenigsten Krokodile?" oder die Aufforderung „Welche Reihe nimmst du?" aufkommen.

8.2.3 Argumentationstiefe

Es folgt die Darstellung der Ergebnisse zu der Argumentationstiefe in drei Bereichen: Argumentationstiefe der Garanten, Argumentationstiefe der Stützungen und Unterkategorien der Argumentationstiefe.

---

[2] Die konkreten Anzahlen dieser und nachfolgend genannten prozentualen Anteilen können bei der Autorin eingesehen werden.

Argumentationstiefe der Garanten
Die Anzahl der Kodierungen der Argumentationstiefe der Garanten lassen sich in prozentuale Anteile umrechnen (vgl. Abbildung 8.9). Die prozentuale Häufigkeitsverteilung stellt dar, dass das ergebnisbezogene Argumentieren (49 %) und das zählbasierte Argumentieren (35 %) die Hauptstrategien der Kinder sind. Das außermathematische Argumentieren liegt weit dahinter (11 %). Schlusslicht stellt das beziehungsorientierte Argumentieren dar (6 %).

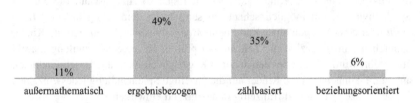

■ prozentualer Anteil der Argumentationstiefe der Garanten

Abbildung 8.9 Argumentationstiefe der Garanten (n = 585)[3]

Bei der Betrachtung einzelner Regelspiele und die darin hervorgebrachten Argumentationstiefen wird eine ziemlich einheitliche Verteilung deutlich (vgl. Abbildung 8.10).

Bei den Regelspielen *Halli Galli, Klipp Klapp* und *Mehr ist mehr* lassen sich Auffälligkeiten feststellen. Während beim *Halli Galli* verhältnismäßig viel zählbezogen argumentiert wird, werden beim *Klipp Klapp* und beim *Mehr ist mehr* in Bezug auf die Verteilungen überproportional mehr beziehungsorientierte Garanten angeführt.

---

[3] Bei der Berechnung der prozentualen Häufigkeitsverteilung in Abbildung 8.9 sowie in allen anderen Abbildungen und Tabellen wurden die berechneten Werte auf natürliche Zahlen mit Null gerundet. Dadurch ist es möglich, dass die Gesamtsumme der addierten Prozentwerte <100 % oder >100 % sind. Das summenerhaltende Runden wurde nicht angewandt, da hierbei einzelne Werte „falsch" gerundet werden und sich diese „Fehler" dann über verschiedene Berechnungen hinweg ziehen können.

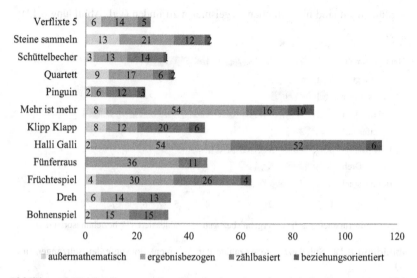

Abbildung 8.10 Spielbezogene Anzahlen der Argumentationstiefe der Garanten (n = 585)

Argumentationstiefe der Stützungen
Die Argumentationstiefe der Stützungen verteilt sich auf die verschiedenen
Hauptkategorien wie folgt (vgl. Abbildung 8.11):

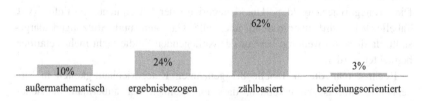

■ prozentualer Anteil der Argumentationstiefe der Stützungen

Abbildung 8.11 Argumentationstiefe der Stützungen (n = 29)

In Abbildung 8.11 wird deutlich, dass die Stützungen meist zählbasiert sind
(62 %). Ein beziehungsorientiertes Stützen von Garanten findet sich so gut wie
nicht (3 %).

Stützungen sind nicht in allen Regelspielen zu finden (vgl. Abbildung 8.12).

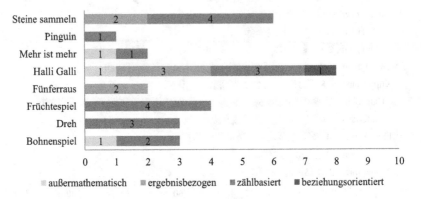

Abbildung 8.12 Spielbezogene Anzahlen der Argumentationstiefe der Stützungen (n = 29)

Knapp die Hälfte der Stützungen kommen bei den Regelspielen *Halli Galli* mit umgerechnet 28 % und beim *Steine sammeln* mit 21 % vor. Hingegen wurden in den Regelspielen *Klipp Klapp, Quartett, Schüttelbecher* und *Verflixte 5* keine Stützungen gefunden.

Unterkategorien der Argumentationstiefe
Die Kategorisierung der Unterkategorien der Argumentationstiefe (vgl. Tabelle 8.1) wird übergreifend über alle Garanten und Stützungen darge-stellt, da diese im weiteren Verlauf der vorliegenden Studie nicht mehr detailliert betrachtet werden.

Rechnet man die in Tabelle 8.1 genannten Kategorienhäufigkeiten in Pro-zentwerte um, ist zu erkennen, dass im Rahmen der außermathematischen Argumentationstiefe größtenteils ein *Bezug zu den Spielregeln* und zu einer kon-kreten, vollzogenen *Vorgehensweise im aktuellen Spielverlauf* hergestellt wird (jeweils 36 %). Das ergebnisbezogene Argumentieren ist geprägt durch das *Nen-nen des Ergebnisses* (44 %) und von der kombinierten Unterkategorie *Nennen des Ergebnisses und Zeigen auf eine konkrete Spielsituation* (37 %).

Wirft man zudem einen qualitativen Blick auf die zählbasierte Argumentations-tiefe, lässt sich anhand der vorliegenden Daten feststellen, dass als Zählstrategie überwiegend das Abzählen durch Zeigen mit dem Finger auf die einzelnen Elemente ab eins zu finden ist (83 %).

Tabelle 8.1 Ausdifferenzierung der Hauptkategorien zur *Argumentationstiefe*

Analyseelement: Argumentationstiefe der Garanten und Stützungen

Hauptkategorien	Unterkategorien	Anzahl der Kodierungen der Unterkategorien	Anzahl der Kodierungen der Hauptkategorien
außermathematisch	Spielregel	24	66
	Spielverlauf: Bezug auf Spielsituation	9	
	Spielverlauf: Bezug auf Vorgehensweise	24	
	Autorität	4	
	ICH-Selbst	5	
ergebnisbezogen	Nennen des Ergebnisses	130	293
	Zeigen auf Spielsituation	52	
	Nennen des Ergebnisses und Zeigen auf Spielsituation	111	
zählbasiert			220
beziehungsorientiert			35

Das beziehungsorientierte Argumentieren wird im Datenmaterial der vorliegenden Studie vollzogen durch das Nutzen von Würfelbildern (6 %) und Fingerzahlen (26 %), das Überblicken durch räumliches Anordnen (17 %) sowie das Nutzen von hergestellten Differenzen (51 %).

Die beiden Argumentationstiefen *zählbasiert* und *beziehungsorientiert* können bei der Anwendung in anderen Studien mit anderen Daten gegebenenfalls weitere Unterbereiche umfassen. Deshalb wurden die eben genannten Möglichkeiten nur zur Beschreibung der Hauptkategorien genutzt und nicht als eigenständige Unterkategorien festgelegt. Dies begründet sich auch darin, dass die Unterkategorien zum außermathematischen und ergebnisbezogenen Argumentieren inhaltsübergreifend sind, während die Unterkategorien zum zählbasierten und beziehungsorientierten Argumentieren inhaltlicher Art sind.

Interpretation der Ergebnisse zur Argumentationstiefe der Garanten
Für die Interpretation der Ergebnisse zur Argumentationstiefe der Garanten wird
ein Überblick der prozentualen Häufigkeitsverteilung je Regelspiel herangezogen
(vgl. Tabelle 8.2).

Tabelle 8.2 Argumentationstiefe der Garanten je Regelspiel in Prozent

		ARGUMENTATIONSTIEFE DER GARANTEN			
		außerma-thematisch	ergebnis-bezogen	zählba-siert	beziehungs-orientiert
R	**Bohnenspiel (n = 32)**	6 %	47 %	47 %	-
E	**Dreh (n = 33)**	18 %	42 %	39 %	-
G	**Früchtespiel (n = 64)**	6 %	47 %	41 %	6 %
E	**Fünferraus (n = 47)**	-	77 %	23 %	-
L	**Halli Galli (n = 114)**	2 %	47 %	46 %	5 %
S	**Klipp Klapp (n = 46)**	17 %	26 %	43 %	13 %
P	**Mehr ist mehr (n = 88)**	9 %	61 %	18 %	11 %
I	**Pinguin (n = 23)**	9 %	26 %	52 %	13 %
E	**Quartett (n = 34)**	26 %	50 %	18 %	6 %
L	**Schüttelbecher (n = 31)**	10 %	42 %	45 %	3 %
E	**Steine sammeln (n = 48)**	27 %	44 %	25 %	4 %
	Verflixte 5 (n = 25)	24 %	56 %	20 %	-

Die hohen Anteile an ergebnisorientierten Garanten lassen sich über die eingesetzte Methode in der vorliegenden Studie erklären. Wie in Abschnitt 6.3.2.1
dargestellt, sind bereits bloße Zustimmungen und Ablehnungen als Konklusionen
zu bewerten. Somit wird dann zum Beispiel ein im Anschluss an die Konklusion
(z. B. „Nein, …") genanntes Ergebnis („…, weil das sind fünf.") als ergebnisbezogener Garant betrachtet (vgl. Abschnitt 6.3.2.1 und Abschnitt 6.3.2.4).

Als weitere Hauptstrategien lässt sich das Nutzen von zählbasierten Garanten finden. Dies lässt sich über die Entwicklung des Zahlbegriffs erklären. Die
dargestellten Modelle zur Zahlbegriffsentwicklung in Abschnitt 1.4.2 verorten
die Entwicklung des Zählens, des Abzählens und des zählenden Rechnens im
Vorschulalter. Zum Beispiel macht Dornheim (2008) deutlich, dass sich das
Abzählen mit dem Kardinalzahlkonzept im Alter von 3 bis 6 Jahren entwickelt
(vgl. Abschnitt 1.4.2.5). Und auch von Aster (2013) beschreibt, dass die Entwicklung des Zählens, des Abzählens und der arithmetischen Zählprinzipien im
Vorschulalter stattfindet (vgl. Abschnitt 1.4.2.2). Somit beziehen sich die Kinder

bei den zählbasierten Garanten auf eine Strategie, die sich im Vorschulalter entwickelt und demnach, je nach mathematischer Kompetenz, in Teilen oder komplett beherrscht wird.

Bei der spielbezogenen Verteilung wird ersichtlich, dass die Kinder bei den Regelspielen *Klipp Klapp* (13 %), *Mehr ist mehr* (11 %) und *Pinguin* (13 %) nennenswert auf beziehungsorientierte Garanten zurückgreifen. Diese Muster lassen sich mit den Spielregeln und der zur Verfügung stehenden Spielmaterialien in Zusammenhang bringen.

Im Regelspiel *Klipp Klapp* sind die Kinder nach der Grundvariante dazu aufgefordert, unter anderem die Anzahlen von zwei Augenwürfeln zusammenzusetzen. Im Datenmaterial zeigt sich, dass die Kinder, das Zusammensetzen der Anzahlen auf den beiden Augenwürfeln über das gezielte Anwenden von Fingerbildern vornehmen. Der Einsatz der Fingerbilder als beziehungsorientierte Garanten könnte auf die gezielte Anregung seitens der pädagogischen Fachkraft in vorhergegangenen Spielsituationen zurückzuführen sein.

Das Regelspiel *Mehr ist mehr* beinhaltet als Spielmaterial Zehnerfeldkarten. Hier fällt zunächst auf, dass die Kinder relativ selten zählende Strategien nutzen (18 %). Dies könnte an den relativ kleinen Punktedarstellungen in den Zehnerfeldkarten und dem festgelegten Zahlenraum bis Zehn liegen. Aus den beiden genannten Gründen ist es für Kinder gegebenenfalls effektiver eine andere Strategie zu wählen, worunter der Rückgriff auf beziehungsorientierte Garanten fällt. Betrachtet man die beziehungsorientierten Garanten genauer, erkennt man, dass die Kinder ab der Sieben die Anzahl der leeren Felder auf den Zehnerfeldern zum Vergleich von Zahlen nutzen („In der Tischmitte sind drei leere Felder und bei meiner Karte ist nur ein leeres Feld, deshalb habe ich mehr Punkte und kann meine Karte ablegen."). Das Nutzen von Differenzen (hier die Differenz zur Zahl Zehn) ist beziehungsorientiert, da zur Bestimmung der Differenz zweier Zahlen ein zahlbezogener Zusammenhang hergestellt werden muss.

Auch im Regelspiel *Pinguin* werden Zehnerfeldkarten genutzt, weshalb auch hier die oben genannte Erklärung zutrifft. Es scheint, als ob dieses Spielmaterial und die darin erkennbare Struktur von Zahlbildern bis Zehn Kinder dazu anregt, beziehungsorientiert zu argumentieren. Da davon auszugehen ist, dass den Kindern die Zehnerfeldkarten zu Projektbeginn nicht bekannt waren, lässt sich dieses Ergebnis möglicherweise zusätzlich durch die Einführung des Umgangs mit Zehnerfeldkarten durch die pädagogische Fachkraft begründen.

Interpretation der Ergebnisse zur Argumentationstiefe der Stützungen
Die Interpretation der Ergebnisse zu den Stützungen, insbesondere zu deren spielbezogener Verteilungen, gestaltet sich schwierig, da die Stichprobe sehr gering ist

(n = 29). Die prozentuale Häufigkeitsverteilung der verschiedenen Argumentationstiefen lässt vermuten, dass die Kinder bei den Stützungen auf die Strategie
zurückgreifen, die ihnen geläufig ist: das (Ab-)Zählen (vgl. Abschnitt 6.3.2.1 und
Abschnitt 6.3.2.4).

8.2.4 Mathematische Sachverhalte der Garanten und Stützungen

Zuletzt lassen sich zu den Kodierungen im Bereich der mathematischen
Sachverhalte in den Interaktionen mit Garant(en) und gegebenenfalls Stüt-
zung(en) deskriptive Häufigkeiten ermitteln (vgl. Abbildung 8.13). Hierbei ist die
Gesamtanzahl mit n = 548 weniger als die Gesamtanzahl aller Garanten und
Stützungen mit n = 614, da neben den einfachen Schlüssen auch die außermathematischen Garanten (n = 66) nicht mit einem mathematischen Sachverhalt kodiert
wurden (vgl. Kodierleitfaden: Anhang 1 im elektronischen Zusatzmaterial).

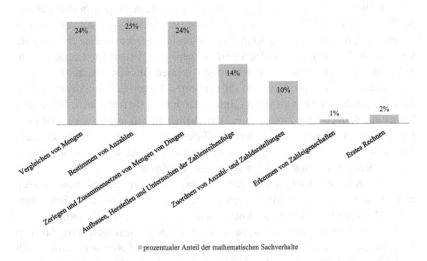

Abbildung 8.13 Mathematische Sachverhalte der Garanten und Stützungen (n = 548)

Die Ergebnisse zeigen, dass der inhaltliche Schwerpunkt der Garanten und
Stützungen beim *Vergleichen von Mengen* (24 %), *Bestimmen von Anzahlen*
(25 %) und *Zerlegen und Zusammensetzen von Mengen von Dingen* (24 %) liegt.

Diese mathematischen Sachverhalte kommen somit *sehr häufig* vor (>20%) und bilden eine Gruppe. Die mathematischen Sachverhalte der zweiten Gruppen kommen *häufig* vor (10% bis 20%). Hierzu gehören das *Aufbauen, Herstellen und Untersuchen der Zahlenreihenfolge* (14%) sowie das *Zuordnen von Anzahl- und Zahldarstellungen* (10%). Nur *selten* kommen die mathematischen Sachverhalte der dritten Gruppe (<10%) vor. Dazu zählen das *Erkennen von Zahleigenschaften* (1%) und das *erste Rechnen* (2%).

Abbildung 8.14 zeigt, dass die Garanten und Stützungen bezogen auf die einzelnen Regelspielen unterschiedliche mathematische Schwerpunktsetzungen haben.

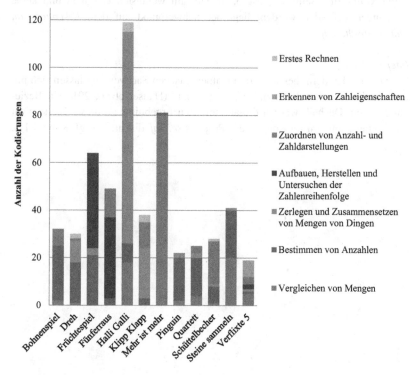

Abbildung 8.14 Spielbezogene Anzahlen der mathematischen Sachverhalte der Argumentationen (n = 548)

Bei den Regelspielen *Bohnenspiel, Dreh, Früchtespiel, Pinguin, Quartett* und *Steine sammeln* beziehen sich die Garanten und Stützungen vermehrt auf den mathematischen Sachverhalt *Bestimmen von Anzahlen.* Das *Vergleichen von Mengen* kommt überwiegend beim *Mehr ist mehr* sowie beim *Steine sammeln* vor. Die Garanten und Stützungen beim *Fünferraus* und beim *Früchtespiel* sind vermehrt zum *Aufbauen, Herstellen und Untersuchen der Zahlenreihenfolge.* Das *Zerlegen und Zusammensetzen von Mengen von Dingen* ist beim *Halli Galli* sowie beim *Klipp Klapp* häufig vorzufinden. Eine Mehrzahl der Garanten und Stützungen beim *Schüttelbecher* sind im Bereich *Zuordnen von Anzahl- und Zahldarstellungen.* Einen kleineren Anteil nimmt das *Zuordnen von Anzahl- und Zahldarstellungen* zudem in den Regelspielen *Bohnenspiel, Fünferraus* und *Klipp Klapp* ein. Beim *Verflixte 5*, in dem am wenigsten Garanten und keine Stützungen gefunden wurden, liegt der Schwerpunkt auf dem *Erkennen von Zahleigenschaften.*

Interpretation

Die von den Kindern thematisierten mathematischen Sachverhalte lassen sich mit dem mathematischen Potenzial der Regelspiele (Hauser et al., 2017) in Beziehung setzen. Deshalb werden die aufgeführten Ergebnisse an dieser Stelle nicht interpretiert, sondern im Kontext des Projekts *spimaf* diskutiert (vgl. Kapitel 11).

Darstellung von Zusammenhängen 9

Die in Kapitel 8 dargestellten Ergebnisse zu den Häufigkeiten der einzelnen Kategorien können in verschiedene Zusammenhänge gebracht werden[1]. Ziel hiervon ist es zu verdeutlichen, wie verschiedene Hauptkategorien der Analyseelemente zusammenhängen und ob sich konkrete Muster zeigen, die für die Interaktions- und Argumentationsprozesse der Kindergartenkinder typisch sind. Hierfür eignet sich eine Sequenzanalyse, anhand derer die Daten im Prozess der Entstehung und des konkreten Vorgehens interpretierbar werden (Reichertz & Englert, 2011).

Die im Rahmen des eigens entwickelten Modells zur Beschreibung von mathematischen Interaktionen und Argumentationen vorzufindenden Hauptkategorien dienen als Grundlage zur Bestimmung der Zusammenhänge (vgl. Kapitel 7). Auf folgende Hauptkategorien wird im weiteren Bezug genommen (vgl. Tabelle 9.1):

In Abschnitt 9.1 werden zunächst spielübergreifend jeweils zwei Analyseelemente mit ihren Hauptkategorien in einen Zusammenhang gebracht. Danach folgt ein umfassender Blick auf spielbezogene Zusammenhänge mehrerer Hauptkategorien (vgl. Abschnitt 9.2). Eine zusammenfassende Darstellung der spielübergreifenden Zusammenhänge aller Hauptkategorien findet sich in Abschnitt 9.3. Bei der Darstellung der Zusammenhänge der Hauptkategorien liegt der Schwerpunkt in Abschnitt 9.2 und Abschnitt 9.3 ausschließlich auf Interaktionen mit einfachen Schlüssen und Garanten (ohne Stützungen). In Abschnitt 9.4 folgt abschließend

---

[1] Die Berechnung der Zusammenhänge zwischen verschiedenen Hauptkategorien erfolgte mit der Software MAXQDA (VERBI Software, 2019).

Elektronisches Zusatzmaterial Die elektronische Version dieses Kapitels enthält Zusatzmaterial, das berechtigten Benutzern zur Verfügung steht
https://doi.org/10.1007/978-3-658-35234-9_9.

Tabelle 9.1 Analyseelemente mit dazugehörigen Hauptkategorien	**Analyseelement**	**dazugehörige Hauptkategorien**
	Interaktionsauslöser	spielbezogene Handlung
		pädagogische Fachkraft
		Spielmaterial
	interaktionsbezogene Reaktion	Unterstützung
		Aufforderung
		Überprüfung
	strukturelle Eigenschaft	einfacher Schluss
		Garant
		Stützung
	Argumentationstiefe der Garanten und Stützungen	außermathematisch
		ergebnisbezogen
		zählbasiert
		beziehungsorientiert

die Betrachtung von Interaktionen, in denen ein Garant oder mehrere Garanten gestützt wurden.

9.1 Zusammenhänge einzelner Hauptkategorien

Nachfolgend werden jeweils zwei Analyseelemente mit ihren dazugehörigen Hauptkategorien in einen Zusammenhang gebracht.

9.1.1 Strukturelle Eigenschaften und Interaktionsauslöser

Bei den Zusammenhängen zwischen den strukturellen Eigenschaften und den Auslösern der mathematischen Interaktionen, ergeben sich folgende prozentuale Werte (vgl. Abbildung 9.1):

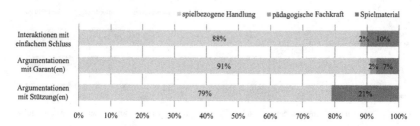

Abbildung 9.1 Zusammenhänge zwischen strukturellen Eigenschaften und den Interaktionsauslösern in Prozent

In Abbildung 9.1 wird deutlich, dass die *spielbezogene Handlung* über die Interaktionen mit einfachem Schluss (n = 1088), die Argumentationen mit Garant(en) (n = 585) und die Argumentationen mit Stützung(en) (n = 29) hinweg der häufigste Auslöser ist. Die Berechnung der Zusammenhänge zwischen den Auslösern und strukturellen Eigenschaften ergeben keine weiteren ersichtlichen Unterschiede. Auffallend ist allerdings noch der Bereich der Argumentationen mit Stützung(en). Neben den spielbezogenen Handlungen löst das Spielmaterial hier, im Vergleich zu den Interaktionen mit einfachem Schluss (10 %) und Argumentationen mit Garant(en) (7 %), relativ viele Argumentationen mit Stützung(en) aus (21 %). Aufgrund der geringen Anzahl an Stützungen (n = 29) lässt sich diese Verteilung nicht aussagekräftig interpretieren. Deshalb bleibt es an dieser Stelle bei der Beschreibung des Ergebnisses.

9.1.2 Strukturelle Eigenschaften und interaktionsbezogene Reaktion

Betrachtet man die Zusammenhänge der strukturellen Eigenschaften der mathematischen Interaktionen und der Reaktion, zeigt sich ein deutliches Muster (vgl. Abbildung 9.2).

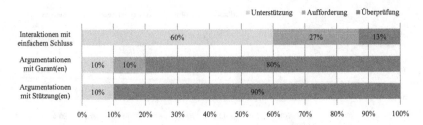

Abbildung 9.2 Zusammenhänge zwischen den strukturellen Eigenschaften und der Reaktion in Prozent

Es kann festgestellt werden, dass in den Interaktionen mit der strukturellen Eigenschaft *einfacher Schluss* (n = 1088) vermehrt unterstützend reagiert wird (60 %). In den Interaktionen mit Garanten (n = 585) und Stützungen (n = 29) ist größtenteils das Überprüfen zu finden. Demnach reagieren die Kinder in Interaktionen mit Garant(en) (80 %) und mit Stützung(en) (90 %) in den analysierten Spielsituationen überprüfend, korrigierend oder verbessernd.

Interpretation
Auffallend sind die Zusammenhänge zwischen Unterstützung und einfachem Schluss (60 %), Überprüfung und Garant(en) (80 %) sowie Überprüfung und Stützung(en) (90 %).

Unterstützt ein Kind ein anderes Kind, indem es die Handlung eines anderen Kindes übernimmt, einem anderen Kind ohne konkrete Aufforderung hilft, aus einer Handlung eine Schlussfolgerung zieht beziehungsweise ein Ergebnis nennt, gemeinsam mit einem anderen Kind eine Handlung vollzieht oder die Handlung eines anderen Kindes imitiert, findet eine Art Begleitung des Spielprozesses statt. Die Kinder konzentrieren sich hier also auf das Unterstützen und das Vollziehen der jeweiligen Spielhandlung des anderen Kindes. In Bezug auf die gesprächsanalytische Perspektive (vgl. Abschnitt 3.2.1.1) scheint die Erklärung nahezuliegen, dass die Kinder durch unterstützende Handlungen oder Äußerungen den Spielfluss aufrechterhalten wollen. Der Spielfluss ist wichtig, damit Kinder tatsächlich ein Spielerlebnis und Spaß haben sowie das Spielen über längere Zeit mühelos fortführen. Ohne die Unterstützungen könnte es an diesen Stellen im Spielprozess gegebenenfalls zu Unterbrechungen kommen, was störend für das Spiel der Kinder wäre.

Bei der *Überprüfung* erkennt oder vermutet ein Kind einen Fehler oder es wird eine Handlung oder Aussage kontrolliert und gegebenenfalls korrigiert. Bei dieser Tätigkeit wird also eine Spielhandlung oder sprachliche Äußerung von einem Kind angezweifelt. Durch das Anbringen von Garant(en) und Stützung(en) untermauert das Kind nun die Richtigkeit des Zweifels und überzeugt dadurch das andere Kind davon, dass ihm tatsächlich ein Fehler unterlaufen ist. Somit kann der hohe Anteil an Überprüfungen im Zusammenhang mit Garant(en) und Stützung(en) damit erklärt werden, dass die Kinder beim Verdacht oder Erkennen eines Fehlers, diese Vermutung oder Einsicht durch Garant(en) und Stützung(en) bestärken.

9.1.3   Strukturelle Eigenschaften und Argumentationstiefe

Wie in Abschnitt 6.3.2.4 erörtert, gehen die verschiedenen Argumentationstiefen *außermathematisch, ergebnisbezogen, zählbasiert* und *beziehungsorientiert* mit einer steigenden Qualität der Argumentationen einher.

Bringt man die Argumentationstiefen mit den strukturellen Eigenschaften der jeweiligen Interaktionen in einen Zusammenhang, ergeben sich diese Ergebnisse (vgl. Abbildung 9.3):

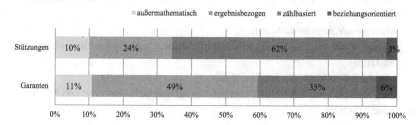

Abbildung 9.3 Zusammenhänge zwischen den strukturellen Eigenschaften und der Argumentationstiefe in Prozent

Als Datenmaterial liegen 585 Garanten und 29 Stützungen vor. Abbildung 9.3 legt dar, dass die genutzten Garanten der Kinder häufig ergebnisbezogen sind (49 %). Beim Stützen von Garanten gehen die Kinder fast zu zwei Dritteln zählbasiert vor (62 %).

Interpretation

Die Interpretation dieses Zusammenhangs deckt sich mit der vorgenommenen Interpretation zur *Argumentationstiefe* (vgl. Abschnitt 8.2.3) und wird hier lediglich kurz zusammengefasst. Zunächst versuchen die Kinder relativ einfach und schnell über das Nutzen von ergebnisorientierten Garanten andere Kinder von der jeweiligen Spielhandlung oder einer Äußerung zu überzeugen. Dies kann unter anderem das Nennen des Ergebnisses sein oder auch das Zeigen auf eine konkrete Spielsituation (vgl. Abschnitt 6.3.2.1 und Abschnitt 6.3.2.4). Wird das andere Kind durch einen ergebnisorientierten Garanten nicht von der Richtigkeit der Spielhandlung oder Äußerung überzeugt, greifen die Kinder häufig auf eine zählbasierte Stützung zurück. Die zählbasierte Stützung wird vermutlich deshalb genutzt, da Kindergartenkinder das Zählen und Abzählen in der Regel beherrschen und somit das Argument verstanden und akzeptiert wird.

9.1.4 Garanten und Stützungen

Interessant ist auch ein Blick darauf, welche Stützung auf welchen Garanten folgt (vgl. Abbildung 9.4). Hierbei werden drei verschiedene Abfolgen sichtbar:

– *aufsteigende Argumentationstiefe,*
  zum Beispiel folgt auf einen ergebnisbezogenen Garanten eine zählbasierte Stützung
– *absteigende Argumentationstiefe,*
  zum Beispiel folgt auf einen beziehungsorientierten Garanten eine zählbasierte Stützung
– *gleichbleibende Argumentationstiefe,*
  zum Beispiel folgt auf einen ergebnisbezogenen Garanten eine ergebnisbezogene Stützung

Die qualitative Wertung ist in Anlehnung an Almeida (2001) zustande gekommen (vgl. Abschnitt 3.2.1.1 und Abschnitt 6.3.2.4). Aufsteigende Argumentationstiefe bedeutet in diesem Zusammenhang, dass die mathematische Qualität der Stützung höher ist als die des Garanten. Unter absteigender Argumentationstiefe versteht man, dass die Stützung im mathematischen Sinne weniger qualitativ hochwertig ist als der Garant. Bei der gleichbleibenden Argumentationstiefe sind Stützung und Garant auf derselben Ebene der Argumentationstiefe.

Abbildung 9.4 Abfolge
der Argumentationstiefe
von Garant zur Stützung in
Prozent (n = 29)

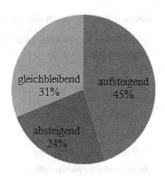

In Abbildung 9.4 ist zu erkennen, dass die Stützung meist qualitativ hochwertiger ist als der Garant (45 %; n = 13). Auch relativ häufig sind Garant und Stützung auf derselben Ebene der Argumentationstiefe (31 %; n = 9). Eher selten hat der Garant eine höhere Argumentationsebene als die Stützung (24 %; n = 7). Bei der Darstellung dieser Ergebnisse ist zu beachten, dass die Gesamtanzahl an Interaktionen mit Stützungen (n = 29) nur sehr gering ist. Wirft man einen Blick auf die einzelnen Pfade, ergeben sich folgende Verteilungen:

Hervorzuheben aus Tabelle 9.2 ist im Bereich der aufsteigenden Argumentationstiefe (n = 13) die Kombination zwischen ergebnisbezogenem Garanten und zählbasierter Stützung (69 %) sowie im Bereich der absteigenden Argumentationstiefe (n = 7) die Kombination zwischen beziehungsorientiertem Garanten und zählbasierter Stützung (43 %). Ebenso zeigt sich, dass die Kinder bei der gleichbleibenden Argumentationstiefe (n = 9) nie einen beziehungsorientierten Garanten mit einer beziehungsorientierten Stützung untermauerten.

Interpretation
Insgesamt betrachtet nutzen die Kinder bei den Stützungen meist das Zählen. Dieses Vorgehen wurde bereits in Abschnitt 8.2.3 und Abschnitt 9.1.3 interpretiert und wird an dieser Stelle nicht mehr explizit ausgeführt.

Bleibt noch zu erklären, warum die Kinder einen beziehungsorientierten Garanten nie beziehungsorientiert stützen. Beziehungsorientierte Garanten und Stützungen finden sich nur sehr selten im Datenmaterial. Deshalb ist davon auszugehen, dass dies keine geläufige Argumentationsart für Kinder in diesem Alter ist. Mit der Intention, dass durch eine Stützung der Garant bestärkt und das Gegenüber überzeugt werden soll, greifen die Kinder bei dieser Stützung vermutlich auf eine für alle vertraute Strategie zurück, das (Ab-)Zählen.

Tabelle 9.2 Abfolge der Argumentationstiefe von Garant zur Stützung

aufsteigende Argumentationstiefe von Garant → Stützung			Anzahl	%-Anteil (bezogen auf jeweilige Gruppe)
außermathematisch	→	ergebnisbezogen	1	8 %
außermathematisch	→	zählbasiert	2	15 %
ergebnisbezogen	→	zählbasiert	9	69 %
zählbasiert	→	beziehungsorientiert	1	8 %
absteigende Argumentationstiefe von Garant → Stützung			**Anzahl**	**%-Anteil**
beziehungsorientiert	→	zählbasiert	3	43 %
zählbasiert	→	ergebnisbezogen	2	29 %
zählbasiert	→	außermathematisch	2	29 %
gleichbleibende Argumentationstiefe von Garant → Stützung			**Anzahl**	**%-Anteil**
ergebnisbezogen	→	ergebnisbezogen	4	44 %
zählbasiert	→	zählbasiert	4	44 %
außermathematisch	→	außermathematisch	1	11 %

9.2 Spielbezogene Zusammenhänge der Hauptkategorien ohne Stützungen

Nachfolgend werden die Zusammenhänge von inhaltlichen Analyseelementen anhand ihrer Hauptkategorien dargestellt. Die Darstellung ist so aufgebaut, dass exemplarisch ausgewählte Regelspiele die prozentualen Häufigkeiten von Zusammenhängen aufzeigen[2]. Um repräsentative Regelspiele auszusuchen, erfolgte zunächst eine Gruppeneinteilung aller Regelspiele:

- Gruppe 1: Regelspiele mit ≥ 75 % einfachen Schlüssen in den Interaktionen
- Gruppe 2: Regelspiele mit 50 % bis 75 % einfachen Schlüssen in den Interaktionen
- Gruppe 3: Regelspiele mit ≤ 50 % einfachen Schlüssen in den Interaktionen

---

[2] In Anhang 3, Teil I im elektronischen Zusatzmaterial finden sich die Anzahlen der Kodierungen zu den spielbezogenen Zusammenhängen der Hauptkategorien ohne Stützungen zu allen Regelspielen.

Anhand dieser Gruppeneinteilung kann man erkennen, ob die Kinder in einem Regelspiel eher weniger argumentieren (Gruppe 1) oder eher mehr argumentieren (Gruppe 3). Die Regelspiele in Gruppe 2 sind im Mittelfeld.

Für die Darstellung der Ergebnisse spielbezogener Zusammenhänge der Hauptkategorien ohne Stützungen werden innerhalb der einzelnen Gruppen drei Perspektiven in den Blick genommen:

– Wie hoch ist der prozentuale Anteil an einfachen Schlüssen in den Interaktionen?
– Welcher Zusammenhang der Hauptkategorien tritt in den Interaktionen am häufigsten auf?
– Welche interaktionsbezogene Reaktion löst vermehrt Argumentationen aus?

Zur besseren Übersichtlichkeit werden die den Perspektiven zuzuordnenden Prozentzahlen in den Abbildungen durch eine Umrandung hervorgehoben:

– Summe der einfachen Schlüsse → ☐,
– häufigster Zusammenhang der Hauptkategorien → ◇ und
– häufigster Zusammenhang von Reaktion und Argumentation → ◯.

9.2.1 Gruppe 1: Regelspiele mit ≥ 75 % einfachen Schlüssen

Unter Gruppe 1 fallen die vier Regelspiele *Dreh*, *Klipp Klapp*, *Pinguin* und *Schüttelbecher*. Die Verteilung der prozentualen Häufigkeiten der Zusammenhänge der Hauptkategorien ist bei diesen Regelspielen sehr ähnlich und es zeigen sich dieselben Schwerpunkte bezogen auf die oben genannten drei Perspektiven (vgl. exemplarische Abbildung 9.5 zum Regelspiel *Klipp Klapp*).

Beispielhaft für die Gruppe 1 erfolgt hier die Darstellung des Regelspiels *Klipp Klapp* (vgl. Abschnitt 5.2). Die Auswahl dieses repräsentativ dargestellten Regelspiels wurde vorgenommen, da sich beim *Klipp Klapp* am meisten einfache Schlüsse finden.

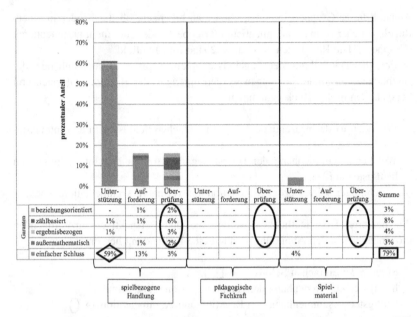

Garanten	spielbezogene Handlung			pädagogische Fachkraft			Spielmaterial			Summe
	Unter-stützung	Auf-forderung	Über-prüfung	Unter-stützung	Auf-forderung	Über-prüfung	Unter-stützung	Auf-forderung	Über-prüfung	
beziehungsorientiert	-	1%	2%	-	-	-	-	-	-	3%
zählbasiert	1%	1%	6%	-	-	-	-	-	-	8%
ergebnisbezogen	1%	-	3%	-	-	-	-	-	-	4%
außermathematisch	-	1%	2%	-	-	-	-	-	-	3%
einfacher Schluss	59%	13%	3%	-	-	-	4%	-	-	79%

Abbildung 9.5 Zusammenhänge der Hauptkategorien im Regelspiel *Klipp Klapp* (n = 232)

Die prozentualen Häufigkeiten in Abbildung 9.5 zeigen, dass die mathe-matischen Interaktionen vermehrt durch einfache Schlüsse gekennzeichnet sind (79 %)[3]. Es sticht der Zusammenhang zwischen den Hauptkategorien *spielbe-zogene Handlung* (Analyseelement: Auslöser), *Unterstützung* (Analyseelement: Reaktion) und *einfacher Schluss* (Analyseelement: strukturelle Eigenschaft)[4] heraus (59 %). Dies zeigt sich zum Beispiel in dieser Interaktion:

---

[3] In Bezug auf Kapitel 8, Fußnote 3 werden für die Berechnung der prozentualen Häu-figkeitsverteilung in Abbildung 9.5 und den nachfolgenden Abbildungen die berechneten Prozentwerte auf natürliche Zahlen mit Null gerundet. Somit wird kein summenerhaltendes Runden durchgeführt und es ergeben sich bei Addition der Summen in der letzten Spalte in der Regel keine 100 %.

[4] In den nachfolgenden Darstellungen werden nur noch die Hauptkategorien genannt. Die dazugehörigen Analyseelemente finden sich am Anfang von Kapitel 9.

(33) Die Kinder spielen *Klipp Klapp*. Kind 11 ist mit Würfeln an der Reihe.

Kind 11:   ((würfelt die Drei und die Fünf))
Kind 4:   ((lacht)) Gibt Acht.
Kind 11:   ((klappt die Zahlenklappe mit der Acht um))

Die spielbezogene Handlung stellt das Würfeln von Kind 11 dar. Auf diese Tätigkeit reagiert Kind 4 unterstützend, indem es die Summe der beiden Würfelbilder Drei und Fünf bestimmt. Somit wird ein einfacher Schluss aufgrund der Konklusion „Gibt Acht." hervorgebracht.

Betrachtet man im Regelspiel *Klipp Klapp* die mathematischen Interaktionen mit Garanten, werden diese am häufigsten durch die Reaktion *Überprüfung* ausgelöst (13 %)[5].

Bei den anderen Regelspielen dieser Gruppe: *Dreh, Pinguin* und *Schüttelbecher* überwiegen ebenso die einfachen Schlüsse. Zudem lässt sich am häufigsten ein Zusammenhang zwischen den Hauptkategorien *spielbezogene Handlung, Unterstützung* und *einfacher Schluss* finden. Die Überprüfung löst bei allen Regelspielen der Gruppe 1 die meisten Argumentationen aus.

9.2.2 Gruppe 2: Regelspiele mit 50 % bis 75 % einfachen Schlüssen

Zur Gruppe 2 gehören sieben Regelspiele: *Bohnenspiel, Früchtespiel, Fünferraus, Mehr ist mehr, Quartett, Steine sammeln* und *Verflixte 5*. Bei all diesen Regelspielen lassen sich zwischen 50 % bis 75 % einfache Schlüsse finden. Allerdings dominieren verschiedene interaktionsbezogene Reaktionen bei den Zusammenhängen der Hauptkategorien, weshalb in diesem Kapitel mehrere Regelspiele ausführlich aufgeführt werden.

Bohnenspiel und Steine sammeln
Sehr ähnlich in Bezug auf die eingangs erwähnten drei Perspektiven sind die Regelspiele *Bohnenspiel* und *Steine sammeln*. Exemplarisch steht im Folgenden das *Bohnenspiel* im Fokus. Dieses Regelspiel wurde ausgewählt, da die prozentuale Verteilung der Häufigkeiten bei diesem Regelspiel am deutlichsten ausfallen.

---

[5] Dieser prozentuale Wert ergibt sich, indem man die Prozentzahlen in der Spalte *Überprüfung* bei den Garanten addiert. Bei den weiteren Darstellungen des Zusammenhangs zwischen Reaktion und Argumentation entstehen die angegebenen Werte durch dasselbe Vorgehen.

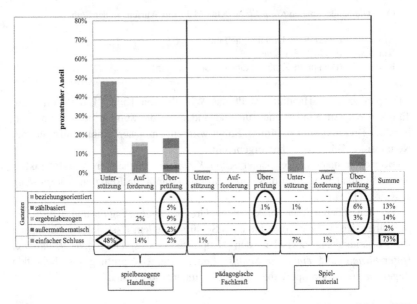

Garanten	spielbezogene Handlung			pädagogische Fachkraft			Spielmaterial			Summe
	Unter-stützung	Auf-forderung	Über-prüfung	Unter-stützung	Auf-forderung	Über-prüfung	Unter-stützung	Auf-forderung	Über-prüfung	
beziehungsorientiert	-	-	-	-	-	-	-	-	-	-
zählbasiert	-	-	5%	-	-	1%	1%	-	6%	13%
ergebnisbezogen	-	2%	9%	-	-	-	-	-	3%	14%
außermathematisch	-	-	2%	-	-	-	-	-	-	2%
einfacher Schluss	48%	14%	2%	1%	-	-	7%	1%	-	73%

Abbildung 9.6   Zusammenhänge der Hauptkategorien im Regelspiel *Bohnenspiel* (n = 115)

Ein differenzierter Blick auf die Interaktionen beim *Bohnenspiel* zeigt Abbildung 9.6. Die einfachen Schlüsse lassen sich in 73 % der Interaktionen finden. Es überwiegt der Zusammenhang zwischen den *spielbezogenen Handlungen*, der *Unterstützung* und dem *einfachen Schluss* (48 %). Beispielhaft kann eine Interaktion angeführt werden, die diesen Zusammenhang ergibt:

(34)   Die Kinder spielen das *Bohnenspiel*. Kind 4 ist mit Würfeln an der Reihe.

Kind 4:   ((würfelt eine Zwei)) Zwei.
Kind 1:   > >zeigt auf das richtige Feld< <Da.
Kind 4:   ((nimmt zwei Bohnen und legt diese in das von Kind 1 gezeigte Feld hinein))

Aufgrund der spielbezogenen Handlung von Kind 4, das würfelt, reagiert Kind 1 spontan, indem es das Feld auf dem Spielplan zeigt, das mit zwei Bohnen belegt werden kann. Der einfache Schluss stellt damit das Zeigen des korrekten Feldes dar.

Bezogen auf alle Garanten lässt sich beim *Bohnenspiel* feststellen, dass diese größtenteils im Zusammenhang mit der Reaktion *Überprüfung* auftauchen (26 %).

Das Regelspiel *Steine sammeln* ist neben dem prozentualen Anteil an einfachen Schlüssen auch hinsichtlich der anderen Zusammenhänge mit dem *Bohnenspiel* vergleichbar. Im Vergleich zum *Bohnenspiel* hat das Regelspiel *Steine sammeln* allerdings einen relativ geringen prozentualen Anteil bei dem Zusammenhang *spielbezogene Handlung, Unterstützung* und *einfachem Schluss* (22 %). Dennoch ich dieser Zusammenhang am häufigsten vorzufinden. Zwei weitere Zusammenhänge sind beim *Steine sammeln* zudem ausgeprägt. Dies ist zum einen der Zusammenhang zwischen der *spielbezogenen Handlung*, der *Aufforderung* und dem *einfachen Schluss* (15 %) und zum anderen der Zusammenhang zwischen dem *Spielmaterial*, der *Unterstützung* und des *einfachen Schlusses* (13 %).

Früchtespiel, Fünferraus und Verflixte 5
Beim *Früchtespiel, Fünferraus* und *Verflixte 5* finden sich auch zwischen 50 % bis 75 % einfache Schlüsse. Allerdings weisen diese Regelspiele Besonderheiten auf. Das *Früchtespiel* wird repräsentativ beschrieben, da hier die prozentuale Verteilung am deutlichsten ist.

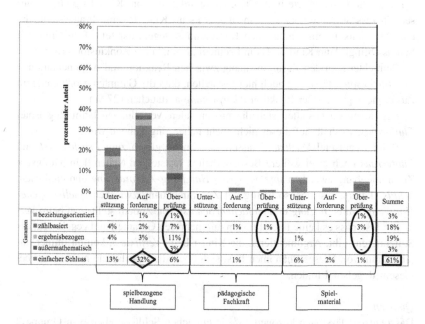

	Unter-stützung	Auf-forderung	Über-prüfung	Unter-stützung	Auf-forderung	Über-prüfung	Unter-stützung	Auf-forderung	Über-prüfung	Summe
▪ beziehungsorientiert	-	1%	1%	-	-	-	-	-	1%	3%
▪ zählbasiert	4%	2%	7%	-	1%	1%	-	-	3%	18%
▪ ergebnisbezogen	4%	3%	11%	-	-	-	1%	-	-	19%
▪ außermathematisch	-	-	3%	-	-	-	-	-	-	3%
▪ einfacher Schluss	13%	32%	6%	-	1%	-	6%	2%	1%	61%

spielbezogene Handlung	pädagogische Fachkraft	Spiel-material

Abbildung 9.7 Zusammenhänge der Hauptkategorien im Regelspiel *Früchtespiel* (n = 158)

Beim *Früchtespiel* (vgl. Abbildung 9.7) kommen die einfachen Schlüsse am häufigsten vor (61 %). Im Gegensatz zum *Bohnenspiel* und *Steine sammeln* gibt es allerdings einen anderen Zusammenhang der Hauptkategorien, der am häufigsten vorkommt. Dieser besteht aus der *spielbezogenen Handlung*, der *Aufforderung* und des *einfachen Schlusses* (32 %). Hier reagieren die Kinder also nicht vorrangig überprüfender, sondern auffordernder Art. Beispielhaft kann hierzu folgende Interaktion angeführt werden:

(35) Auf dem Tisch liegt eine Früchtekarte, auf der unter anderem zwei Kastanien abgebildet sind. An der Reihe ist nun Kind 7, das schaut, ob es eine Karte anlegen kann.

Kind 15:   Hast du drei Kastanien?
Kind 7:   ((schaut in ihre Karten))
Kind 15:   Drei Kastanien!
Kind 7:   Nein. ((schüttelt mit dem Kopf))

Der Auslöser ist eine spielbezogene Handlung, da es darum geht, ob Kind 7 eine Karte an die Früchtekarte in der Tischmitte anlegen kann. Kind 15 greift in diesen Prozess auffordernder Art ein, indem es an Kind 15 eine Frage stellt, die eine Möglichkeit, einer möglichen Karte zum Anlegen, darstellt. Den einfachen Schluss bringt dann Kind 7, das mit seinem „Nein." eine Konklusion bringt.

Betrachtet man den Zusammenhang zwischen Reaktion und Argumentationen im *Früchtespiel*, lässt sich auch hier feststellen, dass die Garanten größtenteils im Zusammenhang mit der Reaktion *Überprüfung* auftauchen (27 %).

Fast identisch gestalten sich die prozentualen Verteilungen beim Regelspiel *Fünferraus*, weshalb auf dieses nicht mehr näher eingegangen wird.

Beim Regelspiel *Verflixte 5* lassen sich im Vergleich zum *Früchtespiel* und *Fünferraus* noch zwei weitere Besonderheiten feststellen: Neben dem häufigsten Zusammenhang zwischen *spielbezogener Handlung, Aufforderung* und *einfachem Schluss* kommt fast ebenso häufig der Zusammenhang zwischen *spielbezogener Handlung, Unterstützung* und *einfachem Schluss* vor. Zudem stellt man beim *Verflixte 5* fest, dass es keine Interaktionen mit mehreren Garanten und gegebenenfalls Stützung(en) gibt. Argumentieren die Kinder beim *Verflixte 5*, kommt immer nur ein Garant vor. Dieses Phänomen lässt sich über alle Regelspiele hinweg nur bei diesem Regelspiel finden.

Quartett

Das *Quartett* lässt sich bezogen auf die einfachen Schlüsse ebenso in Gruppe 2 einordnen. Allerdings kommen in diesem Regelspiel zwei Zusammenhänge der Hauptkategorien gleich häufig vor (vgl. Abbildung 9.8).

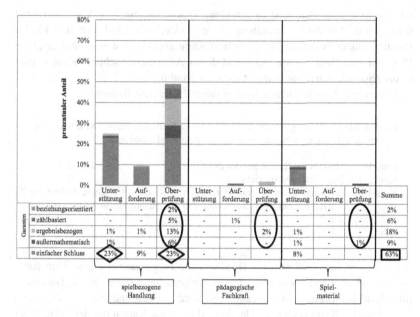

Garanten	spielbezogene Handlung			pädagogische Fachkraft			Spielmaterial			Summe
	Unter-stützung	Auf-forderung	Über-prüfung	Unter-stützung	Auf-forderung	Über-prüfung	Unter-stützung	Auf-forderung	Über-prüfung	
beziehungsorientiert	-	-	2%	-	-	-	-	-	-	2%
zählbasiert	-	-	5%	-	1%	-	-	-	-	6%
ergebnisbezogen	1%	1%	13%	-	-	2%	1%	-	-	18%
außermathematisch	1%	-	6%	-	-	-	1%	-	1%	9%
einfacher Schluss	23%	9%	23%	-	-	-	8%	-	-	63%

Abbildung 9.8 Zusammenhänge der Hauptkategorien im Regelspiel *Quartett* (n = 95)

Aus den prozentualen Häufigkeiten beim Regelspiel *Quartett* (vgl. Abbildung 9.8) ist herauszulesen, dass die einfachen Schlüsse in den mathematischen Interaktionen überwiegen (63 %). Zu den gleichen prozentualen Anteilen finden sich die Zusammenhänge zwischen den Hauptkategorien *spielbezogene Handlung, Unterstützung* und *einfacher Schluss* sowie den Hauptkategorien *spielbezogene Handlung, Überprüfung* und *einfacher Schluss* (jeweils 23 %). Der erste Zusammenhang wird anhand dieser beispielhaften Interaktion verdeutlicht:

(1) Die Kinder spielen *Quartett*. Kind 6 ist an der Reihe ein anderes Kind nach einer gesuchten Karte zu fragen. Es wendet sich an Kind 4 und stellt seine Frage.

Kind 6: Hast du vielleicht acht Würfelpunkte?
Kind 4: Acht Punkte.
Kind 6: Eine Drei und eine Fünf.
Kind 4: Eine Drei und eine Fünf. Da bitte. > > gibt Kind 6 die passende Karte < <

Als spielbezogene Handlung ist die Frage[6] nach der gesuchten Karte von Kind 6 zu werten. Auf die Wiederholung „Acht Punkte." von Kind 4 reagiert Kind 6 spontan, indem es die auf der gesuchten Karte abgebildeten Würfelbilder „Eine Drei und eine Fünf." nennt. Aufgrund dieses Austausches schließt Kind 4, dass es die passende Karte hat und gibt diese an Kind 6.

Der zweite Zusammenhang wird in dieser Interaktion dargestellt:

(2) Die Kinder spielen *Quartett*. Kind 10 ist an der Reihe, ein anderes Kind nach einer gesuchten Karte zu fragen. Es wendet sich an Kind 2 und stellt seine Frage.

Kind 10:   Hast du die Katzen mit der Zehn?
Kind 2:   Nein, ich habe sie nicht.
Kind 10:   Lass mal sehen ((schaut in Karten von Kind 2)) He, doch, du hast die Katzen mit der Zehn.>>nimmt sich die entsprechende Karte von Kind 2<<
Kind 2:   ((ärgert sich))

Auch hier ist die spielbezogene Handlung die Frage nach der gesuchten Karte durch Kind 10. Kind 2 antwortet, dass es die gesuchte Karte nicht hat. Dies überprüft Kind 10, indem es in die Karten von Kind 2 schaut und feststellt, dass Kind 2 die gesuchte Karte doch hat: „He, doch, du hast die Katzen mit der Zehn.". Der einfache Schluss stellt somit die Erkenntnis dar, dass Kind 2 die richtige Karte hat.

Die Garanten stehen auch beim *Quartett* mit der Reaktion *Überprüfung* am häufigsten in Bezug (29 %).

Mehr ist mehr

Als letztes folgt in dieser Gruppe das Regelspiel *Mehr ist mehr*. Mit Blick auf die einfachen Schlüsse ist es zwar der Gruppe 2 zuzuordnen, aber es steht knapp am Übergang zur dritten Gruppe. Bezogen auf die strukturelle Eigenschaft sind in den Interaktionen die einfachen Schlüsse (51 %) genauso häufig vorzufinden wie Interaktionen mit Garanten (50 %). Da kein summenerhaltendes Runden für die Abbildungen zu den prozentualen Häufigkeiten angewandt wurde, entsteht hier ein Prozentwert von über 100 %.

---

[6] In dem Regelspiel *Quartett* werden die Fragen nach der gesuchten Karte als spielbezogene Handlung betrachtet und nicht als Aufforderung kodiert, da dies die Spielregeln des Regelspiels vorschreiben (vgl. Kodierleitfaden: Anhang 1 im elektronischen Zusatzmaterial).

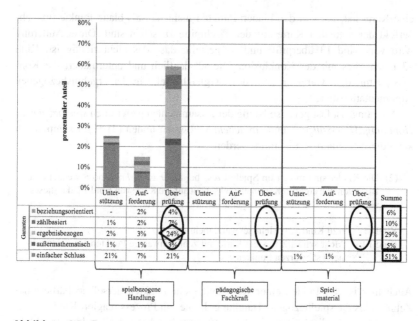

Garanten	spielbezogene Handlung			pädagogische Fachkraft			Spielmaterial			Summe
	Unter-stützung	Auf-forderung	Über-prüfung	Unter-stützung	Auf-forderung	Über-prüfung	Unter-stützung	Auf-forderung	Über-prüfung	
▪ beziehungsorientiert	-	2%	4%	-	-	-	-	-	-	6%
▪ zählbasiert	1%	2%	7%	-	-	-	-	-	-	10%
▪ ergebnisbezogen	2%	3%	24%	-	-	-	-	-	-	29%
▪ außermathematisch	1%	1%	3%	-	-	-	-	-	-	5%
▪ einfacher Schluss	21%	7%	21%	-	-	-	1%	1%	-	51%

Abbildung 9.9 Zusammenhänge der Hauptkategorien im Regelspiel *Mehr ist mehr* (n = 180)

Betrachtet man die prozentuale Häufigkeitsverteilung näher (vgl. Abbildung 9.9), ist der Zusammenhang zwischen *spielbezogener Handlung*, *Überprüfung* und *ergebnisbezogenem Garant* am häufigsten vertreten (24 %). Dieser Zusammenhang kann in folgender Interaktion veranschaulicht werden:

(1) Die Kinder spielen *Mehr ist mehr*. In der Tischmitte liegt eine Karte, auf der unter anderem ein Zehnerfeld mit zehn blauen Punkten abgebildet ist. Kind 1 legt eine Karte, auf der ebenso ein Zehnerfeld mit zehn blauen Punkten zu sehen ist, neben die Karte auf der Tischmitte.

Kind 1:   Blau.
Kind 13:   Mh, nein, das ist gleich viel. > > zeigt auf die Zehnerfelder mit den blauen Punkten auf beiden Karten < <

Das Finden einer Karte mit mehr Punkten derselben Farbe eines Zehnerfelds ist die spielbezogene Handlung, die die Interaktion auslöst. Kind 1 äußert, dass es eine Karte hat, die von den blauen Punkten mehr hat, als blaue Punkte im Zehnerfeld der aktuellen Karte auf der Tischmitte zu sehen sind. Diese Äußerung wird von Kind 13 überprüft und festgestellt, dass das nicht richtig ist. Kind 13 macht dies mit der Konklusion „Nein." deutlich und untermauert die Konklusion mit dem Garanten „..., das ist gleich viel." in der ergebnisbezogenen Argumentationstiefe.

Allerdings ist fast genauso häufig der Zusammenhang zwischen *spielbezogener Handlung, Unterstützung* und *einfachem Schluss* zu finden (21 %). Exemplarisch kann diese Interaktion angeführt werden:

(2) Die Kinder sind mitten im Spielprozess bei *Mehr ist mehr*. Kind 8 wendet den Blick von den eigenen Karten ab und schaut auf die Karte von Kind 12, das dieses aktuell mit der, in der Mitte liegenden Karte vergleicht.

Kind 8:   ((zu Kind 12)) Mehr schwarz, mehr schwarz.
Kind 12:   Mehr schwarz.>>legt Karte mit zehn schwarzen Punkten auf Karte mit neun schwarzen Punkten<<

Auch hier ist das Finden einer Karte mit mehr Punkten derselben Farbe eines Zehnerfelds die spielbezogene Handlung. In diesem Prozess reagiert Kind 8 spontan, indem es in die Karten von Kind 12 schaut und mit der Konklusion „Mehr schwarz, mehr schwarz." anmerkt, dass Kind 12 die Karte legen kann.

Gleich häufig zeigt sich auch der Zusammenhang zwischen *spielbezogener Handlung, Überprüfung* und *einfachem Schluss* (21 %). Hierin gibt diese Interaktion einen Einblick:

(3) Die Kinder sind mitten im Spielprozess und Kind 15 legt eine Karte.

Kind 15:   Violett.>>legt Karte mit acht violetten Punkten auf Karte mit einem violetten Punkt<<
Kind 8:   ((hebt gelegte Karte von Kind 15 hoch)) Ja.

Als spielbezogene Handlung kann hier das Ablegen der Karte von Kind 15 gesehen werden. Kind 8 kontrolliert dies, indem es die gelegte Karte nach oben hebt und die Konklusion „Ja." artikuliert. Diese Reaktion hat somit einen überprüfenden Charakter.

Mit 38 % fordert die *Überprüfung* als Reaktion beim Regelspiel *Mehr ist mehr* am häufigsten die Entstehung von Garanten.

9.2.3 Gruppe 3: Regelspiele mit ≤ 50 % einfachen Schlüssen

Im Gegensatz zu den bisher dargestellten Regelspielen dominieren bei der prozentualen Häufigkeitsverteilung im Regelspiel *Halli Galli* nicht die einfachen Schlüsse (vgl. Abbildung 9.10). Die einfachen Schlüsse machen einen geringeren Anteil aus (22 %). Bei *Halli Galli* sind das außermathematische Argumentieren (38 %) sowie das zählbasierte Argumentieren (36 %) prozentual betrachtet überlegen.

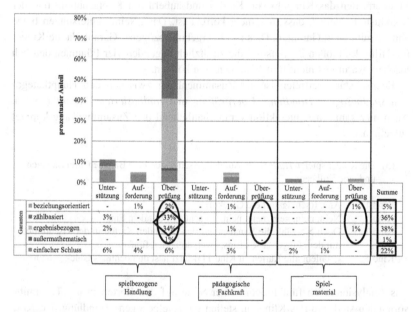

Abbildung 9.10 Zusammenhänge der Hauptkategorien im Regelspiel *Halli Galli* (n = 145)

Betrachtet man die Interaktionen mit Garanten, überwiegen diese stark (80 %). Im Vordergrund stehen zwei Zusammenhänge der Hauptkategorien. Der erste Zusammenhang der Hauptkategorien besteht aus *spielbezogener Handlung, Überprüfung* und *ergebnisbezogenem Garant* (34 %). Dieser Zusammenhang wird in nachfolgender Interaktion deutlich:

(4) Die Kinder spielen *Halli Galli.* Auf dem Tisch liegen die Karten mit vier Pflaumen, einer Banane und fünf Pflaumen.

Kind 4: ((schlägt auf die Glocke))
Kind 16 und 11: > >schütteln mit dem Kopf< <Nein. ((zeigen auf Karte mit den vier Pflaumen))
Kind 4: Ja, ja, ja. ((gibt Kind 16 und Kind 11 eine Karte ab))

Die spielbezogene Handlung stellt das Klingeln der Glocke von Kind 4 dar, das davon ausgeht, dass fünf Pflaumen auf dem Tisch liegen. Kind 16 und Kind 11 überprüfen das Klingeln von Kind 4 und äußern mit Kopfschütteln und der Konklusion „Nein.", dass dies nicht korrekt ist. Das „Nein." unterstützen beide Kinder mit einem Garanten. Dies ist ein ergebnisbezogener Garant, da die Kinder mit Hilfe des bloßen Zeigens auf die zusätzlich liegenden vier Pflaumen deutlich machen, warum es nicht fünf Pflaumen sein können.

Ebenso stark vertreten ist der Zusammenhang zwischen den Hauptkategorien *spielbezogene Handlung, Überprüfung* und *zählbasiertem Garant* (33 %). Auch hier kann eine Interaktion veranschaulichend den Zusammenhang konkret aufzeigen:

(5) Die Kinder spielen *Halli Galli.* Auf dem Tisch liegen zwei Bananen, drei Bananen und eine Erdbeere.

Kind 11: Aha. ((schlägt auf die Glocke))
Kind 5: Nein, nein, nein, nein, nein. > >schüttelt mit dem Finger< <
Kind 11: Doch. > >zählt die Bananen auf den liegenden Karten in der Tischmitte mit dem Finger ab< <Eins, zwei, drei, vier, fünf.
Kind 5: ((schiebt alle Karten zu Kind 11)) Jetzt hast du nochmals Glück gehabt.

Das Analysieren, ob fünf Früchte einer Sorte auf den Karten in der Tischmitte vorhanden sind und das Klingeln, stellen die spielbezogene Handlung dar. Kind 5 stellt die Richtigkeit des Klingelns von Kind 11 in Frage und regt somit das Überprüfen des Spielvorganges an. Auf die geäußerte Konklusion „Nein." von Kind 5 folgt eine weitere Konklusion von Kind 11: „Doch.". Dieses „Doch." wird von Kind 11 mit einem Garanten untermauert und zwar dem konkreten Abzählen der Bananen auf den abgelegten Karten mit dem Finger. Wird das Abzählen als Garant in der Argumentation genutzt, stellt dieses die Argumentationstiefe *zählbasiert* dar.

Beim *Halli Galli* werden wie bei allen Regelspielen die mathematischen Interaktionen mit Argumentation verstärkt durch *überprüfende Reaktionen* hervorgerufen (72 %).

Interpretation

Die Ergebnisse zeigen Gemeinsamkeiten und Unterschiede bezüglich der spielbezogenen Zusammenhänge verschiedener Hauptkategorien[7]. Eine zentrale Gemeinsamkeit ist, dass bei allen Regelspielen vorrangig spielbezogene Handlungen die Interaktionen unter den Kindern auslösen. Das bedeutet, die Spielregeln eines Regelspiels und das darin enthaltene mathematische Potenzial scheinen die Interaktionen sehr stark zu beeinflussen und können ein entscheidender Einflussfaktor sein, ob und über welche mathematischen Sachverhalte eine Interaktion zustande kommt[8]. Zudem dominieren mit Blick auf die strukturelle Eigenschaft der Interaktionen die einfachen Schlüsse. Betrachtet man die Einbettung von Argumentationen im laufenden Handlungsprozess (vgl. Abschnitt 3.2.1.1), ist festzustellen, dass das Argumentieren die eigentliche Spielhandlung unterbricht. Demnach ist zu vermuten, dass diese Unterbrechung des Spielflusses von den Kindern nur in Situationen vorgenommen wird, in denen entweder ein großer Widerspruch bei einem Kind oder mehreren Kindern auftaucht oder ein Kind beziehungsweise mehrere Kinder Verständnisschwierigkeiten haben. Lediglich beim Regelspiel *Halli Galli* nehmen die einfachen Schlüsse wenig Raum ein. Hingegen ist ein Großteil der Interaktionen mit Garanten. Die Garanten beziehen sich hier vorwiegend auf das Zusammensetzen von Mengen von Dingen. Ein Erklärungsansatz hierfür ist, dass die Kindergartenkinder die Grundaufgaben des kleinen $1 + 1$, hier im Zahlenraum bis Fünf, noch nicht automatisiert haben (vgl. Abschnitt 1.3.3 und Abschnitt 1.4.2). Damit alle Kinder ein Klingeln bei fünf gleichen Früchten akzeptieren, sehen die Kinder eine Notwendigkeit zu argumentieren.

9.3 Spielübergreifende Zusammenhänge der Hauptkategorien ohne Stützungen

Im Anschluss an die spielspezifischen Besonderheiten werden nun die Zusammenhänge der Hauptkategorien ohne Stützungen als absolute Häufigkeiten über alle Regelspiele hinweg zusammenfassend betrachtet (vgl. Abbildung 9.11).

---

[7] Ein kategorienbezogener Vergleich aller Regelspiele im Überblick findet sich in Anhang 4 im elektronischen Zusatzmaterial.

[8] Der Zusammenhang zwischen dem mathematischen Potenzial der Regelspiele und den Schwerpunkten der mathematischen Sachverhalte in den Interaktionen wird in Kapitel 11 diskutiert.

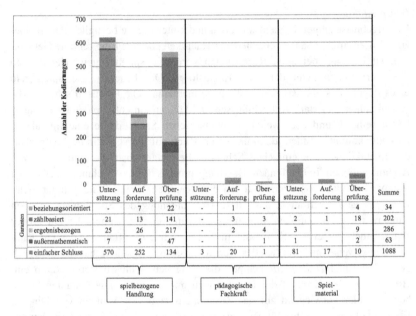

	Unter-stützung	Auf-forderung	Über-prüfung	Unter-stützung	Auf-forderung	Über-prüfung	Unter-stützung	Auf-forderung	Über-prüfung	Summe
▪ beziehungsorientiert	-	7	22	-	1	-	-	-	4	34
▪ zählbasiert	21	13	141	-	3	3	2	1	18	202
▪ ergebnisbezogen	25	26	217	-	2	4	3	-	9	286
▪ außermathematisch	7	5	47	-	-	1	1	-	2	63
▪ einfacher Schluss	570	252	134	3	20	1	81	17	10	1088

(Garanten) | (spielbezogene Handlung) | (pädagogische Fachkraft) | (Spielmaterial)

Abbildung 9.11 Zusammenhänge der Hauptkategorien über das gesamte Datenmaterial (n = 1673)

Die Angaben in Abbildung 9.11 beziehen sich auf absolute Häufigkeiten (Anzahl der Kodierungen), da bei der Umrechnung in prozentuale Anteile die Bereiche mit sehr wenigen Kodierungen nur 0 % ergeben. Zum Beispiel beim Auslöser *pädagogische Fachkraft* wäre nur im Zusammenhang mit der *Aufforderung* und dem *einfachen Schluss* 1 % ausgewiesen. Alle anderen Zusammenhänge mit dem Auslöser *pädagogische Fachkraft* würden gerundet 0 % ergeben.

In Abbildung 9.11 wird nochmals ersichtlich, dass die spielbezogenen Handlungen größtenteils mathematische Interaktionen und Argumentationen unter den Kindern auslösen. Zudem wird deutlich, dass die Reaktion *Überprüfung* vermehrt Interaktionen mit Garant(en) hervorruft. Dies lässt sich über die drei Auslöser *spielbezogene Handlung, pädagogische Fachkraft* und *Spielmaterial* hinweg beobachten. Innerhalb des Auslösers *pädagogische Fachkraft* ist die Reaktion *Aufforderung* zudem prägnant.

Interpretation

Die Interpretationen zu prägnanten Bereichen, wie zum Beispiel den Auslöser *spielbezogene Handlung* oder die Reaktion *Überprüfung* finden sich in den vorangegangenen Kapiteln. Neu zeigt sich in der zusammenfassenden Darstellung (vgl. Abbildung 9.11), dass pädagogische Fachkräfte vorwiegend auffordernd reagiert haben (53 %)[9]. Die pädagogischen Fachkräfte haben hauptsächlich spielorganisatorische Impulse an die Kinder gegeben, wie zum Beispiel „Welche Karte kannst du legen?" oder „Wer hat gewonnen?". Eine mögliche Erklärung hierfür ist, dass die pädagogischen Fachkräfte durch ihre auffordernden Impulse die Kinder im Spielverlauf voranbringen wollen.

9.4 Spielübergreifende Zusammenhänge der Hauptkategorien mit Stützungen

Für insgesamt 29 von 585 Garanten bringen die Kinder in den Argumentationen eine Stützung hervor. Somit kommt ein weiterer Einflussfaktor hinzu, dessen Zusammenhänge mit all den anderen Analyseelementen (vgl. Abschnitt 6.3.1) nicht überschaubar in die obigen Säulendiagramme integrierbar ist. Deswegen werden die Zusammenhänge der Interaktionen mit Stützungen nachfolgend anhand von Baumdiagrammen veranschaulicht. Dies gelingt, da die Gesamtzahl an Stützungen gering ist (n = 29). Die einzelnen Komponenten im Baumdiagramm beziehen sich auf die jeweiligen Analyseelemente (vgl. Abschnitt 6.3.1). In den Baumdiagrammen sind aus Gründen der Übersichtlichkeit nur Pfade aufgeführt, die sich im Datenmaterial der vorliegenden Studie zeigen. Ermittelt man die Pfade, die auf den Auslöser *spielbezogene Handlung* und *Spielmaterial* folgen, ergeben sich die in Abbildung 9.12 erstellten Baumdiagramme. Diese lassen erkennen, dass die beiden Auslöser *spielbezogene Handlung* und *Spielmaterial* mathematische Interaktionen mit Stützungen hervorbringen. Der Auslöser *pädagogische Fachkraft* findet sich in Abbildung 9.12 nicht, da die von den pädagogischen Fachkräften ausgelösten Garanten nie zu einer Stützung geführt haben. Als stärkster Pfad bei dem Auslöser *spielbezogene Handlung* zeigt sich in Abbildung 9.12 der Zusammenhang mit der Reaktion *Überprüfung*, den *ergebnisbezogenen Garanten* und der *zählbasierten Stützung* (28 %).

---

[9] Berechnung der Angabe in Prozent wie folgt: [100 / Gesamtzahl der Kodierungen im Bereich pädagogische Fachkraft (n = 38)] × 20.

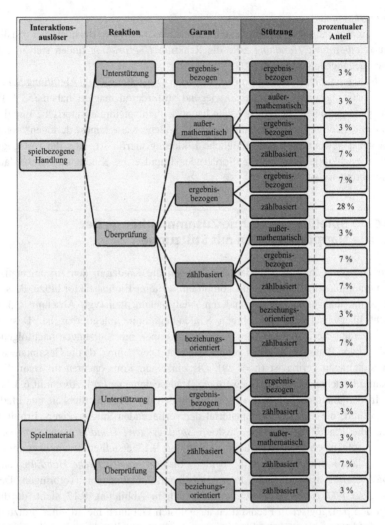

Abbildung 9.12 Spielübergreifende Zusammenhänge der Hauptkategorien mit Stützungen
$(n = 29)^{10}$

---

[10] Die jeweiligen Anzahlen der Kodierungen der in Abbildung 9.11 ausgewiesenen Prozentwerte finden sich in Anhang 3, Teil II im elektronischen Zusatzmaterial.

Der stärkste Pfad kann an der nachfolgend dargestellten Interaktion aus dem Regelspiel *Pinguin* veranschaulicht werden:

(6) Die Kinder spielen *Pinguin*. Kind 17 zieht zwei Zehnerfeldsteine: ein Zehnerfeldstein mit zwei Punkten und einen Zehnerfeldstein mit drei Punkten. Die beiden Zehnerfeldsteine zeigt Kind 17 dem Kind 19.

Kind 19:	Das gibt zusammen. ((überlegt))
Kind 17:	Fünf.
Kind 19:	Sechs.
Kind 17:	Nein, **Fünf, hier. > > zeigt gezogene Zehnerfeldsteine Kind 19 < <**
Kind 19:	Nein.
Kind 17:	Doch. **> > zählt Punkte der beiden Zehnerfeldsteine zusammen < < Eins, zwei, drei, vier, fünf.**
Kind 19:	Ja.

Das Ermitteln der Summe stellt eine spielbezogene Handlung dar. Kind 19 erhält diesbezüglich als Ergebnis die Summe Sechs. Kind 17 widerspricht Kind 19, das eine falsche Lösung äußert, mit einem „Nein.". Zunächst versucht Kind 17 das Kind 19 mit einem ergebnisbezogenen Garanten davon zu überzeugen, dass die bereits geäußerte Summe von ihm selbst richtig ist: „..., Fünf, hier.". Dabei zeigt Kind 17 auf die beiden gezogenen Zehnerfeldsteine und bezieht sich somit auf eine ganz konkrete Spielsituation. Da sich Kind 19 hiervon nicht überzeugen lässt, stützt Kind 17 den Garanten. Diese Stützung ist dann einer zählbasierten Argumentationstiefe zuzuordnen, da abgezählt wird. Das Zusammenzählen der Punkte auf beiden Zehnerfeldsteinen überzeugt Kind 19 dann und es bestätigt mit einem „Ja.". Ein Ausschnitt aus dem dazugehörigen Toulmin-Layout zeigt die Argumentationsstruktur im Detail:

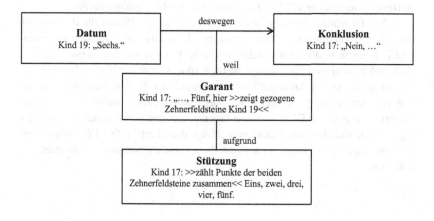

Hierbei ist zu beachten, dass die Äußerung „Sechs." von Kind 19 zunächst als Konklusion auf das Datum *gezogene Zehnerfeldsteine von Kind 17* zu sehen ist. Diese Konklusion wird im weiteren Verlauf der Interaktion zu einem neuen Datum, das einen weiteren Schluss zulässt (vgl. Abschnitt 3.2.1.2).

Interpretation
Die Interpretation bezieht sich nur auf den stärksten Pfad im Baumdiagramm. Dieser besteht aus dem Auslöser *spielbezogene Handlung*, der Reaktion *Überprüfung*, einem *ergebnisbezogenen* Garanten und einer *zählbasierten* Stützung (28 %). Die Erklärung, warum dieser Pfad am häufigsten vorkommt, hängt mit den vorangegangenen Erklärungen zusammen (vgl. Abschnitt 8.2.3 und Abschnitt 9.1.3). Zunächst einmal wird ein Großteil der Interaktionen durch *spielbezogene Handlungen* ausgelöst, weshalb davon auszugehen ist, dass auch genau in diesem Kontext Stützungen auftauchen (vgl. Abschnitt 8.2.1). Stützungen setzen voraus, dass zunächst mittels eines Garanten argumentiert wurde. Im vorliegenden Datenmaterial sind die Garanten zur Hälfte *ergebnisbezogen*. Garanten sind zudem meist mit der Reaktion *Überprüfung* verbunden (vgl. Abschnitt 9.1.2). Neben den ergebnisorientierten Garanten sind auch die zählbasierten Garanten oft zu finden. Allerdings ist bei den zählbasierten Garanten davon auszugehen, dass die anderen Kinder dem zählenden Argumentieren direkt folgen können und es keiner weiteren Stützung bedarf. Hingegen ist das ergebnisorientierte Argumentieren noch keine konkrete mathematische Vorgehensweise, die nachvollziehbar ist, sondern nur eine Ergebnisnennung oder das Zeigen auf eine Spielsituation. Wird ein ergebnisorientierter Garant angeführt, muss dieser anscheinend des Öfteren durch eine Stützung legitimiert werden. Addiert man die Prozentzahlen der drei Pfade in Abbildung 9.12 mit den ergebnisorientierten Garanten, wird deutlich, dass die Pfade mit den ergebnisorientierten Garanten einen Großteil der Interaktionen mit Stützungen ausmachen (44 %). Dies untermauert obige Interpretation.

In Teil III wurden die Ergebnisse ausführlich dargestellt und die deskriptiven Häufigkeiten interpretiert. Hierbei ist zu beachten, dass Interpretationen qualitativer Ergebnisse in der vorliegenden Studie im Kontext von Interaktionen immer auch anders oder neu interpretiert werden können und somit grundsätzlich nie abgeschlossen sind (Mayring, 2015). Aufgrund der breiten Datenbasis lassen sich aus den empirischen Daten der vorliegenden Studie trotzdem ganz klare Erkenntnisse ableiten. Die Zusammenfassung der zentralen Erkenntnisse aus den Ergebnissen und den Interpretationen erfolgt detailliert in Teil IV. Zudem werden dort explizit die eingangs aufgestellten Forschungsfragen beantwortet und diskutiert.

Teil IV
Zusammenfassung, Diskussion und Ausblick

Die vorliegende Studie verfolgt das übergeordnete Ziel zu untersuchen, wie sich mathematische Interaktions- und Argumentationsprozesse unter Kindergartenkindern beim Spielen arithmetischer Regelspiele gestalten. Die damit verbundene Leitfrage (vgl. Kapitel 4) wurde während der Strukturierung des Datenmaterials (vgl. Abschnitt 6.2) in präzisere Fragestellungen ausdifferenziert, die die Analyse von strukturellen Eigenschaften, den Interaktionsauslösern, den interaktionsbezogenen Reaktionen, der Argumentationstiefe sowie den mathematischen Sachverhalten der Argumentationen erfordern. Das analysierte Datenmaterial entstand im Rahmen des IBH-Projekts *spimaf* mittels Videografie (vgl. Abschnitt 5.1). Die formulierte Leitfrage und die dazu untergeordneten Fragestellungen konnten nach der Datenstrukturierung (vgl. Abschnitt 6.2) anhand von mehreren Analyseschritten (vgl. Abschnitt 6.3) beantwortet werden. Final entstand aus diesem Prozess ein umfassendes Kategoriensystem mit verschiedenen Analyseelementen (vgl. Abschnitt 6.3.2) zur Beschreibung von Interaktionen und Argumentationen beim Spielen arithmetischer Regelspiele.

Im letzten Teil der Arbeit werden in Kapitel 10 zunächst die gewonnenen Ergebnisse auf übergeordneter Ebene zusammengefasst sowie aus den Ergebnissen und deren Interpretationen zentrale inhaltliche Erkenntnisse dargestellt. Des Weiteren erfolgen in Kapitel 11 die Beantwortung der einzelnen Forschungsfragen und die Diskussion der sich daraus ergebenden Ergebnisse. Das Kapitel 12 schließt die Arbeit mit einem Ausblick auf weiterführende Forschungsfelder ab.

Zusammenfassung zentraler Erkenntnisse

10

In der vorliegenden Studie wurden auf unterschiedlichen Ebenen Ergebnisse und Erkenntnisse generiert:

- Entwicklung eines Modells zur Relevanz von Interaktionen für das mathematische Lernen beim Spielen von Regelspielen (vgl. Abschnitt 3.1),
- Anpassung des Strukturschemas nach Toulmin (1996, 2003) für den Elementarbereich (vgl. Abschnitt 6.3.2.1),
- Entwicklung eines Modells zur Beschreibung von Interaktions- und Argumentationsprozessen im Vorschulalter (vgl. Kapitel 7) und damit einhergehend die inhaltliche Ausdifferenzierung von:
  - ○ Interaktionsauslösern (vgl. Abschnitt 6.3.2.2),
  - ○ interaktionsbezogenen Reaktionen (vgl. Abschnitt 6.3.2.3),
  - ○ verschiedenen Formen des Argumentierens beziehungsweise Argumentationstiefen (vgl. Abschnitt 3.2.2 und Abschnitt 6.3.2.4),
- Auswertung und Interpretation deskriptiver Häufigkeiten der Kategorisierungen im Rahmen einzelner Analyseelemente (vgl. Kapitel 8),
- Beschreibung von strukturellen Zusammenhängen der Hauptkategorien und deren Interpretation anhand deskriptiver Häufigkeiten (vgl. Kapitel 9).

Die breite Datenbasis aus drei Ländern liefern klare Ergebnisse in Bezug auf das Interagieren spezifisch Argumentieren von Vorschulkindern im Kontext arithmetischer Regelspiele.

Folgende zentrale inhaltliche Erkenntnisse lassen sich aus den vorliegenden empirischen Daten und deren Interpretation generieren:

J. Böhringer, *Argumentieren in mathematischen Spielsituationen im Kindergarten*, https://doi.org/10.1007/978-3-658-35234-9_10

- Kindergartenkinder interagieren und argumentieren ohne direkten Einfluss der pädagogischen Fachkraft über mathematische Sachverhalte bei spielbezogenen Aktivitäten.
- Mathematische Interaktionen und Argumentationen unter den Kindern werden durch spielbezogene Handlungen ausgelöst.
- Spielspezifische Eigenschaften wirken sich auf die mathematischen Interaktionen und Argumentationen der Kinder aus.
- Überprüfungen der Kinder in den mathematischen Interaktionen führen vermehrt zu Argumentationen.

Die genannten Erkenntnisse bringen ein vertieftes Verständnis des Forschungsgegenstandes der vorliegenden Studie mit sich.

Erkenntnis 1: **Kindergartenkinder interagieren und argumentieren ohne direkten Einfluss der pädagogischen Fachkraft über mathematische Sachverhalte bei spielbezogenen Aktivitäten.**

Die Ergebnisse der vorliegenden Studie zeigen, dass Kindergartenkinder untereinander beim Spielen von Regelspielen im Kindergartenalltag ohne gezielte Anregung seitens der pädagogischen Fachkräfte mathematisch interagieren und spezifisch argumentieren. Die aufgetretenen Interaktionen sind größtenteils einfacher Art. Dies bedeutet, dass es überwiegend Interaktionen ohne Argumentationen gibt (vgl. Abschnitt 8.1.2). Wird argumentiert, so geschieht dies vor allem ergebnisbezogen oder zählbasiert (vgl. Abschnitt 8.2.3). Das häufige Auftreten der zählbasierten Argumente ist über die Bereiche mathematischer Bildung im Elementarbereich (vgl. Abschnitt 1.3) sowie die Modelle zur Entwicklung des Zahlbegriffs erklärbar (vgl. Abschnitt 1.4). Die Zählentwicklung beginnt bei Kindern ab circa 2 Jahren (Hasemann, 2008) und ist ein zentraler Aspekt, wenn es um den Zahlbegriffserwerb geht (z. B. Baroody, 1987; Krajewski, 2003; Moser Opitz, 2001; Resnick, 1989). So liegt ein Fokus der mathematischen Bildung im Kindergarten auf dem Zählen und Abzählen. Der hohe Anteil an ergebnisbezogenem Argumentieren liegt in der Ausdifferenzierung der Argumentationstiefe der vorliegenden Studie begründet (vgl. Abschnitt 6.3.2.1, Abschnitt 6.3.2.4 und Abschnitt 8.2.3).

Zudem lässt sich feststellen, dass die mathematischen Interaktionen mit und ohne Argumentation(en) nicht nur punktuell vorkommen, sondern über alle Regelspiele hinweg stattfinden (vgl. Abschnitt 8.1.1). Bei manchen Regelspielen kommen Interaktionen und Argumentationen gehäuft vor, bei anderen weniger. Die empirischen Ergebnisse dieser breit angelegten Studie weisen auf die Ursache hin, dass spielbezogene Eigenschaften die Anzahl der Interaktionen beeinflussen (vgl. Erkenntnis 3).

Erkenntnis 2: Mathematische Interaktionen und Argumentationen unter den Kindern werden durch spielbezogene Handlungen ausgelöst.

Auf Grundlage des großen Datenmaterials der vorliegenden Studie und den Ergebnissen zu den Auslösern der mathematischen Interaktionen beim Spielen von Regelspielen zeichnet sich als zentraler Interaktionsauslöser die spielbezogene Handlung ab (89 %). In der aktuellen Forschungslandschaft besteht ein Konsens über die Bedeutung des Spielens im Elementarbereich (z. B. Gasteiger, 2013; Kamii & Yasuhiko, 2005; Ramani & Siegler, 2008; Rechsteiner et al., 2012; Schuler, 2013) sowie die Bedeutung von Interaktionen für das mathematische Lernen (z. B. Carpenter & Lehrer, 1999; Cobb & Bauersfeld, 1995; Schuler, 2013; Schütte, 2008). Aus dieser Perspektive lässt sich das selbst entwickelte *Modell zur Relevanz von Interaktionen für das mathematische Lernen in Spielsituationen* aufgreifen (vgl. Abschnitt 3.1, Abbildung 3.1). Nach diesem theoretisch entwickelten Modell können anhand geeigneter Regelspiele in einer mathematischen Spiel- und Lernumgebung Interaktionen unter den Kindern oder mit der pädagogischen Fachkraft entstehen. Betrachtet man das Spiel der Kinder, sind zunächst individuelle Spielvoraussetzungen (z. B. kognitive Fähigkeiten, Motivation) ausschlaggebend, um das Regelspiel möglichst angemessen spielen zu können. Erfordern die Spielregeln eines Regelspiels nun spielbezogene Handlungen mit mathematischem Bezug, so müssen die Kinder ihre vorhandenen mathematischen Kompetenzen aktivieren, um die spielbezogene Handlung durchführen zu können und dadurch eine mathematische Aktivität im Regelspiel zu vollziehen. Wird diese konkrete mathematische Aktivität, die aufgrund einer spielbezogenen Handlung stattfindet, zum Thema eines Austausches über den jeweiligen mathematischen Sachverhalt, können sich die individuellen Spielvoraussetzungen der beteiligten Kinder weiterentwickeln.

Erkenntnis 3: Spielspezifische Eigenschaften wirken sich auf die mathematischen Interaktionen und Argumentationen der Kinder aus.

Die Ergebnisse der vorliegenden Studie belegen, dass hauptsächlich die spielbezogenen Handlungen und damit die Spielregeln die mathematischen Interaktionen auslösen (vgl. Abschnitt 8.2.1). Vergleicht man die einzelnen Regelspiele mit

Blick auf die ausgelösten Interaktionen, lassen sich auf Basis der Interpretationen in den vorangegangenen Ergebniskapiteln folgende Zusammenhänge feststellen:

- Regelspiele mit einem offenen Spielraum sind interaktionsfördernd.
- Regelspiele mit angemessenen mathematischen Herausforderungen für die jeweilige Altersgruppe sind interaktionsfördernd.
- Materialisierung der Regelspiele beeinflusst die mathematischen Interaktionen.
- Spielspezifische Eigenschaften beeinflussen die interaktionsbezogenen Reaktionen.

Diese vier Zusammenhänge werden nachfolgend näher erläutert.

Regelspiele mit einem offenen Spielraum sind interaktionsfördernd.
Dies bedeutet, dass die Kinder komplett oder teilweise in die Spielprozesse der anderen am Spiel beteiligten Kindern einsehen können. Es sind drei Ausprägungen festzustellen: Regelspiele mit vorrangig eigenem Spielraum, Regelspiele mit einem teilweise offenen Spielraum und Regelspiele mit einem komplett offenen Spielraum.

Bei Regelspielen wie dem *Quartett* spielen die Kinder vorrangig im eigenen Spielraum. Die Kinder sehen nicht in die Karten der anderen Kinder ein und können dadurch auch viele der fehlerhaften Äußerungen nicht erkennen. Die Kinder können in weite Teile des Regelspiels nicht einsehen und damit zum Beispiel nicht erkennen, ob die Äußerung „Nein, ich habe die Karte mit den vier Katzen nicht." korrekt ist. Alle Kinder können lediglich das Ablegen des Quartetts sehen und auf Korrektheit überprüfen.

Dann gibt es Regelspiele wie *Früchtespiel, Fünferraus, Pinguin* oder *Verflixte 5* die einen teilweise offenen Spielraum aufweisen. Bei diesen Regelspielen verfügen die Kinder zwar ebenso über Karten, in die nur sie selbst einsehen können, aber auf dem Tisch liegt eine konkrete Spielsituation, auf die in jedem Spielzug durch beispielsweise das Anlegen von Karten, Bezug genommen wird. Somit haben die Kinder mehr Anknüpfungsmöglichkeiten für Interaktionen im Vergleich zum *Quartett*.

Als dritte Ausprägung gibt es Regelspiele, die über einen komplett offenen Spielraum verfügen. Dazu gehören die Regelspiele *Bohnenspiel, Halli Galli, Schüttelbecher, Steine sammeln, Dreh, Mehr ist mehr* und *Klipp Klapp.* Hier können die Kinder rein theoretisch die gesamten Spielzüge der anderen Kinder einsehen.

In den Ergebnissen der vorliegenden Studie zeichnet sich ab, dass Regelspiele mit offenen beziehungsweise teilweise offenen Spielzügen tendenziell mehr Interaktionen fördern als Regelspiele, die vorwiegend über einen eigenen Spielraum verfügen. Allerdings zeigt die Interpretation in Abschnitt 8.1.1 auch, dass die Anzahl an Interaktionen mit den mathematischen Herausforderungen eines Regelspiels zusammenhängen. Diesbezüglich konnte festgestellt werden, dass gerade auch die Kombination der Offenheit des Spielraums und der Komplexität der mathematischen Herausforderungen entscheidend dafür ist, wie viel die Kinder interagieren.

Regelspiele mit angemessenen mathematischen Herausforderungen für die jeweilige Altersgruppe sind interaktionsfördernd.
Im Projekt *spimaf* wurden die eingesetzten Regelspiele kriteriengeleitet hinsichtlich ihres mathematischen Potentials und damit verbunden dem Schwierigkeitsgrad bezogen auf die mathematischen Herausforderungen analysiert. Das schwierigste Regelspiel ist *Verflixte 5* (vgl. Abschnitt 5.1.3) und hat zudem einen teilweise offenen Spielraum. Dieses Regelspiel führt nach den Analysen der vorliegenden Studie zu den wenigsten mathematischen Interaktionen (vgl. Abschnitt 8.1.1). Die Kinder müssen beim *Verflixte 5* in jedem Spielzug Differenzen zwischen Zahlen bestimmen, die als Ziffernbilder dargestellt sind. Die jeweilige Karte eines Kindes ist dort anzulegen, wo die kleinste Differenz zwischen der Zahl auf der Karte in der Tischmitte mit der Zahl auf der abzulegenden Karte vorhanden ist. Diese Kompetenz ist unter Annahme der Modelle zur Entwicklung des Zahlbegriffs anspruchsvoll und in der mathematischen Entwicklung eher später anzusiedeln (vgl. Abschnitt 1.4.2). Zum Beispiel ordnen Krajewski und Schneider (2006) diese Fähigkeit in ihrem Modell der letzten Kompetenzstufe zu und betonen hier den Zusammenhang zum ersten Rechnen mit Zahlen (vgl. Abschnitt 1.4.2.3). Es scheint, als ob die Kinder bei solch komplexen Regelspielen in den eigenen Spielhandlungen so gefordert und vertieft sind, dass die Spielhandlungen der anderen Kinder wenig Beachtung finden und sie somit eher selten Anknüpfungspunkte für Interaktionen erkennen und nutzen.

Materialisierung der Regelspiele beeinflusst die mathematischen Interaktionen.
Bezüglich der Materialisierung der Regelspiele und dessen Einfluss auf die Interaktionen beim Spielen von Regelspielen lassen sich zwei prägnante Ergebnisse anführen.
Zum einen ist beim Regelspiel *Steine sammeln* auffallend, dass im Vergleich zu den anderen Regelspielen häufiger das Spielmaterial an sich als Auslöser von Interaktionen fungiert. Betrachtet man die Regelspiele und die dazugehörigen

Materialien ist *Steine sammeln* das einzige Regelspiel, bei dem im Spielprozess direkt vor jedem Kind ein Material in größerer Menge vorliegt. Die gesammelten Steine, die zunächst eine ungeordnete Menge darstellen, motivieren die Kinder demnach neben dem eigentlichen Regelspiel zum mathematischen Tätigsein und zu mathematischen Interaktionen. Diese Erkenntnis lässt sich in einen Zusammenhang bringen mit dem Ansatz von Lee (2014) zum gestaltenden Tätigsein mit einem gleichen Material in einer großen Menge.

Zum anderen zeigen die Regelspiele *Mehr ist mehr* und *Pinguin*, dass die Zehnerfeldkarten als Spielmaterial für das Hervorbringen von beziehungsorientierten Argumentationen verantwortlich sein könnte (vgl. Abschnitt 9.2.3). Die Zehnerfeldkarten an sich sind als didaktisches Material einzuordnen. Die dahinterliegende Struktur in den Zehnerfeldkarten kann gezielt genutzt werden, um Beziehungen zwischen Zahlen zu erkennen und somit auch diese zu versprachlichen.

Spielspezifische Eigenschaften beeinflussen die interaktionsbezogenen Reaktionen. Die dargestellten Ergebnisse und die erfolgte Interpretation weisen darauf hin, dass die Reaktionen *Aufforderung* und *Überprüfung* durch spielspezifische Eigenschaften beeinflusst werden.

Es lässt sich feststellen, dass Reaktionen auffordernder Art hauptsächlich bei Regelspielen stattfinden, in denen die Spielkarten der Kinder nicht für alle einzusehen sind, aber die Karten, an die anzulegen ist, offen für alle in der Tischmitte liegen (vgl. Abschnitt 8.2.2). Hierzu zählen die Regelspiele *Fünferraus, Früchtespiel* und *Verflixte 5*.

Zudem erkennt man, dass bei den beiden Geschwindigkeitsspielen *Halli Galli* und *Mehr ist mehr* überwiegend überprüfende Reaktionen stattfinden. Dies kann dadurch erklärt werden, dass sich die Kinder zunächst aufgrund der geforderten Spielgeschwindigkeit auf die eigenen Spielhandlungen konzentrieren. Wird beim *Halli Galli* geklingelt oder beim *Mehr ist mehr* eine Karte abgelegt, entsteht eine kurze Pause im Spielprozess. Diese Unterbrechung nutzen die Kinder anscheinend, um die Spielhandlung eines anderen Kindes auf Korrektheit zu überprüfen. Dieser Zusammenhang ist im Datenmaterial so prägnant ersichtlich, dass dieser zu einer vierten Erkenntnis führt.

Erkenntnis 4:   **Überprüfungen der Kinder in den mathematischen Interaktionen führen vermehrt zu Argumentationen.**

Die Ergebnisse der vorliegenden Studie zeigen, dass das Überprüfen auffallend häufig zum Hervorbringen von Garanten und Stützungen führt (vgl.

Abschnitt 9.1.2). Dies lässt sich durch die damit verbundenen Funktionen erklären. In Anlehnung an de Villiers (1990) und Hersh (1993) führen die beiden Funktionen *Verifizierung* und *Explikation* zu Argumentationen (vgl. Abschnitt 3.2.1.1). Zum einen überprüfen Kinder die Korrektheit von Spielzügen oder Aussagen (Verifizierung), um zum Beispiel durch entstandene Fehler anderer Kinder nicht selbst zu verlieren. Zum anderen legitimieren Kinder vollzogene Spielhandlungen, indem sie Einsicht in einen Spielzug oder in eine Aussage und das dahinterstehende mathematische Denken geben, um die anderen Kinder damit von der Richtigkeit des Spielzugs zu überzeugen (Explikation).

Betrachtet man die Art der Realisierung, findet sich in Anlehnung an Krummheuer und Fetzer (2005) auch über die diskursive Realisierungspraxis ein Zugang zu dieser Erkenntnis (vgl. Abschnitt 3.2.1.1). Die beiden Autoren verstehen darunter, dass Kinder argumentieren, wenn etwas für sie strittig ist. Auch Unterhauser und Gasteiger (2017) stellen heraus, dass vor allem kognitive Konflikte dafür verantwortlich sind, dass Kindergartenkinder aussagekräftige Argumente bringen (vgl. Abschnitt 3.4).

Zudem stellt die KMK (2005) in diesem Zusammenhang heraus, dass ein zentraler Aspekt der allgemeinen mathematischen Kompetenz *Argumentieren* das Hinterfragen von mathematischen Aussagen sowie das Überprüfen derer auf Korrektheit ist (vgl. Abschnitt 3.2.1.1).

Diskussion der Ergebnisse entlang der Forschungsfragen

Die Diskussion der Ergebnisse findet nachfolgend vor dem Hintergrund der Forschungsfragen statt. Dabei sind zunächst die untergeordneten Fragestellungen im Blick, um anhand der entstandenen Erkenntnisse die Leitfrage bezüglich der Gestaltung von mathematischen Interaktionen und Argumentationen unter Kindergartenkindern zu diskutieren.

Welche strukturellen Eigenschaften haben die Interaktionen?
In den vorliegenden Daten zeigt sich, dass die einfachen Schlüsse überwiegen (63 %). Dies begründet sich vermutlich darin, dass diese den Spielfluss der Kinder aufrechterhalten. Hingegen machen Garanten einen kleineren Anteil aus (34 %) und der Anteil an Stützungen ist zu vernachlässigen (2 %). Mathematische Fehler sind in den analysierten Interaktionen so gut wie nicht zu finden (1 %).

Der geringe Anteil an Garanten und Stützungen ist nach Bardy (2015) nicht unbedingt negativ aufzufassen. Er unterscheidet zwischen Geltung und Gültigkeit mathematischer Aussagen im Mathematikunterricht. Auf übergeordneter Ebene belegen Argumentationen die Gültigkeit einer Aussage oder einer Handlung. Das Akzeptieren des Arguments sorgt dann für Geltung. Aussagen oder Handlungen können aber auch ohne das Anführen eines Arguments akzeptiert werden. Hier findet demnach die Konklusion in einem einfachen Schluss unbegründet Akzeptanz und somit Geltung. „Aufgrund dieser Festlegungen können also mathematische Inhalte in einer Klasse Geltung haben, ohne Gültigkeit zu besitzen, also ohne dass Begründungen vorliegen" (ebd., S. 29). Dies lässt sich auf die strukturellen Eigenschaften der mathematischen Interaktionen übertragen. Die vorliegende Studie zeigt, dass Kinder im Vorschulalter einfache Schlüsse sehr häufig akzeptieren und diese somit für alle Geltung haben. Es bedarf keines weiteren Nachweises der Gültigkeit über eine Argumentation. Wird die Gültigkeit

J. Böhringer, *Argumentieren in mathematischen Spielsituationen im Kindergarten*, https://doi.org/10.1007/978-3-658-35234-9_11

einer Konklusion (Aussage oder Handlung) belegt, führen die Kinder ein Argument in Form eines Garanten an. Die Garanten werden in den meisten Fällen von allen Mitspielenden anerkannt und finden Geltung. Somit musste die Gültigkeit von Argumenten über eine Stützung so gut wie nicht belegt werden.

Nimmt man die einfachen Schlüsse in den Fokus, ist es für die Kinder also oft nicht notwendig zu argumentieren. Es ist davon auszugehen, dass eine geteilte Akzeptanz über die (mathematischen) Aussagen oder Handlungen im Spielprozess bestehen (Bardy, 2015). Des Weiteren sind die einfachen Schlüsse als Vorläufer des Argumentierens positiv einzuschätzen (Fetzer, 2011). Denn in

> vielen Fällen argumentieren die Schülerinnen und Schüler mit einfachen Schlüssen, die lediglich aus Datum und Konklusion bestehen [...]. Dennoch sollte man nicht aus den Augen verlieren, dass manche der rudimentären Einwort-Antworten (Teile von) Argumentationen sind. Strukturell betrachtet handelt es sich dabei (schon) um Argumentationen, auch wenn die kurzen Schlüsse unter einer traditionellen mathematikdidaktischen Perspektive (noch) nicht als Argumentationen angesehen werden mögen und von der in den Bildungsstandards [...] beschriebenen Kompetenz des Argumentierens (noch) weit entfernt scheinen. Sie stellen einen Anfang bzw. eine Grundlage des Argumentierens dar, an die es anzuknüpfen gilt. (Fetzer, 2011, S. 45 f.)

Demnach steckt viel Potenzial in den mathematischen Interaktionen unter Kindergartenkindern, sei es mit oder ohne Argumentation. In diesem Zusammenhang ist die erste Erkenntnis der vorliegenden Studie zu bringen: Kinder interagieren und argumentieren von sich aus, ohne dass hierfür zwangsläufig die pädagogische Fachkraft notwendig ist (vgl. Kapitel 10). Hier stellt sich nun die Frage, inwieweit bereits die Interaktionen und Argumentationen beim Spielen arithmetischer Regelspiele die mathematische Kompetenzentwicklung der Kinder positiv beeinflussen und inwiefern sich diese von Kindern unterscheidet, die beim Spielen von der pädagogischen Fachkraft begleitet werden. Diesen Forschungsfragen gehen Schuler und Sturm (2018, 2019a, 2019b) nach. Unter anderen stellte bereits Schuler (2013) heraus, dass neben dem mathematischen Potenzial eines Spieles gerade auch die Lernbegleitung durch die pädagogische Fachkraft großen Einfluss auf das Gelingen der mathematischen Lerngelegenheit hat (vgl. Gasteiger, Obersteiner & Reiss, 2015; Ramani & Siegler, 2008). Mit Blick auf die Erkenntnis von Schuler (2013) ist davon auszugehen, dass das Potenzial, das sich bereits in den analysierten Interaktionen unter den Kindern zeigt, durch eine förderliche Lernunterstützung seitens der pädagogische Fachkraft weiter erhöht wird (vgl. auch Gasteiger, 2010; Krammer, 2017; Tournier, 2017). „Eine eng anleitende Interaktion verbunden mit einem nachfolgend unbegleitenden Spielen der Kinder ist für die Fortführung begonnener Lernprozesse nicht ausreichend" (Schuler, 2017, S. 153).

Die Analyse der strukturellen Eigenschaften zeigt, dass die Kinder ohne bewusste Förderung der Argumentationskompetenzen durch die pädagogische Fachkraft in etwa einem Drittel der mathematischen Interaktionen argumentieren. Es ist anzunehmen, dass Kinder die argumentieren intensiver über die Situation und somit über die darin thematisierten mathematischen Sachverhalte nachdenken (vgl. Kapitel 3). Diese Aussage ist ganz im Sinne von Freudenthal (1981) zu verstehen, der sagt: „Wann fängt die Mathematik an? [...] Es hängt davon ab, wie bewusst es geschieht" (ebd., S. 100).

Eine pauschale Aussage, dass die Anteile der Argumentationen unter den Kindern zu erhöhen sind, lässt sich auf Basis der Ergebnisse der vorliegenden Studie nicht machen. Krammer (2017) stellt aber in Bezug zur Lernbegleitung im Kindergarten und am Grundschulanfang dar, dass die pädagogische Fachkraft die Kinder dazu anregen soll, sich aktiv daran zu beteiligen und Fragen zu stellen. Hierdurch kann es dann zu einem geteilten Verständnis unter allen an der Situation oder Aufgabe Beteiligten kommen (Rogoff, 1990). Überträgt man dieses intersubjektive Verständnis auf Spielsituationen unter den Kindern, scheint es erstrebenswert zu sein, die aktive Beteiligung eines Kindes an den Spielprozessen der anderen Mitspielenden gezielt anzuregen, um dadurch vermehrt mathematische Interaktionen und somit auch mathematische Lernprozesse anzuregen.

Was sind Auslöser der Interaktionen?

Bei den Interaktionsauslösern kristallisierte sich ein eindeutiger Schwerpunkt heraus: Die spielbezogenen Handlungen liegen mit 89 % eindeutig vor dem Spielmaterial (9 %) und der pädagogischen Fachkraft (2 %).

Dieses Wissen um den großen Einfluss der spielbezogenen Handlungen ist nutzbar für die Entwicklung weiterer Regelspiele zur mathematischen Förderung (vgl. Kapitel 10: Erkenntnis 2). Zum Beispiel ist bei Regelspielen, in denen Würfelbilder zu bestimmen sind, davon auszugehen, dass dieses Element der Spielregel zu Interaktionen über den mathematischen Sachverhalt *Bestimmen von Anzahlen* führt (vgl. *Bohnenspiel, Dreh, Klipp Klapp, Steine sammeln*). Beim Regelspiel *Halli Galli* ist beispielsweise das Klingeln bei fünf gleichen Früchten ein Element der Spielregel, das mathematische Interaktionen hervorbringt. Hier wird das Zusammensetzen von Anzahlen, spezifisch der abgebildeten Früchte auf den Karten häufig thematisiert. Die Spielregeln können demnach so konzipiert werden, dass gezielt Spielhandlungen mit mathematischem Potenzial entstehen, die Interaktionen anregen. Die Analyse des mathematischen Potenzials eines Regelspiels, dass den Kindern mathematische Lerngelegenheiten und somit auch mathematische Interaktionen beim Spielen eröffnet, ist an die jeweiligen Spiel-regeln und die damit hervorgerufenen Spielhandlungen gebunden (Hauser et al., 2017; Schuler, 2013). Das Spielmaterial an sich fördert, unabhängig vom jeweiligen Spielprozess, kaum mathematische Interaktionen. Da die Kinder bei der Videografie explizit dazu aufgefordert wurden, die Regelspiele zu spielen, verwundert dieses Ergeb-nis nicht. Je nach Materialisierung einzelner Regelspiele (z. B. Zehnerfeldkarten beim *Mehr ist mehr, Pinguin* und *Schüttelbecher*) können die Spielmaterialien auch für ergänzende, vom Regelspiel unabhängige, mathematische Lerngelegenheiten seitens der pädagogischen Fachkraft genutzt werden. So sind zum Beispiel die Spielkarten mit den Zehnerfeldern aus dem Regelspiel *Mehr ist mehr* im Bereich der Zahlenblickschulung einsetzbar (z. B. Rathgeb-Schnierer & Rechtsteiner, 2018; Rechtsteiner-Merz, 2011). Mit den Karten des Regelspiels ist das Durchfüh-ren verschiedener Blitzblick-Übungen möglich. Je vertrauter die Kinder mit den Zahldarstellungen im Zehnerfeld sind, desto weniger erfolgt der Rückgriff auf eine zählende Erfassung von Anzahlen. Die Kinder können dann vermehrt Stra-tegien einer schnellen Anzahlerfassung nutzen (Böhringer & Rathgeb-Schnierer, 2020).

Die pädagogische Fachkraft regt so gut wie keine mathematischen Interak-tionen alleine unter den Kindern an. Sobald pädagogische Fachkräfte in eine Interaktion mit den Kindern treten, bleiben diese in der Regel dabei und brin-gen sich in die weitere Interaktion mit ein. Wullschleger (2017) schätzt im Kontext der eingesetzten Regelspiele aus dem Projekt *spimaf* die Qualität der individuell-adaptiven Lernunterstützung als gut ein, „da die 230 untersuchten mathematischen Kindunterstützungen zu einem Viertel hohe, zur Hälfte mittlere und nur zu einem Viertel tiefe Qualität aufwiesen" (ebd., S. 237). Das Vorgehen der pädagogischen Fachkräfte, im mathematikbezogenen Interaktionsgeschehen dabei zu bleiben, schätzt Schuler (2017) positiv ein, sofern sich anleitende sowie begleitende Interaktionsformen ergänzen.

Welche interaktionsbezogenen Reaktionen zeigen die Kinder?
Die Analyse der Reaktionen zeigt zunächst keine entscheidenden Unterschiede zwischen den drei Hauptkategorien. Der prozentuale Anteil an *Unterstützungen* beläuft sich auf 45 %, an *Aufforderungen* auf 22 % und an *Überprüfungen* auf 33 %. Betrachtet man aber die Reaktionen in Zusammenhängen mit dem Analyse-element *Argumentationstiefe,* sind Rückschlüsse auf die Förderung von Garanten und Stützungen möglich. Dies wird im Rahmen der Leitfrage am Ende dieses Kapitels nochmals aufgegriffen.

Betrachtet man die Reaktionen, können die Regelspiele in drei Gruppen eingeteilt werden (vgl. Abschnitt 8.2.2):

- Gruppe 1: tendenziell mehr Unterstützungen
- Gruppe 2: tendenziell mehr Aufforderungen
- Gruppe 3: tendenziell mehr Überprüfungen

Der Ausdruck *tendenziell mehr* bedeutet, dass im Vergleich zu den anderen Regelspielen bei den Regelspielen in einer Gruppe die jeweilige Reaktion einen auffallend höheren Anteil hat als bei den anderen Regelspielen. In Gruppe 1 fallen die Regelspiele *Bohnenspiel, Dreh, Klipp Klapp, Pinguin, Schüttelbecher* und *Steine sammeln*. Der zweiten Gruppe sind das *Früchtespiel, Fünferraus* und *Verflixte 5* zuzuordnen. Zur Gruppe 3 gehören die Regelspiele *Halli Galli, Mehr ist mehr* und *Quartett*.

Welche Argumentationstiefe ist den Garanten und Stützungen zuzuordnen?
In der vorliegenden Studie wurde ein Kategoriensystem zur Bestimmung der Argumentationstiefe der Garanten und Stützungen für den Elementarbereich entwickelt (in Anlehnung an z. B. Almeida, 2001; Balacheff, 1992; Fetzer, 2007; Harel & Sowder, 2007; Rechtsteiner-Merz, 2013; Sowder & Harel, 1998; Toulmin, 1996, 2003). Dieses ermöglicht neben der inhaltlichen Analyse einen ersten Zugang zu einem begrifflichen Rahmen, um die Qualität der Argumentationen von Kindern im Vorschulalter zu beschreiben. Hierunter fallen die Argumentationstiefen: *außermathematisch, ergebnisbezogen, zählbasiert* und *beziehungsorientiert*. Das Argumentieren im Elementarbereich wird zwar vereinzelt in weiteren Studien untersucht, allerdings unter anderen Perspektiven (vgl. Abschnitt 3.4). Die Ergebnisse dieser Studie ermöglichen einen Einblick, welche Argumentationstiefen die Kinder beim Spielen arithmetischer Regelspiele hervorbringen. Aufgrund der großen Stichprobe zeigen sich dadurch auch die vorhandenen Argumentationsfähigkeiten dieser Altersgruppe im Kontext einer spielorientierten mathematischen Aktivität.

Betrachtet man die in der vorliegenden Studie vorgenommenen Kodierungen in diesem Bereich, argumentieren die Kinder größtenteils *ergebnisbezogen* (48 %). Ergebnisbezogene Argumente sind hauptsächlich reines Nennen des Ergebnisses (44 %) oder Nennen und Zeigen des Ergebnisses (38 %). Das ausschließliche Zeigen des Ergebnisses kommt seltener vor (18 %). Im ergebnisbezogenen Argumentieren steckt viel Potenzial zur Entwicklung höherer Argumentationsfähigkeiten. Die ergebnisbezogenen Argumente lassen keinen Rückschluss auf konkrete mathematische Lösungsstrategien zu (vgl. Abschnitt 6.3.2.4). Das Beschreiben

oder Zeigen einer mathematischen Lösungsstrategie kann durch gezieltes Nach-
fragen der mitspielenden Kinder oder der pädagogischen Fachkraft anregt werden.
So kann zum Beispiel hinter einer Aussage mit einem Garanten wie „Nein, das
sind fünf."[1] (quasi-)simultanes Erfassen (z. B. Schöner & Benz, 2018) oder aber
mentales Abzählen stecken.

Im Bereich des *zählbasierten* Argumentierens, der mit 36 % vertreten ist,
finden sich ausschließlich Zählstrategien, wie zum Beispiel das Abzählen durch
Zeigen auf einzelne Elemente von Eins an (83 %), das Abzählen durch Bewegen
einzelner Elemente von Eins an (5 %) oder das Weiterzählen durch Zeigen auf
einzelne Elemente (5 %). Betrachtet man die verschiedenen Modelle zur Zahlbegriffsentwicklung (vgl. Abschnitt 1.4), kann das Zählen als eine der Altersgruppe
angemessene Strategie bezeichnet werden. Der hohe Anteil an Abzählen durch
Zeigen auf einzelne Elemente von Eins an, lässt sich in einen Zusammenhang
bringen mit den Ergebnissen von Carpenter und Moser (1984). Diese kamen
in ihrer Studie zu der Erkenntnis, dass Kinder Anfang Klasse 1 beim Lösen
von Additions- und Subtraktionsaufgaben häufig auf das vollständige Auszählen zurückgreifen, auch wenn andere beherrschte Zählstrategien effektiver wären.
Zudem zeigte die Studie, dass nur ein Drittel der Kinder Zählstrategien ohne
Rückgriff auf Materialien nutzten. In der vorliegenden Studie standen zwar keine
Additions- und Subtraktionsaufgaben im Fokus, aber es gab einige Regelspiele,
wie zum Beispiel das *Klipp Klapp* und das *Halli Galli*, in denen Mengen zusammengesetzt werden mussten. Den Ergebnissen zufolge, ist davon auszugehen, dass
das vollständige Auszählen mit Rückgriff auf Materialien, eine der geläufigsten
Strategien für das Zusammensetzen von Mengen sowie für das erste Rechnen im
Übergang von Kindergarten zur Grundschule darstellt.

Das *außermathematische Argumentieren* (11 %) ist kaum vorhanden. Der
geringe Anteil an gefundenen außermathematischen Argumenten in der vorliegenden Studie deckt sich mit Ergebnissen von Brunner (2019). In ihrer Pilotstudie
zu Interventionen mathematischen Argumentieren im Kindergarten zeigt
sich, dass die Kinder in den durchgeführten Argumentationseinheiten größtenteils
mathematische Argumente hervorbringen. Alltagsargumente, in der vorliegenden
Studie der Argumentationstiefe *außermathematisch* zuzuordnen, treten auch bei
Brunner (ebd.) eher selten auf (vgl. Abschnitt 3.4).

Beziehungsorientiertes Argumentieren ist so gut wie nicht in den Argumentationen der Kinder zu finden (6 %). Mit Blick auf die Förderung der Kinder in der
Zone der nächsten Entwicklung (z. B. Abschnitt 1.5 und Abschnitt 2.1.1) sollten

---

[1] Bei der Aussage mit einem Garanten „Nein, das sind fünf." wird das „Nein, …" als
Konklusion und das „…, das sind fünf." als Garant betrachtet.

die pädagogischen Fachkräfte dies mit bedenken. Nach Rathgeb-Schnierer (2006) geht das mathematische Verstehen mit Einblicken in Beziehungen und Zusammenhängen einher. Deshalb ist eine Unterstützung und eine erste Anbahnung von beziehungsorientiertem Argumentieren durch die pädagogischen Fachkräfte als erstrebenswert anzusehen.

Auf welche mathematischen Sachverhalte beziehen sich die Garanten und Stützungen?

In den *Garanten und Stützungen* (n = 548) der Interaktionen steht das *Vergleichen von Mengen* (24 %), das *Bestimmen von Anzahlen* (25 %) und das *Zerlegen und Zusammensetzen von Mengen von Dingen* (24 %) im Mittelpunkt. Diese drei Bereiche stellen nach heutiger Forschungslage (vgl. Abschnitt 1.3) die Schwerpunkte der mathematischen Bildung im Elementarbereich dar. Das *Aufbauen, Herstellen und Untersuchen der Zahlenreihenfolge* nimmt 14 % ein, das *Zuordnen von Anzahl- und Zahldarstellungen* 10 %, das *Erkennen von Zahleigenschaften* 1 % und das *erste Rechnen* 2 %.

Diese Ergebnisse decken sich größtenteils mit dem in der Forschung vorzufindenden mathematischen Potenzial der untersuchten Regelspiele (Hauser et al., 2017). Vergleicht man die ermittelten prozentualen Häufigkeiten der thematisierten mathematischen Sachverhalte in den Argumentationen der Kinder aus der vorliegenden Studie mit dem analysierten mathematischen Potenzial der Regelspiele aus dem Projekt *spimaf* (vgl. Abschnitt 5.1.3) ergeben sich große Übereinstimmungen (vgl. Tabelle 11.1). Für den Vergleich wurden nur die im Projekt *spimaf* definierten MUSS-Kategorien herangezogen, also die mathematischen Grunderfahrungen, die beim regelkonformen Spielen des Regelspiels explizit in den verschiedenen Aktivitäten stecken. Diese finden sich in Tabelle 11.1 in der mittleren Spalte: mathematisches Potenzial der Regelspiele aus dem Projekt *spimaf*. Die dort genannten mathematischen Sachverhalte zeigen sich neben den konkreten mathematischen Aktivitäten der Kinder beim Spielen auch in deren Argumentationen. Die in der vorliegenden Studie gefundenen thematisierten mathematischen Sachverhalte in den Argumentationen finden sich in Tabelle 11.1 in der letzten Spalte. Die mathematischen Sachverhalte in den Argumentationen, die über das analysierte mathematische Potenzial des Projekts *spimaf* hinausgehen, sind kursiv hervorgehoben.

Tabelle 11.1 Vergleich des mathematischen Potenzials der Regelspiele aus dem Projekt *spimaf* mit den mathematischen Sachverhalten in den Argumentationen

	mathematisches Potenzial der Regelspiele aus dem Projekt *spimaf* (vgl. Abschnitt 5.1.3)	thematisierte mathematische Sachverhalte in den Argumentationen unter den Kindern (vgl. Abschnitt 8.2.4)
Bohnenspiel	– Bestimmen von Anzahlen – Zuordnen von Anzahl- und Zahldarstellungen	– Bestimmen von Anzahlen (72 %)[2] – Zuordnen von Anzahl- und Zahldarstellungen (22 %) – *Vergleichen von Mengen (6 %)*
Dreh	– Vergleichen von Mengen – Bestimmen von Anzahlen – Zerlegen und Zusammensetzen von Mengen von Dingen – Zuordnen von Anzahl- und Zahldarstellungen	– Vergleichen von Mengen (3 %) – Bestimmen von Anzahlen (57 %) – Zerlegen und Zusammensetzen von Mengen von Dingen (30 %) – Zuordnen von Anzahl- und Zahldarstellungen (3 %) – *Erstes Rechnen (7 %)*
Früchtespiel	– Vergleichen von Mengen – Bestimmen von Anzahlen – Zahlenreihenfolge herstellen	– Vergleichen von Mengen (-) – Bestimmen von Anzahlen (33 %) – Zahlenreihenfolge herstellen (63 %) – *Zerlegen und Zusammensetzen von Mengen von Dingen (5 %)*
Fünferraus	– Zahlenreihenfolge herstellen – Zuordnen von Anzahl- und Zahldarstellungen	– Zahlenreihenfolge herstellen (69 %) – Zuordnen von Anzahl- und Zahldarstellungen (24 %) – *Bestimmen von Anzahlen (6 %)*
Halli Galli	– Vergleichen von Mengen – Bestimmen von Anzahlen – Zerlegen und Zusammensetzen von Mengen von Dingen	– Vergleichen von Mengen (15 %) – Bestimmen von Anzahlen (7 %) – Zerlegen und Zusammensetzen von Mengen von Dingen (75 %) – *Erstes Rechnen (3 %)*

(Fortsetzung)

---

[2] Die prozentualen Anteile wurden auf Basis der Häufigkeitsanalysen in Abschnitt 6.3.2.5 berechnet. Die Gesamtanzahl der Kodierungen zu den mathematischen Sachverhalten der Garanten und Stützungen in den Interaktionen je Regelspiel stellen die 100 % dar.

Tabelle 11.1 (Fortsetzung)

	mathematisches Potenzial der Regelspiele aus dem Projekt *spimaf* (vgl. Abschnitt 5.1.3)	thematisierte mathematische Sachverhalte in den Argumentationen unter den Kindern (vgl. Abschnitt 8.2.4)
Klipp Klapp	– Bestimmen von Anzahlen – Zerlegen und Zusammensetzen von Mengen von Dingen – Zuordnen von Anzahl- und Zahldarstellungen	– Bestimmen von Anzahlen (8 %) – Zerlegen und Zusammensetzen von Mengen von Dingen (55 %) – Zuordnen von Anzahl- und Zahldarstellungen (29 %) – *Erstes Rechnen (8 %)*
Mehr ist mehr	– Vergleichen von Mengen – Bestimmen von Anzahlen	– Vergleichen von Mengen (99 %) – Bestimmen von Anzahlen (1 %)
Pinguin	– Bestimmen von Anzahlen	– Bestimmen von Anzahlen (82 %) – *Vergleichen von Mengen (9 %)* – *Zerlegen und Zusammensetzen von Mengen von Dingen (9 %)*
Quartett	– Bestimmen von Anzahlen – Zuordnen von Anzahl- und Zahldarstellungen	– Bestimmen von Anzahlen (64 %) – Zuordnen von Anzahl- und Zahldarstellungen (12 %) – *Vergleichen von Mengen (16 %)* – *Zerlegen und Zusammensetzen von Mengen von Dingen (8 %)*
Schüttel-becher	– Zerlegen und Zusammensetzen von Mengen von Dingen	– Zerlegen und Zusammensetzen von Mengen von Dingen (4 %) – Vergleichen von Mengen (4 %) – Bestimmen von Anzahlen (25 %) – Zuordnen von Anzahl- und Zahldarstellungen (64 %) – *Erstes Rechnen (4 %)*
Steine sammeln	– Vergleichen von Mengen – Bestimmen von Anzahlen	– Vergleichen von Mengen (49 %) – Bestimmen von Anzahlen (49 %) – *Zerlegen und Zusammensetzen von Mengen von Dingen (2 %)*

(Fortsetzung)

Tabelle 11.1   (Fortsetzung)

	mathematisches Potenzial der Regelspiele aus dem Projekt *spimaf* (vgl. Abschnitt 5.1.3)	thematisierte mathematische Sachverhalte in den Argumentationen unter den Kindern (vgl. Abschnitt 8.2.4)
Verflixte 5	– Vergleichen von Mengen – Bestimmen von Anzahlen – Zahlenreihenfolge herstellen – Zuordnen von Anzahl- und Zahldarstellungen – Erkennen von Zahleigenschaften – Erstes Rechnen	– Vergleichen von Mengen (26 %) – Bestimmen von Anzahlen (5 %) – Zahlenreihenfolge herstellen (11 %) – Zuordnen von Anzahl- und Zahldarstellungen (16 %) – Erkennen von Zahleigenschaften (37 %) – Erstes Rechnen (-) – *Zerlegen und Zusammensetzen von Mengen von Dingen (5 %)*

In Tabelle 11.1 wird ersichtlich, dass das theoretisch analysierte mathematische Potenzial der Regelspiele auch in den Argumentationen vorzufinden ist. Bei den Regelspielen *Bohnenspiel, Dreh, Früchtespiel, Fünferraus, Halli Galli, Klipp Klapp, Mehr ist mehr, Steine sammeln* und *Verflixte 5* lassen sich über 90 % der mathematischen Sachverhalte in den Argumentationen dem mathematischen Potenzial aus dem Projekt *spimaf* zuordnen. Hierbei ist allerdings zu beachten, dass nicht alle mathematischen Tätigkeiten im Regelspiel gleichermaßen Argumentationen auslösen. So wird zum Beispiel in den Argumentationen im Regelspiel *Mehr ist mehr* fast ausschließlich das Vergleichen der Mengen thematisiert (99 %) und kaum das Bestimmen von Anzahlen (1 %). Zudem thematisieren die Kinder in ihren Argumentationen auch mathematische Sachverhalte, die nicht dem theoretisch analysierten mathematischen Potenzial entsprechen. Hier lässt sich beispielsweise das Regelspiel *Quartett* anführen, bei dem abweichend vom mathematischen Potenzial das Vergleichen von Mengen (16 %) und das Zerlegen und Zusammensetzen von Mengen von Dingen (8 %) in den Argumentationen vorkommt.

Letztendlich ist festzustellen, dass sich anhand des im Projekt *spimaf* eingesetzten Kriterienrasters (Hauser et al., 2017) die thematisierten mathematischen Sachverhalte in den Argumentationen voraussagen lassen. Das mathematische Potenzial eines Regelspiels beeinflusst demnach die Argumentationen beim Spielen von Regelspielen. Man muss aber auch mit Abweichungen rechnen.

Wie gestalten sich Interaktions- und Argumentationsprozesse in mathematischen Spielsituationen unter Kindergartenkindern?

Zur Beschreibung, wie sich mathematische Interaktions- und Argumentationsprozesse gestalten, entwickelte die Forscherin im Rahmen der vorliegenden Studie ein Modell, das verschiedene Analyseelemente mit den dazugehörigen Hauptkategorien in einen Zusammenhang stellt (vgl. Kapitel 7). Nachfolgend werden die im Datenmaterial gefundenen zentralen Zusammenhänge aufgegriffen.

Die Ergebnisse lassen den Schluss zu, dass die interaktionsbezogenen Reaktionen Auswirkungen auf die Argumentationstiefe haben. Während auf die Reaktionen *Unterstützung* und *Aufforderung* sehr häufig *einfache Schlüsse* folgen, führt das *Überprüfen* zu Interaktionen mit *Garanten* (80 %) und *Stützungen* (90 %) (vgl. Kapitel 9 und Kapitel 10: Erkenntnis 4). Überprüfende Reaktionen im Spielprozess, die somit häufig Argumentationen hervorrufen, stehen vermutlich oft in einem Zusammenhang mit dem Aufkommen eines kognitiven Konflikts (z. B. Piaget, 1976). Betrachtet man das Überprüfen als Tätigkeit, hängt dieses immer auch mit der Annahme eines möglichen Fehlers zusammen. Hierbei ist es wichtig, eine gute Fehlerkultur beim Spielen von Regelspielen sowie im gesamten Kindergartenalltag zu fördern und zu etablieren. Kinder und pädagogische Fachkräfte sollten Fehler nicht mit einem negativen Gefühl assoziieren, sondern diese als produktiv ansehen (z. B. Althof, 1999). Kothe (1979) betont mit Blick auf das Beweisen in der Grundschule: „Der Lehrer führt seine Schüler dann auf einem didaktisch sicheren Weg zum Beweisbedürfnis, wenn er pädagogisch geschickt auf Fehler reagiert" (ebd., S. 278). Dieses geschickte und produktive Eingehen auf Fehler seitens der pädagogischen Fachkraft, aber auch der Kinder untereinander ist anzustreben.

Die vorliegende Studie zeigt, dass das Überprüfen eigener Vorgehensweisen sowie die der anderen positiv in Bezug auf die Förderung des Argumentierens beim Spielen von Regelspielen anzusehen ist. Zudem zeigt sich, dass beim Überprüfen spielbezogener Handlungen eine qualitativ hochwertigere Argumentationstiefe erreicht wird (vgl. z. B. Abschnitt 9.3).

Die Auswertung der Argumentationstiefe von Garanten und Stützungen (vgl. Abschnitt 9.1.3) ergeben gegenläufige Ergebnisse. Während die Garanten mit 49 % ergebnisbezogen und nur mit 35 % zählbasiert sind, sind die Stützungen häufiger zählbasiert (62 %) als ergebnisbezogen (24 %). Die Ergebnisse lassen vermuten, dass Kinder zunächst ergebnisorientiert argumentieren, um den Spielfluss möglichst wenig zu beeinträchtigen. Wird diese Argumentation angezweifelt, greifen die Kinder intuitiv auf zählbasierte Stützungen zurück mit der Annahme, dass die anderen Kinder diese Art der Argumentation akzeptieren (vgl. Abschnitt 1.3.3, Abschnitt 1.4.2, Abschnitt 8.2.3 und Abschnitt 9.1.3).

Betrachtet man die konkreten Zusammenhänge zwischen den Garanten und Stützungen (vgl. Abschnitt 9.1.4), kann man unterschiedliche Richtungen der Argumentationstiefe feststellen: aufsteigende, absteigende und gleichbleibende Argumentationstiefe (vgl. Abschnitt 6.3.2.4 und Abschnitt 9.1.4). Aufsteigende Argumentationstiefe (45 %) liegt zum Beispiel dann vor, wenn auf einen ergebnisbezogenen Garanten eine zählbasierte Stützung folgt. Absteigende Argumentationstiefe meint beispielsweise, wenn auf einen beziehungsorientierten Garanten eine zählbasierte Stützung anschließt. Die Kinder untermauern in diesem Fall ihren beziehungsorientierten Garanten, der gegebenenfalls nicht für alle Kinder verständlich ist, nochmals mit einer zählbasierten Stützung. Das Zählen und Abzählen dürfte aufgrund des aktuellen Entwicklungsstandes den meisten Kindergartenkinder gängig und somit nachvollziehbar sein (vgl. Abschnitt 1.3.3 und Abschnitt 1.4.2). Bei den genannten prozentualen Anteilen ist allerdings zu beachten, dass es in der gesamten Stichprobe der vorliegenden Studie so gut wie keine Stützungen gibt (2 %). Aufgrund dessen stellt dieses Ergebnis nur eine erste Idee zur Erfassung der unterschiedlichen Richtungen der Argumentationstiefe zwischen Garanten und Stützungen dar. Der geringe Anteil an Stützungen ist, wie bei den Ergebnissen zu den strukturellen Eigenschaften bereits erläutert, nicht negativ zu werten. Dies lässt sich durch Bardy (2015) begründen.

In den Zusammenhangsanalysen mit den Analyseelementen (und deren Hauptkategorien):

– Auslöser (spielbezogene Handlung, pädagogische Fachkraft oder Spielmaterial),
– Reaktion (Unterstützung, Aufforderung oder Überprüfung) und
– strukturelle Eigenschaft (einfacher Schluss; außermathematischer, ergebnisbezogener, zählbasierter oder beziehungsorientierter Garant beziehungsweise Stützung)

zeigen sich spielspezifische Unterschiede (vgl. Abschnitt 9.2). Dieses Ergebnis mündete in der Erkenntnis 3 (vgl. Kapitel 10), die hervorhebt, dass die spielspezifischen Eigenschaften einen Einfluss auf die Interaktionen haben. Es gibt demnach Regelspiele, in denen mehr und Regelspiele, in denen weniger argumentiert wird. Diesbezüglich kann man die eingesetzten Regelspiele in drei Gruppen einteilen (vgl. Abschnitt 9.2). In Gruppe 1 fallen die Regelspiele *Dreh, Klipp Klapp, Pinguin* und *Schüttelbecher*, in denen tendenziell eher weniger argumentiert wird. Im Mittelfeld sind bezogen auf die Anzahl der Argumentationen der zweiten Gruppe die Regelspiele *Bohnenspiel, Früchtespiel, Fünferraus, Mehr ist mehr, Quartett,*

Steine sammeln und *Verflixte 5* zuzuordnen. Zur Gruppe 3, in der im Vergleich viel argumentiert wird, fällt lediglich das Regelspiel *Halli Galli*.

Abschließend werden die zentralen Erkenntnisse anhand der gefundenen Zusammenhänge über alle Regelspiele hinweg (vgl. Abschnitt 9.3 und Abschnitt 9.4) nochmals kurz dargelegt. Diese spiegeln sich auch in den zentralen Ergebnissen (vgl. Teil III und Kapitel 10) wider.

Nach den Ergebnissen der vorliegenden Studie interagieren und argumentieren Kinder von sich aus beim Spielen arithmetischer Regelspiele über mathematische Sachverhalte. Vor allem die spielbezogenen Handlungen lösen mathematische Interaktionen mit und ohne Argumentation aus. Argumentationen entstehen meist im Zusammenhang mit überprüfenden Reaktionen. Die Argumentationstiefe der Kinder kann als entwicklungsangemessen eingeschätzt werden (vgl. z. B. Interpretation in Abschnitt 8.2.3). Die Kinder nutzen vorwiegend ergebnisorientiertes sowie zählbasiertes Argumentieren.

Ausblick

12

Der Ausblick umfasst verschiedene Bereiche, die in Anknüpfung an die vorliegende Studie weiter erforscht werden können: Forschungsfelder im Kontext meiner Studie, Forschungsfelder zur Weiterentwicklung spielintegrierter mathematischer Förderung, Forschungsfelder zu mathematischen Interaktionen und Argumentationen im Kindergarten sowie weiterführende Konsequenzen für die mathematikdidaktische Forschung.

Forschungsfelder im Kontext meiner Studie
Zwei konkrete Forschungsfelder ergeben sich im Kontext dieser Studie, die gezielt nicht mit in den Blick genommen wurden. Diese umfassen die Analyse von Zeitdauern und die Analyse einfacher Schlüsse.

Die erste, eher untergeordnet anzusehende Möglichkeit für weitere Forschung ist die *Analyse von Zeitdauern.* Anhand der Ergebnisse der vorliegenden Studie lassen sich direkt Erkenntnisse über die Zeitdauern der mathematischen Interaktionen unter den Kindern gewinnen und es kann erfasst werden, welchen Zeitraum diese in den Spielprozessen einnehmen. Die daraus resultierenden Ergebnisse könnten mit den Ergebnissen von Wullschleger (2017) in Verbindung gebracht werden. Dadurch würde man einen detaillierten Einblick erhalten, welchen zeitlichen Anteil verschiedene Aspekte im Spiel einnehmen.

Einen wirklichen Mehrwert durch die weitere Arbeit an dem vorliegenden Datenmaterial bringt eine detaillierte *Analyse der einfachen Schlüsse.* Diese Studie befasst sich mit mathematischen Interaktionen und schwerpunktmäßig mit den Argumentationen unter Kindern in Spielsituationen. Ein Vertiefen der Blickrichtung auf die Interaktionen mit einfachen Schlüsse scheint erstrebenswert. Gysin (2017) stellt heraus, dass in

J. Böhringer, *Argumentieren in mathematischen Spielsituationen im Kindergarten*, https://doi.org/10.1007/978-3-658-35234-9_12

mathematischen Gesprächen unter Kindern [...] nicht erst gestritten, diskutiert oder argumentiert werden [muss], damit sie im mathematikdidaktischen Sinne als ‚reichhaltig' gelten können. Es scheint lohnenswert zu sein, auf weitere, teilweise feinere und im Hintergrund sich entwickelnde Linien in der kindlichen Interaktion zu achten, um den zwischenmenschlichen Dimensionen auf die Spur zu kommen, die von Kindern genutzt werden, um Mathematik zu treiben und zu verstehen. (Gysin, 2017, S. 344, Hervorhebung im Original)

Zudem sind die einfachen Schlüsse als Vorläufer der Argumentationen (Fetzer, 2011) zu betrachten. In der vorliegenden Studie wurden die Interaktionen mit einfachem Schluss nur bezüglich ihrer Auslöser sowie der gezeigten Reaktionen betrachtet, da der Fokus auf der Analyse der Argumentationen lag. Zur detaillierteren Betrachtung der Interaktionen mit einfachen Schlüssen wäre ein weiteres Analyseelement zu entwickeln. Auch wäre es in diesem Zusammenhang interessant, das nonverbale Interagieren, dem eine zentrale Rolle entgegenkommt, in den Blick zu nehmen.

Forschungsfelder zur Weiterentwicklung spielintegrierter mathematischer Förderung
Ergänzend zu anderen Studien ergeben sich aufgrund der vorliegenden Studie weiterführende Fragestellungen und damit einhergehend vertiefende Erkenntnisse zur spielintegrierten mathematischen Förderung. Als relevante Forschungsfelder in diesem Bereich sind zu nennen: Erweiterung bestehender Kriterien zur Entwicklung von Regelspielen, Entwicklung eines Ratingverfahrens zur Einschätzung der mathematischen Eignung eines Regelspiels für den Elementarbereich sowie Anschlussfähigkeit der Regelspiele im Übergang vom Kindergarten zur Grundschule.

Ein zentraler Aspekt ist die *Erweiterung bestehender Kriterien zur Entwicklung von Regelspielen*. Das Ergebnis, dass die spielbezogenen Handlungen die meisten Interaktionen unter den Kindern auslösen (vgl. Abschnitt 8.2.1), kann die weitere Spielentwicklung zur mathematischen Förderung unterstützen. Auch Schuler (2010) hebt hervor, dass geeignete Spiele ein Anlass für Gespräche über Mathematik sein können. Als entscheidend für geeignete Spiele formuliert sie die Kriterien *mathematisches Potenzial, niederschwelliger Zugang, Spielcharakter* und *Variationsmöglichkeiten* (vgl. Abschnitt 2.2). Eine Erweiterung dieser Kriterien mit Bezug auf die Erkenntnisse zu interaktionsfördernden Regelspielen der vorliegenden Studie ist möglich (vgl. Kapitel 10: Erkenntnis 3).

Zudem können bedeutsame Erkenntnisse gewonnen werden, durch die *Entwicklung eines Ratingverfahrens zur Einschätzung der mathematischen Eignung eines Regelspiels für den Elementarbereich.* Anhand des im Projekt *spimaf* entwickelten Kriterienrasters ist es möglich, das mathematische Potenzial eines Regelspiels zu bestimmen (Hertling et al., 2017 in Anlehnung an Rathgeb-Schnierer, 2012 & Schuler, 2013). Dieses mathematische Potenzial sagt allerdings noch nichts über die konkrete Eignung eines Regelspiels mit Blick auf die seitens der Mathematikdidaktik definierten Grunderfahrungen (vgl. Abschnitt 1.3) für den Elementarbereich aus. Um die mathematische Eignung für den Elementarbereich verschiedener Regelspiele miteinander zu vergleichen, eignet sich die Entwicklung eines entsprechenden Ratingverfahrens. Hierbei könnten zum Beispiel die Schwerpunkte der mathematischen Bildung im Elementarbereich stärker als die weiteren Grunderfahrungen gewichtet werden. Somit wäre das *Vergleichen von Mengen*, das *Bestimmen von Anzahlen* und das *Zerlegen und Zusammensetzen von Mengen von Dingen* höher zu gewichten als das *Aufbauen, Herstellen und Untersuchen der Zahlenreihenfolge*, das *Zuordnen von Anzahl- und Zahldarstellungen*, das *Erkennen von Zahleigenschaften* und das *erste Rechnen.* Das Ratingverfahren könnte zudem die Anregung allgemeiner mathematischer Kompetenzen, mathematischer Denk- und Handlungsweisen, mathematischer Aktivitäten und mathematischer Interaktionen unter den Kindern sowie mit der pädagogischen Fachkraft durch das Regelspiel integrieren. Zur Entwicklung eines solchen Ratingverfahrens kann an das Projekt *spimaf*, die Studie zur individuell-adaptiven Lernunterstützung im Kindergarten von Wullschleger (2017) und die vorliegende Studie angeknüpft werden.

Ein weiterer Bereich, den es sich lohnt zu erforschen, ist die *Anschlussfähigkeit der spielorientierten Förderung im Übergang vom Kindergarten zur Grundschule.* Mit Blick auf den Einsatz von Regelspielen in mathematisch ergiebigen Lernumgebungen im Anfangsunterricht kann auch die Anschlussfähigkeit der in der vorliegenden Studie analysierten Regelspiele betrachtet werden. Es ist davon auszugehen, dass die im Projekt *spimaf* eingesetzten Regelspiele auch im Anfangsunterricht gewinnbringend einsetzbar sind. Dies ist in einer weiteren Studie durch den Einsatz der Regelspiele im Anfangsunterricht zu überprüfen. Zudem bietet sich die Entwicklung eines Konzeptes zum Einsatz einzelner Regelspiele in der Kooperation von Kindergarten und Grundschule an. So könnte das Schulkind zum Beispiel in Spiel- und Interaktionsprozessen als kompetentes Gegenüber agieren und den Kindergartenkindern Einblicke in neue Argumentationsstrategien (z. B. das beziehungsorientierte Argumentieren) geben. In Regelspielen steckt das Potenzial, dass diese eine Nähe zum schulischen Material aufweisen, ohne eine Parallelwelt aufzubauen. Beispielsweise findet sich im Regelspiel *Mehr ist Mehr* die Idee der Zerlegung von Mengen anhand eines Zahlbildes, spezifisch des Zehnerfelds, wie es in der Grundschule thematisiert wird.

Forschungsfelder zu mathematischen Interaktionen und Argumentationen im Kindergarten
Auf Basis der Ergebnisse der vorliegenden Studie können weiterführende Studien folgen, wie zum Beispiel das Erstellen von Fallzusammenfassungen bezogen auf einzelne Kinder, die Erforschung des Einflusses von Argumentationen auf die Entwicklung mathematischer Kompetenzen oder die Kontrastierung von Interaktionen und Argumentationen mit und ohne Spielbegleitung.

Für die mathematikdidaktische Forschung wäre es gewinnbringend, *Fallzusammenfassungen bezogen auf einzelne Kinder* zu erstellen. Mathematische Interaktionen und Argumentationen unter Kindern eignen sich dafür, einzelne Kinder unter verschiedenen Perspektiven in den Fokus zu nehmen und Fallzusammenfassungen zu generieren. Es wäre zum Beispiel interessant zu erforschen, ob einzelne Kinder immer dieselben Argumentationen nutzen oder ihre Argumentationen dem Gegenüber anpassen. Für erste Erkenntnisse kann das strukturierte Datenmaterial der vorliegenden Studie genutzt werden. Zur detaillierten Analyse dieses Zusammenhangs ist aber eine weitere Datenerhebung notwendig. Beiläufig fiel bei den Analysen zum Beispiel auf, dass ein Kindergartenkind im Früchtespiel in den Interaktionen meistens auffordernder Art (*Wie viele Walnüsse siehst du da? Hast du drei Kastanien?*) reagiert hat. Die spiel- und gruppenbezogenen sowie spiel- und gruppenunabhängigen Reaktionen einzelner Kinder sind anhand der vorliegenden Kategorisierungen dieser Studie analysierbar.

Das zweite zentrale Forschungsfeld ist die Analyse des *Einflusses der Argumentationen auf die Entwicklung mathematischer Kompetenzen von Kindern*. Aufgrund der vorliegenden Studie folgt der Schluss, dass Kinder beim Spielen interagieren und argumentieren. Daraus ergibt sich die Frage, inwieweit die mathematischen Interaktionen und Argumentationen unter den Kindern auf die Entwicklung mathematischer Kompetenzen Einfluss nehmen und ob sich diese besser entwickeln, sofern eine pädagogische Fachkraft die Kinder beim Spielen begleitet. Hier lässt sich an bisherigen Forschungen anknüpfen, die herausstellen, dass die zusätzliche Förderung der Argumentationskompetenzen durch die pädagogische Fachkraft unabdingbar ist (Gasteiger et al., 2015; Krammer, 2017; Schuler, 2013, 2017). Gerade die Anregung und Förderung beziehungsorientierten Argumentierens, das die Kinder in der Datenauswertung der vorliegenden Studie kaum zeigen, könnte ein Schwerpunkt in der Spiel- und Lernbegleitung seitens der pädagogischen Fachkraft darstellen.

Ergänzend zu diesem Forschungsfeld wäre eine *Kontrastierung von mathematischen Interaktionen mit und ohne Spielbegleitung durch die pädagogische Fachkraft* erstrebenswert. Dabei kann die Beantwortung dieser beiden Forschungsfragen leitend sein: (1) Wie gestalten sich mathematische Interaktionen unter Kindergartenkindern? (2) Wie gestalten sich mathematische Interaktionen unter (einem) Kindergartenkind(ern) und der pädagogischen Fachkraft (best-practice Situationen der Lernbegleitung)? Die Antwort auf die erste Forschungsfrage liefert die hier vorliegende Studie. Für die Beantwortung der zweiten Forschungsfrage bedarf es einer ergänzenden Studie. In diesem Zusammenhang gibt es eine aktuelle Studie mit ersten Ergebnissen von Schuler und Sturm (2019a, 2019b). Diese kommen zu der Annahme, dass durch direkte Lernbegleitung der pädagogischen Fachkraft vermehrt in kognitiv herausfordernder Weise über die durchgeführten mathematischen Aktivitäten gesprochen wird. Daraus ergibt sich ein weiteres offenes Forschungsfeld. Die vorliegende Studie zeigt, wie Kinder beim Spielen von Regelspielen im Kindergartenalltag mathematisch interagieren und argumentieren. Hieran ist ein Anknüpfen möglich, um Annahmen über wesentliche Aspekte der Gestaltung einer Spiel- und Lernbegleitung durch die pädagogische Fachkraft zu entwickeln (z. B. Entwicklung von beziehungsorientiertem Argumentieren).

Als letzter zentraler Ansatzpunkt für weitere Forschung in diesem Bereich lohnt sich eine Studie, die die *Auswirkungen der Fähigkeiten im Interagieren und Argumentieren im Vorschulalter auf die spätere Argumentationsfähigkeit in der Grundschule* untersucht. Schuler und Sturm (2018, 2019a, 2019b) forschen aktuell bereits über den Unterschied in der Entwicklung mathematischer Kompetenzen von Kindergartenkindern beim Spielen mit und ohne Lernbegleitung durch eine pädagogische Fachkraft. In diesem Zusammenhang besteht noch eine Forschungslücke, die gewinnbringend bezüglich differenzierter Folgerungen für die Kindergartenpraxis sein kann.

Weitere Konsequenzen für die mathematikdidaktische Forschung
Denkt man über das vorliegende Projekt hinaus, lassen sich folgende weiterführende Forschungsfelder nennen, die einen Mehrwert für die mathematikdidaktische Forschung bringen:

- Erfassung und Beschreibung von mathematischen Interaktionen und Argumentationen in anderen Inhaltsbereichen,
- Erarbeitung und Evaluation eines Aus- und Fortbildungskonzepts für pädagogischen Fachkräfte bezogen auf das mathematische Interagieren und Argumentieren im Inhaltsbereich *Zahlen und Operationen* sowie in weiteren Inhaltsbereichen,
- Analyse von mathematischen Interaktions- und Argumentationsprozessen im Freispiel sowie

– Einfluss von länderspezifischen Unterschieden auf die mathematischen Interaktionen und Argumentationen im Kindergarten (z. B. Rahmenbedingungen der Kindergärten, wie die unterschiedlichen Bildungs-, Orientierungs- und Lehrpläne für den Elementarbereich in den drei Ländern Deutschland, Österreich und der Schweiz oder die Ausbildung der pädagogischen Fachkräfte).

Durch die vorliegende Studie ist es gelungen, vielfältige Erkenntnisse über mathematische Interaktionen und Argumentationen im Vorschulalter zu erhalten. Die dargestellten Ergebnisse (vgl. Teil III und Teil IV) lassen in weiten Teilen darauf schließen, dass sich Regelspiele mit mathematischem Potenzial zur Anregung und Förderung von Interaktionen und Argumentationen eignen und dass es mit Blick auf mathematisches Lernen und die Förderung von Interaktions- und Argumentationskompetenzen lohnenswert ist, den spielorientierten Ansatz in diesem Zusammenhang weiter zu erforschen.

Literatur

Acredolo, C. (1982). Conservation-Nonconservation: Alternative explanations. In C. J. Brainerd (Hrsg.), *Children's logical and mathematical cognition* (S. 1–13). New York: Springer.

Albers, T. (2009). *Sprache und Interaktion im Kindergarten: eine quantitativ-qualitative Analyse der sprachlichen und kommunikativen Kompetenzen von drei- bis sechsjährigen Kindern.* Bad Heilbrunn: Klinkhardt.

Almeida, D. (2001). Pupil's proof potential. *International Journal of Mathematical Education in Science and Technology,* S. 53–60.

Althof, W. (Hrsg.) (1999). *Fehlerwelten. Vom Fehlermachen und Lernen aus Fehlern.* Opladen: Leske + Budrich.

Antell, S. E. & Keating, D. P. (1983). Perception of Numerical Invariance in Neonates. *Child development, 54,* S. 695–701.

Aunio, P. & Niemivirta, M. (2010). Predicting children's mathematical performance in grade one by early numeracy. *Learning and Individual Differences, 20*(5), S. 427–435.

Aunola, K., Leskinen, E., Lerkkanen, M. K. & Nurmi, J. E. (2004). Developmental Dynamics of Math Performance From Preschool to Grade 2. *Journal of Educational Psychology, 96,* S. 699–713.

Ayres, A. J. (2013). *Bausteine der kindlichen Entwicklung. Senorische Integration verstehen und anwenden. Das Original in modernen Neuauflage* (5. Aufl.). Berlin: Springer.

Baireuther, P. & Rechtsteiner-Merz, C. (2012). *Entwicklungsstränge für den Zahlbegriff. Skript von Baireuther, Peter zur Vorlesung "Aufbau von arithmetischen Grundvorstellungen" vom Sommersemester 2012 der PH Weingarten.* Zugriff am 04.11.2012. Verfügbar unter: http://mathematik.ph-weingarten.de/~baireuther/

Balacheff, N. (1992). Aspects of proof in pupils' practice of school mathematics. *Mathematics, teachers and children. A reader* (S. 216–235). London: Hodder & Stoughton.

Bardy, T. (2015). *Zur Herstellung von Geltung mathematischen Wissens im Mathematikunterricht.* Wiesbaden: Springer Spektrum.

Baroody, A. J. (1987). *Children's mathematical thinking.* New York: Teachers College Press.

Bauersfeld, H. (1978). Kommunikationsmuster im Mathematikunterricht. Eine Analyse am Beispiel der Handlungsverengung durch Antworterwartung. In H. Bauersfeld (Hrsg.),

Fallstudien und Analysen zum Mathematikunterricht. Festschrift für Walter Breidenbach zum 85. Geburtstag, zugleich ein Beitrag zur didaktischen Unterrichtsforschung (S. 158–170). Hannover: Schroedel.

Baumert, J.; Klieme, E.; Neubrand, M.; Prenzel, M.; Schiefele, U.; Schneider, W.; Stanat, P.; Tillmann, K.-J. & Weiß, M. (Deutsches PISA-Konsortium) (Hrsg.) (2001). *PISA 2000. Basiskompetenzen von Schülerinnen und Schülern im internationalen Vergleich.* Opladen: Leske + Budrich.

Becker, J. (1989). Preschoolers' use of number words to denote one-to-one correspondence. *Child Development, 60,* S. 1147–1157.

Benz, C. (2010a). *Minis entdecken Mathematik.* Braunschweig: Westermann.

Benz, C. (2010b). Strukturen auf der Spur. Förderung der strukturierten Mengenwahrnehmung im Kindergarten. In D. Bönig, B. Schlag & J. Streit-Lehmann (Hrsg.), *Mathematik, Naturwissenschaft & Technik* (S. 78–83). Berlin: Cornelson Scriptor.

Benz, C. (2014). Identifying Quantities – Children's Constructions to Compose Collections from Parts or Decompose Collections into Parts. In U. Kortenkamp, B. Brandt, C. Benz, G. Krummheuer, S. Ladel & R. Vogel (Hrsg.), *Early Mathematics Learning. Selected Papers of the POEM 2012 Conference* (S. 189–203). New York: Springer.

Benz, C., Peter-Koop, A. & Grüßing, M. (2015). *Frühe mathematische Bildung.* Berlin: Springer Spektrum.

Berger, P. & Luckmann, T. (1969). *Die gesellschaftliche Konstruktion der Wirklichkeit. Eine Theorie der Wissenssoziologie.* Frankfurt a. M.: Fischer.

Bezold, A. (2009). *Förderung von Argumentationskompetenzen durch selbstdifferenzierende Lernangebote. Eine Studie im Mathematikunterricht der Grundschule.* Hamburg: Dr. Kovač.

Bodenmann, G. (2006). Beobachtungsmethoden. In F. Petermann & M. Eid (Hrsg.), *Handbuch der Psychologischen Diagnostik* (S. 151–159). Göttingen: Hogrefe.

Böhringer, J., Hertling, D. & Rathgeb-Schnierer, E. (2017). Entwicklung, Erprobung und Evaluation von Regelspielen zur arithmetischen Frühförderung. In S. Schuler, C. Streit & G. Wittmann (Hrsg.), *Perspektiven mathematischer Bildung im Übergang vom Kindergarten zur Grundschule* (S. 41–55). Wiesbaden: Springer Spektrum.

Böhringer, J. & Rathgeb-Schnierer, E. (2020). Kinder spielen „Mehr ist mehr". Ein Regelspiel zur Förderung mathematischer Kompetenzen im Übergang von der Kita in die Schule. *Mathematik differenziert. Zeitschrift für die Grundschule, 12*(4), S. 18–22.

Bortz, J. & Döring, N. (2003). *Forschungsmethoden und Evaluation für Human- und Sozialwissenschaftler* (3. überarb. Aufl.). Berlin: Springer.

Brinker, K. & Sager, S. (2006). *Linguistische Gesprächsanalyse.* Berlin: Erich Schmidt.

Bromme, R. (1992). *Der Lehrer als Experte: Zur Psychologie des professionellen Wissens.* Bern: Hans Huber.

Bruner, J. (1991). *Car la culture donne forme à l'esprit. De la révolution cognitive à la psychologie culturelle.* Paris: Eshel.

Bruner, J. (1996). *The culture of education.* Cambridge: Harvard University Press.

Bruner, J. (2002). *Wie das Kind sprechen lernt* (2. Aufl.). Bern: Hans Huber.

Brunner, E. (2014). *Mathematisches Argumentieren, Begründen und Beweisen.* Berlin: Springer.

Brunner, E. (2018a). *IvMAiK – Intervention zum mathematischen Argumentieren im Kindergarten.* Kreuzlingen: Pädagogische Hochschule Thurgau.

Brunner, E. (2018b). *Mathematisches Argumentieren im Kindergarten fördern. Eine Handreichung.* Kreuzlingen: Pädagogische Hochschule Thurgau.

Brunner, E. (Hrsg.) (2018c). *Mathematisches Argumentieren im Kindergarten fördern. Eine Handreichung für Lehrpersonen der Vorschulstufe. Gebrauchsfertige Unterrichtseinheiten und Spiele.* Kreuzlingen: Pädagogische Hochschule Thurgau.

Brunner, E. (2019). Förderung mathematischen Argumentierens im Kindergarten: Erste Erkenntnisse einer Pilotstudie. *Journal für Mathematik-Didaktik, 40*(2), S. 323–356.

Brunner, E., Lampart, J. & Rüdisüli, J. (2018). Mathematisches Argumentieren im Kindergarten fördern lernen: Erste Erkenntnisse zur Entwicklung der Lehrpersonen. In Fachgruppe Didaktik der Mathematik der Universität Paderborn (Hrsg.), *Beiträge zum Mathematikunterricht 2018* (S. 373–376). Münster: WTM.

Burghardt, G. M. (2011). Defining and Recognizing Play. In A. D. Pellegrini (Hrsg.), *The Oxford Handbook of the Development of Play* (S. 9–18). New York: Oxford University Press.

Bussmann, D., Hauser, B., Link, M., Michel, L., Müller, K., Rathgeb-Schnierer, E., Rechsteiner, K., Stebler, R., Stemmer, J., Vogt, F. & Wullschleger, A. (2013). *Spielintegrierte mathematische Frühförderung. Spielanleitung. Erprobungsfassung Januar 2013.* St. Gallen: Pädagogische Hochschule St. Gallen.

Caldera, Y. M., Culp, A. M., O'Brian, M., Truglio, R. T., Alvarez, M. & Huston, A. C. (1999). Children's Play Preferences, Construction Play with Blocks, and Visual-spatial Skills: Are they Related? *International Journal of Behavioral Development, 23*, S. 855–872.

Carpenter, T. P. & Lehrer, R. (1999). Teaching and learning mathematics with understanding. In E. Fennema & T. A. Romberg (Hrsg.), *Mathematics classrooms that promote understanding* (S. 19–32). London: Lawrence Erlbaum Associates.

Carpenter, T. P. & Moser, J. M. (1984). The acquisition of addition and subtraction concepts in grades one through three. *Journal for Research in Mathematics Education, 19*(5), S. 179–202.

Case, R. & Okamoto, Y. (1996). The role of central conceptual structures in the development of children's though. *Monographs of the Society for the Research in Child Development, 61*, S. 1–26.

Clausen-Suhr, K. (2009). *Mit Baldur ordnen – zählen – messen. Allgemeines Handbuch.* Oberursel: Finken.

Clearfield, M. W. & Mix, K. S. (1999). Number versus contour length in infants' discrimination of small visual sets. *Psychological Science, 10*, S. 408–411.

Clements, D. H. (1984). Training Effects on the Development and Generalization of Piagetian Logical Operations and Knowledge of Number. *Journal of Educational Psychology, 76*(5), S. 766–776.

Clements, D. H. (2004). Geometric and spatial thinking in early childhood education. In D. H. Clements, J. Sarama & A. M. DiBiase (Hrsg.), *Engaging young children in mathematics. Standards for Early Childhood Mathematics Education* (S. 267–298). Hillsdale: Lawrence Erlbaum.

Clements, D. H. & Sarama, J. (2007). Early childhood mathematics learning. In F. K. Lester (Hrsg.), *Second handbook of research on mathematics teaching and learning. A project of the National Council of Teachers of Mathematics* (S. 461–555). Charlotte: Information Age Publishing.

Clements, D. H. & Sarama, J. (2009). *Learning and Teaching Early Math. The Learning Trajectories Approach.* New York: Routledge.

Clements, D. H., Sarama, J. & DiBiase, A. M. (2004). *Engaging young children in mathematics: Standards for early childhood mathematics education.* Mahwah: Erlbaum.

Cobb, P. (1986). Contexts, Goals, Beliefs, and Learning Mathematics. *For the Learning of Mathematics, 6*(2), S. 2–9.

Cobb, P. & Bauersfeld, H. (1995). *The emergence of mathematical meaning: Interaction in classroom cultures.* Hillsdale: Lawrence Erlbaum Associates.

Cooley, C. H. (1902). *Human nature and the social order.* New York: Charles Scribner's Sons.

Copley, J. V. (2004). *Showcasing Mathematics for the Young Child. Activities for Three-, Four- and Five-years-Olds.* Reston: National Council of Teachers of Mathematics.

Copley, J. V. (2006). *The Young Child and Mathematics.* Washington: National Association for the Education of Young Children.

Davis, P. J. & Hersh, R. (1996). *Erfahrung Mathematik.* Basel: Birkhäuser.

De Villiers, M. (1990). The role and the function of proof in mathematics. *Pythagoras, 24,* S. 17–24.

Dehaene, S. (1992). Varieties of numerical abilities. *Cognition, 44,* S. 1–42.

Dehaene, S. (1999). *Der Zahlensinn oder Warum wir rechnen können.* Basel: Birkhäuser.

Deppermann, A. (2006). Desiderata einer gesprächsanalytischen Argumentationsforschung. In A. Deppermann & M. Hartung (Hrsg.), *Argumentieren in Gesprächen. Gesprächsanalytische Studien* (2. Aufl., S. 10–26). Tübingen: Stauffenburg.

Deppermann, A. (2008). *Gespräche analysieren. Eine Einführung* (4. Aufl.). Wiesbaden: VS.

Deutscher, T. (2012). *Arithmetische und geometrische Fähigkeiten von Schulanfängern. Eine empirische Untersuchung unter besonderer Berücksichtigung des Bereichs Muster und Strukturen.* Wiesbaden: Vieweg+Teubner.

Devlin, K. (2001). *DAS MATHE-GEN oder wie sich das mathematische Denken entwickelt und warum Sie Zahlen ruhig vergessen können.* Stuttgart: Klett-Cotta.

Devlin, K. (2002). *Muster der Mathematik: Ordnungsgesetze des Geistes und der Natur.* Heidelberg: Spektrum.

Döring, N. & Bortz, J. (2016). *Forschungsmethoden und Evaluation in den Sozial- und Humanwissenschaften* (5. Aufl.). Berlin: Springer.

Dornheim, D. (2008). *Prädiktion von Rechenleistung und Rechenschwäche: Der Beitrag von Zahlen-Vorwissen und allgemein-kognitiven Fähigkeiten.* Berlin: Logos.

Douglass, H. R. (1925). The Development of Number Concept in Children of Preschool and Kindergarten Ages. *Journal of Experimental Psychology* (8), S. 443–470.

Dresing, T. & Pehl, T. (2013). *Praxisbuch Interview, Transkription & Analyse. Anleitungen und Regelsysteme für qualitativ Forschende.* Zugriff am 09.03.2015. Verfügbar unter: http://www.audiotranskription.de/praxisbuch

Dreyfus, T. (2002). Was gilt im Mathematikunterricht als Beweis? In W. Peschek (Hrsg.), *Beiträge zum Mathematikunterricht 2002* (S. 15–22). Hildesheim: Franzbecker.

Duval, R. (1991). Structure du raisonnement déductive et apprentissage de la démonstration. *Educational Studies in Mathematics, 22*(3), S. 233–261.

Eckstein, B. (2011). *Mit 10 Fingern zum Zahlverständnis. Optimale Förderung für 4- bis 8-Jährige.* Göttingen: Vandenhoeck & Ruprecht.

Eibl-Eibesfeldt, I. (1969). *Grundrisse der vergleichenden Verhaltensforschung* (2. Aufl.). München: Piper.

Eiferman, R. (1973). Rules in games. In A. Elithorn & D. Jones (Hrsg.), *Artificial and human thinking* (S. 147–161). San Francisco: Jessey Bass.

Einsiedler, W. (1982). Spielmittel. *Neuere Befunde zum Verhältnis von Spielen und Lernen im Kindesalter, 2*(5), S. 2–9.

Einsiedler, W. (1999). *Das Spiel der Kinder.* Bad Heilbrunn: Klinkhardt.

Einsiedler, W., Heidenreich, E. & Loesch, C. (1985). Lernspieleinsatz im Mathematikunterricht der Grundschule. *Spielmittel, 5*(2), S 2–10.

Ennemoser, M., Krajewski, K. & Schmidt, S. (2011). Entwicklung und Bedeutung von Mengen-Zahlen-Kompetenzen und eines basalen Konventions- und Regelwissens in den Klassen 5 bis 9. *Zeitschrift für Entwicklungspsychologie und Pädagogische Psychologie, 43*(4), S. 228–242.

Faßnacht, G. (1979). *Systematische Verhaltensbeobachtung: eine Einführung in die Methodologie und Praxis.* München: UTB Reinhardt.

Faust-Siehl, G. (2001). Konzept und Qualität im Kindergarten. In G. Faust-Siehl & A. Speck-Hamdan (Hrsg.), *Schulanfang ohne Umwege. Mehr Flexibilität im Bildungswesen* (S. 53–79). Frankfurt a. M.: Grundschulverband – Arbeitskreis Grundschule e.v.

Feigenson, L., Carey, S. & Hauser, M. (2002a). The Representations underlying infants' choice of More: Object Files Versus Analog Magnitudes. *American Psychological Society, 13*(2), S. 150–156.

Feigenson, L., Carey, S. & Spelke, E. (2002b). Infants' discrimination of number vs. continuous extent. *Cognitive Psychology, 44*(1), S. 33–66.

Feigenson, L., Dehaene, S. & Spelke, E. (2004). Core Systems of Number. *Trends in Cognitive Science, 8*(7), S. 307–314.

Fetzer, M. (2007). *Interaktion am Werk. Eine Interaktionstheorie fachlichen Lernens, entwickelt am Beispiel von Schreibanlässen im Mathematikunterricht.* Bad Heilbrunn: Klinkhardt.

Fetzer, M. (2011). Wie argumentieren Grundschulkinder im Mathematikunterricht? Eine argumentationstheoretische Perspektive. *Journal für Mathematik-Didaktik, 32*(1), S. 27–51.

Fischer, F. E. & Beckey, R. D. (1990). Beginning kindergarteners' perception of number. *Perceptual and Motor Skills, 70,* S. 419–425.

Fisher, K., Hirsh-Pasek, K., Golinkoff, R. M., Singer, D. G. & Berk, L. (2011). Playing Around in School: Implications for Learning and Educational Policy. In A. D. Pellegrini (Hrsg.), *The Oxford Handbook of the Development of Play* (S. 341–360). Oxford: Oxford University Press.

Floer, J. & Schipper, W. (1975). Kann man spielend lernen? Eine Untersuchung mit Vor- und Grundschulkindern zur Entwicklung des Zahlverständnisses. *Sachunterricht und Mathematik in der Grundschule, 3*(1), S. 241–252.

Freeman, F. N. (1912). Grouped Objects as a Concrete Basis for Number Ideas. *Elementary School Teacher, 12*(7), S. 306–314.

Freudenthal, H. (1973). *Mathematik als pädagogische Aufgabe. Band 1.* Stuttgart: Klett.

Freudenthal, H. (1979). Konstruieren, Reflektieren, Beweisen in phänomenologischer Sicht. In W. Dörfler & R. Fischer (Hrsg.), *Beweisen im Mathematikunterricht: Vorträge des 2. Internationalen Symposiums für "Didaktik der Mathematik"* (S. 183–200). Wien: Hölder-Pichler-Tempsky.

Freudenthal, H. (1981). Kinder und Mathematik. *Grundschule, 13*(3), S. 100–102.

Freundenthal, H. (1982). Mathematik – Eine Geisteshaltung. *Grundschule* (4), S. 140–142.

Friebertshäuser, B. & Seichter, S. (2013). Möglichkeiten und Grenzen qualitativer For-schungsmethoden in der Erziehungswissenschaft. In B. Friebertshäuser & S. Seichter (Hrsg.), *Qualitative Forschungsmethoden in der Erziehungswissenschaft. Eine praxisori-entierte Einführung* (S. 9–19). Weinheim: Beltz.

Friedrich, G. & de Galgóczy, V. (2004). *Komm mit ins Zahlenland. Eine spielerische Entdeckungsreise in die Welt der Mathematik.* Freiburg i. B.: Christophorus.

Friedrich, G. & Munz, H. (2006). Förderung schulischer Vorläuferfertigkeiten durch das didaktische Konzept „Komm mit ins Zahlenland". *Psychologie in Erziehung und Unter-richt, 53*, S. 134–146.

Fritz, A. & Ricken, G. (2005). Früherkennung von Kindern mit Schwierigkeiten im Erwerb von Rechenfertigkeiten. In M. Hasselhorn, W. Schneider & H. Marx (Hrsg.), *Diagnostik von Mathematikleistungen* (S. 5–27). Göttingen: Hogrefe.

Fröbel, F. (1838). Ein Ganzes von Spiel- und Beschäftigungskästen für Kindheit und Jugend. Erste Gabe: Der Ball als erstes Spielzeug des Kindes. In E. Blochmann (Hrsg.), *Fröbels Theorie des Spiels III* (S. 17–63). Langensalza: Julius Beltz.

Fröhlich-Gildhoff, K., Nentwig-Gesemann, I., Pietsch, S., Köhler, L. & Koch, M. (2014). *Kompetenzentwicklung und Kompetenzerfassung in der Frühpädagogik. Konzepte und Methoden.* Freiburg: FEL-Verlag Forschung – Entwicklung – Lehre.

Fromm, M. (2018). *Analysieren und Beurteilen. Einführung in die Forschungsmethodik für Lehramtsstudierende.* Münster: Waxmann.

Fthenakis, W. E., Schmitt, A., Daut, M., Eitel, A. & Wendell, A. (2014). *Natur-Wissen schaffen. Band 2: Frühe mathematische Bildung.* Essen: LOGO.

Fuson, K. C. (1988). *Children's Counting and Concepts of Number.* New York: Springer.

Gasteiger, H. (2010). *Elementare mathematische Bildung im Alltag der Kindertagesstätte. Grundlegung und Evaluation eines kompetenzorientierten Förderansatzes.* Münster: Waxmann.

Gasteiger, H. (2013). Förderung elementarer mathematischer Kompetenzen durch Würfel-spiele – Ergebnisse einer Interventionsstudie. In G. Greefrath, F. Käpnick & M. Stein (Hrsg.), *Beiträge zum Mathematikunterricht 2013. Band 1* (S. 336–339). Münster: WTM.

Gasteiger, H. (2014). Mathematische Lerngelegenheiten bei Würfelspielen – Eine Videoana-lyse im Rahmen der Interventionsstudie MaBiiS. In J. Roth & J. Ames (Hrsg.), *Beiträge zum Mathematikunterricht 2014* (S. 399–402). Münster: WTM.

Gasteiger, H. & Benz, C. (2012). Mathematiklernen im Übergang – kindgemäß, sachgemäß und anschlussfähig. In S. Pohlmann-Rother & U. Franz (Hrsg.), *Kooperation von KiTa und Grundschule. Eine Herausforderung für das pädagogische Personal* (S. 104–120). Köln: Carl Link.

Gasteiger, H., Obersteiner, A. & Reiss, C. (2015). Formal and Informal Learning Envi-ronments: Using Games to Support Early Numeracy. In J. Torbeyns, E. Lehtinen & J. Elen (Hrsg.), *Describing and Studying Domain-Specific Serious Games. Advances in Game-Based Learning* (S. 231–250). Cham: Springer.

Geary, D. C., Hoard, M. K., Byrd-Craven, J., Nugent, L. & Numtee, C. (2007). Cogni-tive mechanisms underlying achievement deficits in children with mathematical learning disability. *Child Development, 78*, S. 1343–1359.

Gelman, R. & Gallistel, C. R. (1986). *The child's understanding of number.* Cambridge: Harvard University Press.

Gerlach, M. & Fritz, A. (2011). *Mina und der Maulwurf. Frühförderbox Mathematik.* Berlin: Cornelsen.

Gerstenmaier, J. & Mandl, H. (1995). Wissenserwerb unter konstruktivistischer Perspektive. *Zeitschrift für Pädagogik, 41*(6), S. 867–888.

Gerster, H.-D. & Schultz, R. (1998). *Schwierigkeiten beim Erwerb mathematischer Konzepte im Anfangsunterricht. Bericht zum Forschungsprojekt Rechenschwäche – Erkennen, Beheben, Vorbeugen.* Freiburg i. B.: Pädagogische Hochschule Freiburg.

Ginsburg, H. P. (1975). Young children's informal knowledge of mathematics. *Journal of Children's Mathematical Behavior, 1*(3), S. 63–156.

Ginsburg, H. P., Lee, J. S. & Boyd, J. S. (2008). Mathematics Education for Young Children: What It is and How to Promote It. *Social Policy Report, XXII*(I).

Gisbert, K. (2004). *Lernen lernen. Lernmethodische Kompetenzen von Kindern in Tageseinrichtungen fördern. Beiträge zur Bildungsqualität. Herausgegeben von Prof. Dr. Wassilios E. Fthenakis.* Weinheim: Beltz.

Grassmann, M., Klunter, M., Köhler, E., Mirwald, E., Raudies, M. & Thiel, O. (2002). *Mathematische Kompetenzen von Schulanfängern. Teil 1: Kinderleistungen – Lehrererwartungen.* Potsdam: Universitätsverlag.

Grüßing, M. (2005). Räumliche Kompetenzen und Mathematikleistung. *Sache-Wort-Zahl, 71*, S. 41–48.

Grüßing, M. & Peter-Koop, A. (2008). Effekte vorschulischer mathematischer Förderung am Ende des ersten Schuljahres: Erste Befunde einer Längsschnittstudie. *Zeitschrift für Grundschulforschung, Bildung im Elementar- und Primarbereich, 1*, S. 65–82.

Gysin, B. (2017). *Lerndialoge von Kindern in einem jahrgangsgemischten Anfangsunterricht Mathematik. Chancen für eine mathematische Grundbildung.* Münster: Waxmann.

Hahn, H. & Michael, S. (2016). Mit Strategiespielen das Argumentieren in der Grundschule fördern. In M. Grassmann & R. Möller (Hrsg.), *Kinder herausfordern. Eine Festschrift für Renate Rasch* (S. 96–107). Hildesheim: Franzbecker.

Haller, W. & Schütte, S. (2000). *Früchtespiel. Kartenspiel für das 1. Schuljahr.* München: Oldenbourg.

Hanna, G. (2000). Proof, explanation and exploration: An overview. *ESM, 44*, S. 5–23.

Hannula, M. M., Räsänen, P. & Lehtinen, E. (2007). Development of Counting Skills: Role of Spontaneous Focusing on Numerosity and Subitizing-Based Enumeration. *Mathematical Thinking and Learning, 9*(1), S. 51–57.

Harel, G. & Sowder, L. (2007). Toward comprehensive perspectives on the learning and teaching of proof. In F. K. Lester Jr. (Hrsg.), *Second Handbook of Research on Mathematics Teaching and Learning* (S. 805–842). United Stated of America: NCTM.

Hartig, J. (2008). Kompetenzen als Ergebnisse von Bildungsprozessen. In N. Jude (Hrsg.), *Kompetenzerfassung in pädagogisches Handlungsfeldern. Theorien, Konzepte und Methoden* (S. 15–26). Bonn: BMBF.

Hasemann, K. (2003). Ordnen, Zählen, Experimentieren. Mathematische Bildung im Kindergarten. In S. Weber (Hrsg.), *Die Bildungsbereiche im Kindergarten. Basiswissen für Ausbildung und Praxis* (S. 181–205). Freiburg i. B.: Herder.

Hasemann, K. (2008). Möglichkeiten der Diagnose arithmetischer Fähigkeiten im vorschulischen Bereich. In F. Hellmich & H. Köster (Hrsg.), *Vorschulische Bildungsprozesse in Mathematik und Naturwissenschaften* (S. 45–58). Bad Heilbrunn: Klinkhardt.

Hasemann, K. & Gasteiger, H. (2014). *Anfangsunterricht Mathematik* (3. Aufl.). Berlin: Springer Spektrum.

Hasselhorn, M. & Schneider, W. (2011). Trends und Desiderate der Frühprognose schulischer Kompetenzen: Eine Einführung. In M. Hasselhorn & W. Schneider (Hrsg.), *Frühprognose schulischer Kompetenzen* (S. 1–10). Göttingen: Hogrefe.

Hauser, B. (2013). *Spielen – Frühes Lernen in Familie, Krippe und Kindergarten*. Stuttgart: Kohlhammer.

Hauser, B., Rathgeb-Schnierer, E., Stebler, R. & Vogt, F. (Hrsg.) (2017). *Mehr ist mehr. Mathematische Frühförderung mit Regelspielen* (2. Aufl.). Seelze: Klett Kallmeyer.

Hauser, B., Vogt, F., Stebler, R. & Rechsteiner, K. (2014). Förderung früher mathematischer Kompetenzen. Spielintegriert oder trainingsbasiert. *Frühe Bildung, 3*(3), S. 139–145.

Heintz, B. (2000). *Die Innenwelt der Mathematik – Zur Kultur und Praxis einer beweisenden Disziplin*. Wien: Springer.

Hejl, P. M. (1988). Konstruktion der sozialen Konstruktion: Grundlinien einer konstruktivistischen Sozialtheorie. In S. J. Schmidt (Hrsg.), *Der Diskurs des radikalen Konstruktivismus* (S. 303–339). Frankfurt a. M.: Suhrkamp.

Hellmich, F. (2008). Förderung mathematischer Vorläuferfähigkeiten im vorschulischen Bereich – Konzepte, empirische Befunde und Forschungsperspektiven. In F. Hellmich & H. Köster (Hrsg.), *Vorschulische Bildungsprozesse in Mathematik und Naturwissenschaften* (S. 83–102). Bad Heilbrunn: Klinkhardt.

Herrle, M. (2013). Mikroethnographische Interaktionsforschung. In B. Friebertshäuser & S. Seichter (Hrsg.), *Qualitative Forschungsmethoden in der Erziehungswissenschaft. Eine praxisorientierte Einführung* (S. 119–152). Weinheim: Beltz.

Hersh, R. (1993). Proving is convincing and explaining. *Educational Studies in Mathematics, 24*(2), S. 389–399.

Hertling, D. (2020). *Zahlbegriffsentwicklung von Kindergartenkindern in unterschiedlichen Settings zur mathematischen Frühförderung. Eine Untersuchung der Lernentwicklungen von Kindern mit vergleichsweise gering entwickelten arithmetischen Fähigkeiten beim Erwerb des Zahlbegriffs im letzten Kindergartenhalbjahr*. Wiesbaden: Springer Spektrum.

Hertling, D., Rechsteiner, K., Stemmer, J. & Wullschleger, A. (2017). Kriterien mathematisch gehaltvoller Regelspiele für den Elementarbereich. In B. Hauser, E. Rathgeb-Schnierer, R. Stebler & F. Vogt (Hrsg.), *Mehr ist mehr. Mathematische Frühförderung mit Regelspielen* (S. 56–63). Seelze: Klett Kallmeyer.

Hess, K. (2012). *Kinder brauchen Strategien. Eine frühe Sicht auf mathematisches Verstehen*. Seelze: Klett Kallmeyer.

Hess, K. (2011). Fach- und Kompetenzorientierung im Kindergarten. In R. Haug & L. Holzäpfel (Hrsg.), *Beiträge zum Mathematikunterricht 2011. Band 1* (S. 383–386). Hildesheim: Franzbecker.

Hildenbrand, C. (2016). *Förderung früher mathematischer Kompetenzen. Eine Interventionsstudie zu den Effekten unterschiedlicher Förderkonzepte*. Münster: Waxmann.

Hille, K., Evanschitzky, P. & Bauer, A. (2016). *Das Kind – Die Entwicklung zwischen drei und sechs Jahren. Psychologie für pädagogische Fachkräfte*. Bern: hep.

Hoenisch, N. & Niggemeyer, E. (2007). *MATHE-KINGS. Junge Kinder fassen Mathematik an* (2. Aufl.). Weimar: verlag das netz.

Holland, G. (2007). Geometrie in der Sekundarstufe. Entdecken – Konstruieren – Deduzieren (3. Aufl.). Franzbecker: Hildesheim.

Hugener, I., Pauli, C. & Reusser, K. (2006). Videoanalysen. In E. Klieme, C. Pauli & K. Reusser (Hrsg.), *Dokumentation der Erhebungs- und Auswertungsinstrumente zur schweizerisch-deutschen Videostudie „Unterrichtsqualität, Lernverhalten und mathematisches Verständnis". Teil 3.* Frankfurt a.M.: GFPF/DIPF.

Hughes, M. (1986). *Children and Number Difficulties in Learning Mathematics.* Oxford: Blackwell Publishing.

Jahnke, H.-N. & Ufer, S. (2015). Argumentieren und Beweisen. In R. Bruder, L. Hefendehl-Hebeker, B. Schmidt-Thieme & H.-G. Weigand (Hrsg.), *Handbuch der Mathematikdidaktik* (S. 331–355). Berlin: Springer Spektrum.

Jones, E. E. & Gerard, H. B. (1967). *Foundations of Social Psychology.* New York: John Wiley & Sons.

Jordan, N. C., Glutting, J. & Ramineni, C. (2010). The importance of number sense to mathematics achievement in first and third grades. *Learning and Individual Differences, 20,* S. 82–88.

Jörns, C., Schuchardt, K., Mähler, C. & Grube, D. (2013). Alltagsintegrierte Förderung numerischer Kompetenzen im Kindergarten. *Frühe Bildung, 2*(2), S. 84–91.

Jungmann, T., Koch, K., Schmidt, A., Schulz, A., Stockheim, D., Thomas, A., Tresp, T. & Etzien, M. (2012). *Implementation und Evaluation eines Konzepts der alltagsintegrierten Förderung aller Kinder zur Prävention sonderpädagogischen Förderbedarfs. Zwischenbericht 2012.* Zugriff am 25.11.2018. Verfügbar unter: https://www.sopaed.uni-rostock.de/fileadmin/uni-rostock/Alle_PHF/ISER/Downloads/ Publikationen/Katja_Koch/Zwischenbericht_KOMPASS_2012.pdf

Kamii, C. & Yasuhiko, K. (2005). Fostering the Development of Logico-Mathematical Thinking in a Card Game at Ages 5–6. *Early Education & Development, 16*(3), S. 367–384.

Kaufmann, S. (2003). *Früherkennung von Rechenstörungen in der Eingangsklasse und darauf abgestimmte remediale Maßnahmen.* Frankfurt a. M.: Lang.

Kaufmann, S. (2011). *Handbuch für die frühe mathematische Bildung* (2. Aufl.). Braunschweig: Schroedel.

Kaufmann, S. & Lorenz, J. (2009). *Elementar. Erste Grundlagen in Mathematik.* Braunschweig: Westermann.

Kaufmann, S. & Wessolowski, S. (2006). *Rechenstörungen. Diagnose und Förderbausteine.* Stuttgart: Klett Kallmeyer.

Keller, B. & Noelle Müller, B. (2007). *Kinder begegnen Mathematik. Erfahrungen sammeln.* Zürich: Lehrmittelverlag des Kantons Zürich.

Klauer, K. J. (1989). *Denktraining für Kinder I.* Göttingen: Hogrefe.

Klieme, E. & Hartig, J. (2007). Kompetenzkonzepte in den Sozialwissenschaften und im erziehungswissenschaftlichen Diskurs. *Zeitschrift für Erziehungswissenschaft, 10*(8), S. 11–29.

KMK (2005). *Bildungsstandards im Fach Mathematik für den Primarbereich. Beschluss vom 15.10.2004.* München: Luchterhand.

Knipping, C. (2003). *Beweisprozesse in der Unterrichtspraxis. Vergleichende Analysen von Mathematikunterricht in Deutschland und Frankreich.* Hildesheim: Franzbecker.

Knoblauch, H., Tuma, R. & Schnetter, B. (2010). Interpretative Videoanalyse in der Sozialforschung. In S. Maschke & L. Stecher (Hrsg.), *Enzyklopädie Erziehungswissenschaft Online.* Weinheim: Juventa.

König, A. (2010). *Interaktion als didaktisches Prinzip: Bildungsprozesse bewusst begleiten und gestalten.* Troisdorf: Bildungsverlag EINS.

Köppen, D. (1990). *70 Zwiebeln sind ein Beet. Mathematikmaterialien im offenen Anfangsunterricht.* Basel: Beltz.

Kopperschmidt, J. (1995). Grundfragen einer Allgemeinen Argumentationstheorie unter besonderer Berücksichtigung formaler Argumentationsmuster. In H. Wohlrapp (Hrsg.), *Wege der Argumentationsforschung* (S. 50–73). Stuttgart: Friedrich Frommann.

Kopperschmidt, J. (2000). *Argumentationstheorie zur Einführung.* Hamburg: Junius.

Kothe, S. (1979). Gibt es Entwicklungsmöglichkeiten für ein Beweisbedürfnis in den ersten vier Schuljahren? In W. Dörfler & R. Fischer (Hrsg.), *Beweisen im Mathematikunterricht: Vorträge des 2. Internationalen Symposiums für "Didaktik der Mathematik"* (S. 275–282). Wien: Hölder-Pichler-Tempsky.

Kowal, S. & O'Connell, D. (2015). Zur Transkription von Gesprächen. In U. Flick, E. v. Kardorff & I. Steinke (Hrsg.), *Qualitative Forschung. Ein Handbuch* (11. Aufl., S. 437–447). Reinbek: Rowohlt Taschenbuch.

Krajewski, K. (2003). *Vorhersage von Rechenschwäche in der Grundschule.* Hamburg: Kovač.

Krajewski, K. (2005). Früherkennung und Frühförderung von Risikokindern. In M. von Aster & J. H. Lorenz (Hrsg.), *Rechenstörungen beim Kindern* (S. 150–164). Göttingen: Vandenhoeck & Ruprecht.

Krajewski, K. (2013). Wie bekommen die Zahlen einen Sinn? Ein entwicklungspsychologisches Modell der zunehmenden Verknüpfung von Zahlen und Größen. In M. von Aster & J. H. Lorenz (Hrsg.), *Rechenstörungen bei Kindern. Neurowissenschaft, Psychologie, Pädagogik* (S. 155–179). Göttingen: Vandenhoeck & Ruprecht.

Krajewski, K., Grüßing, M. & Peter-Koop, A. (2009). Die Entwicklung mathematischer Kompetenzen bis zum Beginn der Grundschulzeit. In A. Heinze & M. Grüßing (Hrsg.), *Mathematiklernen von Kindergarten bis zum Studium. Kontinuität und Kohärenz als Herausforderung für den Mathematikunterricht* (S. 17–34). Münster: Waxmann.

Krajewski, K., Nieding, G. & Schneider, W. (2007). *Mengen, zählen, Zahlen.* Berlin: Cornelsen.

Krajewski, K., Nieding, G. & Schneider, W. (2008a). Kurz- und langfristige Effekte mathematischer Frühförderung im Kindergarten durch das Programm „Mengen, zählen, Zahlen". *Zeitschrift für Entwicklungspsychologie und Pädagogische Psychologie, 40*(3), S. 135–146.

Krajewski, K., Renner, A., Nieding, G. & Schneider, W. (2008b). Frühe Förderung von mathematischen Kompetenzen im Vorschulalter. In H.-G. Roßbach & H.-P. Blossfeld (Hrsg.), *Frühpädagogische Förderung in Institutionen. Zeitschrift für Erziehungswissenschaft. Sonderheft 11. 2008* (S. 91–103). Wiesbaden: VS.

Krajewski, K. & Schneider, W. (2006). Mathematische Vorläuferfertigkeiten im Vorschulalter und ihre Vorhersagekraft für die Mathematikleistungen bis zum Ende der Grundschulzeit. *Psychologie in Erziehung und Unterricht* (53), S. 246–262.

Krammer, K. (2017). Die Bedeutung der Lernbegleitung im Kindergarten und am Anfang der Grundschule. Wie können frühe mathematische Lernprozesse unterstützt werden? In S. Schuler, C. Streit & G. Wittmann (Hrsg.), *Perspektiven mathematischer Bildung im Übergang vom Kindergarten zur Grundschule* (S. 107–123). Wiesbaden: Springer.

Krasnor, L. R. & Pepler, D. J. (1980). The study of children's play. In K. H. Rubin (Hrsg.), *New directions for child development* (9. Aufl., S. 85–95). San Francisco: Jessey-Bass.

Krauthausen, G. & Scherer, P. (2007). *Einführung in die Mathematikdidaktik* (3. Aufl.). Heidelberg: Spektrum.

Krummheuer, G. (1997). *Narrativität und Lernen. Mikrosoziologische Studien zur sozialen Konstitution schulischen Lernens.* Weinheim: Beltz.

Krummheuer, G. & Brandt, B. (2001). *Paraphrase und Traduktion. Partizipationstheoretische Elemente einer Interaktionstheorie des Mathematiklernens in der Grundschule.* Weinheim: Beltz.

Krummheuer, G. & Fetzer, M. (2005). *Der Alltag im Mathematikunterricht. Beobachten – Verstehen – Gestalten.* München: Elsevier.

Kucharz, D., Mackowiak, K., Ziroli, S., Kauertz, A., Rathgeb-Schnierer, E. & Dieck, M. (Hrsg.) (2014). *Professionelles Handeln im Elementarbereich (PRIMEL). Eine deutschschweizerische Videostudie.* Münster: Waxmann.

Kucharz, D. & Wagener, M. (2013). *Jahrgangsübergreifendes Lernen. Eine empirische Studie zu Lernen, Leistung und Interaktion von Kindern in der Schuleingangsphase.* Baltmannsweiler: Schneider Verlag Hohengehren.

Kuckartz, U. (2014). *Qualitative Inhaltsanalyse. Methoden, Praxis, Computerunterstützung* (2. Aufl.). Weinheim: Beltz.

Niedersächsisches Kultusministerium (Hrsg.) (2011). *Orientierungsplan für Bildung und Erziehung im Elementarbereich niedersächsischer Tageseinrichtungen für Kinder.* Hannover: gutenberg beuys feindruckerei GmbH.

Lamnek, S. & Krell, C. (2016). *Qualitative Sozialforschung. Mit Online-Material* (6. Aufl.). Weinheim: Beltz.

Laucken, U. (1998). *Sozialpsychologie. Geschichte, Hauptströmungen, Tendenzen.* Oldenburg: BIS.

Le Boterf, G. (1994). *De la compétence. Essai sur un attracteur étrange.* Paris: Les Éditions d'organisation.

Le Boterf, G. (1997). *De la compétence à la navigation professionnelle.* Paris: Les Éditions d'organisation.

Lee, K. (2014). *Kinder erfinden Mathematik. Gestaltendes Tätigsein mit gleichem Material in großer Menge* (2. Aufl.). Weimar: verlag das netz.

Legewie, H. (1995). Feldforschung und teilnehmende Beobachtung. In U. Flick, E. v. Kardorff, H. Keupp, L.v. Rosenstiel & S. Wolff (Hrsg.), *Handbuch Qualitative Sozialforschung. Grundlagen, Konzepte, Methoden und Anwendungen* (2. Aufl., S. 189–193). Weinheim: Beltz.

Leuchter, M. (2013). Die Bedeutung des Spiels in Kindergarten und Schuleingangsphase. *Zeitschrift für Pädagogik, 59*(4), S. 575–592.

Leuders, T. (2008). Gespielt – gelernt – gewonnen! Produktive Übungsspiele. *Praxis der Mathematik in der Schule, 50*(22), S. 1–7.

Leuders, T. (2010). *Erlebnis Arithmetik zum aktiven Entdecken und selbstständigen Erarbeiten.* Heidelberg: Spektrum.

Lindmeier, A., Brunner, E. & Grüßing, M. (2018). Early mathematical reasoning – theoretical foundations and possible assessment. In E. Bergqvist, M. Österholm, C. Granberg & L. Sumpter (Hrsg.), *Proceedings of the 42th Conference of the International Group for the Psychology of Mathematics Education. Band 3* (S. 315–322). Umeå: PME.

Lindmeier, A., Grüßing, M. & Heinze, A. (2015). Mathematisches Argumentieren bei fünf- bis sechsjährigen Kindern. In F. Caluori, H. Linneweber-Lammerskitten & C. Streit (Hrsg.), *Beiträge zum Mathematikunterricht 2015. Band 1* (S. 576–579). Münster: WTM.

Lindmeier, A., Grüßing, M., Heinze, A. & Brunner, E. (2017). Wie kann mathematisches Argumentieren bei 5–6jährigen Kindern aussehen? In U. Kortenkamp & A. Kuzle (Hrsg.), *Beiträge zum Mathematikunterricht 2017. Band 2* (S. 609–612). Münster: WTM.

Link, M., Vogt, F. & Hauser, B. (2017). „Weil durch Zwingen lernen sie es sowieso nicht". Überzeugungen pädagogischer Fachkräfte zum mathematischen Lernen im Kindergarten. In S. Schuler, C. Streit & G. Wittmann (Hrsg.), *Perspektiven mathematischer Bildung im Übergang vom Kindergarten zur Grundschule* (S. 255–267). Wiesbaden: Springer Spektrum.

London, M. & Mayer, C. (2015). Argumentierend Arithmetik lernen. In A. Budke, M. Kuckuck, M. Meyer, F. Schäbitz, K. Schlüter & G. Weiss (Hrsg.), *Fachlich argumentieren lernen. Didaktische Forschungen zur Argumentation in den Unterrichtsfächern* (S. 230–247). Münster: Waxmann.

Lorenz, J. (2008). Diagnose und Förderung von Kindern in Mathematik – ein Überblick. In F. Hellmich & H. Köster (Hrsg.), *Vorschulische Bildungsprozesse in Mathematik und Naturwissenschaften* (S. 29–44). Bad Heilbrunn: Klinkhardt.

Lorenz, J. (2012). *Kinder begreifen Mathematik. Frühe mathematische Bildung und Förderung*. Stuttgart: Kohlhammer.

Lüken, M. (2012). *Muster und Strukturen im mathematischen Anfangsunterricht. Grundlegungen und empirische Forschung zum Struktursinn von Schulanfängern*. Münster: Waxmann.

Mariotti, M. A. (2006). Proof and proving in mathematics education. In A. Gutiérrez & P. Boero (Hrsg.), *Handbook of Research on the Psychology of Mathematics Education* (S. 173–204). Rotterdam: Sense Publishers.

Maturana, H. R. & Varela, F. J. (1987). *Der Baum der Erkenntnis: Die biologischen Wurzeln des menschlichen Erkennens*. München: Goldmann.

Max, C. (1997). Verstehen heißt Verändern. <Conceptual Change> als didaktisches Prinzip des Sachunterrichts. In R. Meier, H. Unglaube & G. Faust-Siehl (Hrsg.), *Sachunterricht in der Grundschule* (S. 62–89). Frankfurt a. M.: Arbeitskreis Grundschule – Der Grundschulverband – e.V.

Mayring, P. (2008). Neuere Entwicklungen in der qualitativen Forschung und der Qualitativen Inhaltsanalyse. In P. Mayring & M. Gläser-Zikuda (Hrsg.), *Die Praxis der Qualitativen Inhaltsanalyse* (2. Aufl., S. 7–19). Weinheim: Beltz.

Mayring, P. (2015). *Qualitative Inhaltsanalyse. Grundlagen und Techniken* (12. überarb. Aufl.). Weinheim: Beltz.

Mayring, P. (2016). *Einführung in die qualitative Sozialforschung. Eine Anleitung zu qualitativem Denken* (6. Aufl.). Weinheim: Beltz.

Mead, G. H. (1934). *Mind, self, and society. From the standpoint of a social behaviorist*. Chicago: University of Chicago.

Meissner, H. (1979). Beweisen im Elementarbereich. In W. Dörfler & R. Fischer (Hrsg.), *Beweisen im Mathematikunterricht: Vorträge des 2. Internationalen Symposiums für "Didaktik der Mathematik"* (S. 307–313). Wien: Hölder-Pichler-Tempsky.

Meyer, M. (2007). *Entdecken und Begründen im Mathematikunterricht: von der Abduktion zum Argument*. Hildesheim: Franzbecker.

Miller, M. (1986). *Kollektive Lernprozesse. Studien zur Grundlegung einer soziologischen Lerntheorie.* Frankfurt a. M.: Suhrkamp.

Ministerium für Kultus, Jugend und Sport Baden-Württemberg (2014). *Orientierungsplan für Bildung und Erziehung in baden-württembergischen Kindergärten und weiteren Kindertageseinrichtungen.* Freiburg i.B.: Herder.

Mogel, H. (2008). *Psychologie des Kinderspiels* (3. Aufl.). Heidelberg: Springer.

Möller, K. (2000). Konstruktivistische Sichtweisen für das Lernen in der Grundschule? In K. Czerwenka, K. Nölle & H. G. Roßbach (Hrsg.), *Forschungen zu Lehr- und Lernkonzepten für die Grundschule. Jahrbuch Grundschulforschung* (4. Aufl., S. 16–31). Opladen: Leske und Budrich.

Montada L., Lindenberger, U. & Schneider, W. (2012). Fragen, Konzepte, Perspektiven. In W. Schneider & U. Lindenberger (Hrsg.), *Entwicklungspsychologie* (7. vollst. überarb. Aufl., S. 27–60). Weinheim: Beltz.

Montague-Smith, A. (2002). *Mathematics in Nursery Education* (2. Aufl.). London: David Fulton Publishers.

Moser Opitz, E. (2001). *Zählen, Zahlbegriff, Rechnen.* Bern: Haupt.

Moser Opitz, E. (2008). *Zählen – Zahlbegriff – Rechnen. Theoretische Grundlagen und eine empirische Untersuchung zum mathematischen Erstunterricht in Sonderklassen* (3. Aufl.). Bern: Haupt.

Müller, C., Eichler, D. & Blömeke, S. (2006). Chancen und Grenzen von Videostudien in der Unterrichtsforschung. In S. Rahm, I. Mammes & M. Schratz (Hrsg.), *Schulpädagogische Forschung. Unterrichtsforschung. Perspektiven innovativer Ansätze* (S. 125–138). Innsbruck: Studienverlag.

Müller, G. & Wittmann, E. C. (2009). *Das Zahlenbuch. Gesamtpaket zum Frühförderprogramm.* Stuttgart: Klett.

National Association for the Education of Young Children (NAEYC) & National Council for Teachers of Mathematics (NCTM) (2002). *Early Childhood Mathematics: Promoting Good Beginnings.* Zugriff am 23.11.2018. Verfügbar unter: https://www.naeyc.org/positionstatements/mathematics

Neubert, S., Reich, K. & Voß, R. (2001). Lernen als konstruktivistischer Prozess. In T. Hug (Hrsg.), *Wie kommt Wissenschaft zu Wissen? Band 1: Einführung in das wissenschaftliche Arbeiten* (S. 253–265). Baltmannsweiler: Schneider Verlag Hohengehren.

Oerter, R. (1993). *Psychologie des Spiels. Ein handlungstheoretischer Ansatz.* München: Quintessenz.

Ott, I. (2008). Wie Kinder im selbstbestimmten Spiel lernen – Auswertung einer Beobachtungssequenz. In B. Daiber & I. Weiland (Hrsg.), *Impulse der Elementardidaktik – Eine gemeinsame Ausbildung für Kindergarten und Grundschule* (S. 147–167). Baltmannsweiler: Schneider Verlag Hohengehren.

Padberg, F. & Benz, C. (2011). *Didaktik der Arithmetik für Lehrerausbildung und Lehrerfortbildung* (4. Aufl.). Heidelberg: Spektrum.

Passolunghi, M. C., Vercelloni, B. & Schadee, H. (2007). The precursors of mathematics learning: working memory, phonological ability and numerical competence. *Cognitive Development, 22,* S. 165–184.

Pauli, C. (2012). Kodierende Beobachtung. In H. de Boer & S. Reh (Hrsg.), *Beobachtung in der Schule – Beobachten lernen* (S. 45–63). Wiesbaden: VS.

Pedemonte, B. (2007). How can the relationship between argumentation and proof be analysed? *Educational Studies in Mathematics, 66*(1), S. 23–41.

Pellegrini, A. D. (2009). *The Role of Play in Human Development.* New York: Oxford University Press.

Peter-Koop, A. (2006). Grundschulkinder bearbeiten Fermi-Aufgaben in Kleingruppen. Empirische Befunde zu Interaktionsmustern. In E. Rathgeb-Schnierer & U. Roos (Hrsg.), *Wie rechnen Matheprofis? Ideen und Erfahrungen zum offenen Mathematikunterricht. Festschrift für Sybille Schütte zum 60. Geburtstag* (S. 41–56). München: Oldenbourg.

Peter-Koop, A. (2009). Orientierungspläne Mathematik für den Elementarbereich – ein Überblick. In A. Heinze & M. Grüßing (Hrsg.), *Mathematiklernen vom Kindergarten bis zum Studium. Kontinuität und Kohärenz als Herausforderung für den Mathematikunterricht* (S. 47–52). Münster: Waxmann.

Peter-Koop, A., Hasemann, K. & Klep, J. (2006). *Modul G 10: Übergänge gestalten. SINUS-Transfer Grundschule, Mathematik.* Zugriff am 23.11.2018. Verfügbar unter: http://sinus-transfer.uni-bayreuth.de/fileadmin/Materialien/ModulG10_Druckvers ion_ 08maerz06.pdf

Peucker, S. & Weißhaupt, S. (2005). FEZ – Ein Programm zur Förderung mathematischen Vorwissens im Vorschulalter. *Zeitschrift für Heilpädagogik, 56*(8), S. 300–305.

Piaget, J. (1958). Die Genese der Zahl beim Kinde. *Westermanns pädagogische Beiträge, 10,* S. 357–367.

Piaget, J. (1964). Die Genese der Zahl beim Kind. In J. Piaget, K. Resag, A. Fricke, P. van Hiele & K. Odenbach (Hrsg.), *Rechenunterricht und Zahlbegriff. Die Entwicklung des kindlichen Zahlbegriffs und ihre Bedeutung für den Rechenunterricht* (S. 50–72). Braunschweig: Westermann.

Piaget, J. (1972). *Die Entwicklung des Erkennens I. Das mathematische Denken.* Stuttgart: Klett.

Piaget, J. (1975a). *Das Erwachen der Intelligenz beim Kinde.* Stuttgart: Klett.

Piaget, J. (1975b). *Nachahmung, Spiel und Traum. Die Entwicklung der Symbolfunktion beim Kinde.* Stuttgart: Klett.

Piaget, J. (1976). Die Äquilibration der kognitiven Strukturen. Stuttgart: Klett.

Piaget, J. & Inhelder, B. (1986). *Die Psychologie des Kindes.* Stuttgart: dtv/Klett-Cotta.

Piaget, J. & Szeminska, A. (1975). *Die Entwicklung des Zahlbegriffs beim Kinde.* Stuttgart: Klett.

Piontkowski, U. (1976). *Psychologie der Interaktion.* München: Juventa.

Preiß, G. (2004). *Entdeckungen im Zahlenland. Leitfaden Zahlenland 1.* Kirchzarten: Zahlenland Verlag Prof. Preiß.

Preiß, G. (2007). *Leitfaden Zahlenland 1. Verlaufspläne für die Lerneinheiten 1 bis 10 der "Entdeckungen im Zahlenland".* Kirchzarten: Klein Druck.

Quaiser-Pohl, C. (2008). Förderung mathematischer Vorläuferfähigkeiten im Kindergarten mit dem Programm „Spielend Mathe". In F. Hellmich & H. Köster (Hrsg.), *Vorschulische Bildungsprozesse in Mathematik und in den Naturwissenschaften* (S. 62–81). Bad Heilbrunn: Klinkhardt.

Radatz, H. & Schipper, W. (1983). *Handbuch für den Mathematikunterricht an Grundschulen.* Hannover: Schroedel.

Radatz, H., Schipper, W., Ebeling, A. & Dröge, R. (1996). *Handbuch für den Mathematikunterricht. 1. Schuljahr.* Hannover: Schroedel.

Ramani, G. B. & Siegler, R. S. (2008). Promoting broad and stable improvements in low-income children's numerical knowledge through playing number board games. *Child Developement, 79*(2), S. 375–394.

Rasch, R. & Schütte, S. (2012). Zahlen und Operationen. In G. Walther, M. van den Heuvel-Panhuizen, D. Granzer & O. Köller (Hrsg.), *Bildungsstandards für die Grundschule: Mathematik konkret* (6. Aufl., S. 66–88). Berlin: Cornelsen.

Rasku-Puttonen, H., Lerkkanen, M., Poikkeus, A. & Siekkinen, M. (2012). Dialogical patterns of interaction in pre-school classrooms. In *International Journal of Education Research, 53,* S. 138–149.

Rathgeb-Schnierer, E. (2006). *Kinder auf dem Weg zum flexiblen Rechnen. Eine Untersuchung von Rechenwegen bei Grundschulkindern auf der Grundlage offener Lernangebote und eigenständiger Lösungsansätze.* Hildesheim: Franzbecker.

Rathgeb-Schnierer, E. (2012). Mathematische Bildung. In D. Kucharz (Hrsg.), *Bachelor / Master: Elementarbildung* (S. 50–85). Weinheim: Beltz.

Rathgeb-Schnierer, E. (2017). Mathematische Bildung im Kindergarten. In B. Hauser, E. Rathgeb-Schnierer, R. Stebler & F. Vogt (Hrsg.), *Mehr ist mehr. Mathematische Frühförderung mit Regelspielen* (S. 10–25). Seelze: Klett Kallmeyer.

Rathgeb-Schnierer, E. & Rechtsteiner, C. (2018). *Rechnen lernen und Flexibilität entwickeln. Grundlagen – Förderung – Beispiele.* Berlin: Springer Spektrum.

Rathgeb-Schnierer, E. & Stemmer, J. (2016). „Da ist eine Kastanie mehr und darum passt meine Karte" – Das Früchtespiel als Möglichkeit, junge Kinder zum Mathematiklernen herauszufordern. In M. Grassmann & R. Möller (Hrsg.), *Kinder herausfordern. Eine Festschrift für Renate Rasch* (S. 163–179). Hildesheim: Franzbecker.

Rechsteiner, K. & Hauser, B. (2012). Geführtes Spiel oder Training? Förderung mathematischer Vorläuferfertigkeiten. *Die Grundschulzeitschrift, 26*(258/259), S. 8–10.

Rechsteiner, K., Hauser, B. & Vogt, F. (2012). Förderung der mathematischen Vorläuferfertigkeiten im Kindergarten: Spiel oder Training? In M. Ludwig & M. Kleine (Hrsg.), *Beiträge zum Mathematikunterricht 2012. Band 2* (S. 677–680). Münster: WTM.

Rechsteiner, K., Hauser, B., Vogt, F. & Stebler, R. (2015). Frühe Mathematik-Förderung: Regelspiele oder Training? In B. Hauser, E. Rathgeb-Schnierer, R. Stebler & F. Vogt (Hrsg.), *Mehr ist mehr. Mathematische Frühförderung mit Regelspielen* (S. 26–29). Seelze: Klett Kallmeyer.

Rechtsteiner-Merz, C. (2011). Den Zahlenblick schulen. Flexibles Rechnen entwickeln. *Die Grundschulzeitschrift,* 248.249, 1. Materialbeilage.

Rechtsteiner-Merz, C. (2013). *Flexibles Rechnen und Zahlenblickschulung. Entwicklung und Förderung von Rechenkompetenzen bei Erstklässlern, die Schwierigkeiten beim Rechnenlernen zeigen.* Münster: Waxmann.

Reichertz, J. & Englert, C. J. (2011). *Einführung in die qualitative Videoanalyse. Eine hermeneutisch-wissenssoziologische Fallanalyse.* Wiesbaden: VS.

Reiss, K., Heinze, A. & Pekrun, R. (2007). Mathematische Kompetenz und ihre Entwicklung in der Grundschule. *Zeitschrift für Erziehungswissenschaft, 10*(Sonderheft 8), S. 107–127.

Resnick, L. B. (1983). A Development Theory of Number Understanding. In H. P. Ginsburg (Hrsg.), *The Development of Mathmatical Thinking* (S. 110–151). New York: Academic Press.

Resnick, L. B. (1989). Developing Mathematical Knowledge. *American Psychologist, 44,* S. 162–169.

Ricken, G. & Fritz, A. (2007). Ein entwicklungspsychologisches Modell für die Diagnostik und Förderung mathematischer Kompetenzen im Vorschul- und frühen Grundschulalter. In *Beiträge zum Mathematikunterricht 2007* (S. 441–445). Berlin: Hildesheim.

Ricken, G., Fritz, A. & Balzer, L. (2011). Mathematik und Rechnen – Test zur Erfassung von Konzepten im Vorschulalter (MARKO-D) – ein Beispiel für einen niveauorientierten Ansatz. *Empirische Sonderpädagogik, 3*, S. 256–271.

Rigotti, E. & Greco Morasso, S. (2009). Argumentation as an Object of Interest and as a Social an Cultural Resource. In N. Muller Mirza & A. N. Perret-Clermont (Hrsg.), *Argumentation and Education* (S. 9–66). New York: Springer.

Rogoff, B. (1990). *Apprenticeship in thinking. Cognitive development in social context.* New York: Oxford University Press.

Roßbach, H.-G., Frank, A. & Sechtig, J. (2007). Wissenschaftliche Einbettung des Modellversuchs KIDZ. In Stiftung Bildungspakt Bayern (Hrsg.), *Das KiDZ-Handbuch. Grundlagen, Konzepte und Praxisbeispiele aus dem Modellversuch „KiDZ – Kindergarten der Zukunft in Bayern"* (S. 24–59). Köln: Wolters Kluwer.

Roßbach, H.-G., Sechtig, J. & Freund, U. (2010). *Empirische Evaluation des Modellversuchs „Kindergarten der Zukunft in Bayern – KiDZ". Ergebnisse der Kindergartenphase.* Bamberg: University of Bamberg Press. Zugriff am 06.12.2018. Verfügbar unter: https://d-nb. info/1058947273/34

Roux, S. (2008). Bildung im Elementarbereich – Zur gegenwärtigen Lage der Frühpädagogik in Deutschland. In F. Hellmich & H. Köster (Hrsg.), *Vorschulische Bildungsprozesse in Mathematik und Naturwissenschaften* (S. 13–25). Bad Heilbrunn: Klinkhardt.

Royar, T. (2007a). Mathematik im Kindergarten. Kritische Anmerkungen zu den neuen "Bildungsplänen" für Kindertageseinrichtungen. *mathematica didactica, 30*(1), S. 29–48.

Royar, T. (2007b). *Die Käferschachtel. Mathematische Frühförderung mit dem Käfer Mathilde. KiGa & Klasse 1.* Lichtenau: AOL.

Royar, T. & Streit, C. (2010). *MATHElino. Kinder begleiten auf mathematischen Entdeckungsreisen.* Seelze: Klett Kallmeyer.

Sarama, J. & Clements, D. H. (2009). Building Blocks and Cognitive Building Blocks: Playing to Know the World Mathematically. *American Journal of Play, 1*, S. 313–337.

Sawyer, W. W. (1955). *Prelude to Mathematics.* London: Penguin.

Schäfer, G. E. (2005). Was ist frühkindliche Bildung? In G. E. Schäfer (Hrsg.), *Bildung beginnt mit der Geburt. Ein offener Bildungsplan für Kindertageseinrichtungen in Nordrhein-Westfalen* (2. Aufl., S. 15–74). Weinheim: Beltz.

Scheuerl, H. (1990). *Das Spiel. Band 1. Untersuchungen über sein Wesen, seine pädagogische Möglichkeiten und Grenzen.* Weinheim: Beltz.

Schmidt, R. (1982a). Die Zählfähigkeit der Schulanfänger – Ergebnisse einer Untersuchung. *Sachunterricht und Mathematik in der Primarstufe, 12*(10), S. 371–376.

Schmidt, R. (1982b). Ziffernkenntnis und Ziffernverständnis der Schulanfänger. *Grundschule, 14*, S. 166–167.

Schmidt, R. (1982c). *Zahlenkenntnisse von Schulanfängern. Ergebnisse einer zu Beginn des Schuljahres 1981/82 durchgeführten Untersuchung.* Wiesbaden: Hessisches Institut für Bildungsplanung und Schulentwicklung.

Schöner, P. & Benz, C. (2018). Visual Structuring Processes of Children When Determining the Cardinality of Sets: The Contribution of Eye-Tracking. In C. Benz, A. S. Steinweg,

H. Gasteiger, P. Schöner, H. Vollmuth & J. Zöllner (Hrsg.), *Mathematics Education in the Early Years. Results from the POEM3 Conference, 2016* (S. 123–143). Cham: Springer.

Schuler, S. (2008). Was können Mathematikmaterialien im Kindergarten leisten? – Kriterien für eine gezielte Bewertung. In E. Vásárhelyi (Hrsg.), *Beiträge zum Mathematikunterricht* (S. 721–724). Münster: Martin Stein.

Schuler, S. (2010). Das Bohnenspiel. Ein Regelspiel zur Förderung des Zahlbegriffs im Kindergarten und am Schulanfang. *Grundschulunterricht Mathematik*, S. 11–16.

Schuler, S. (2013). *Mathematische Bildung im Kindergarten in formal offenen Situationen. Eine Untersuchung am Beispiel von Spielen zum Erwerb des Zahlbegriffs*. Münster: Waxmann.

Schuler, S. (2017). Lernbegleitung als Voraussetzung für mathematische Lerngelegenheiten beim Spielen im Kindergarten. In S. Schuler, C. Streit & G. Wittmann (Hrsg.), *Perspektiven mathematischer Bildung im Übergang vom Kindergarten zur Grundschule* (S. 139–156). Wiesbaden: Springer.

Schuler, S. & Sturm, N. (2018). Zur Wirksamkeit der Lernbegleitung von Spielen mit mathematischem Potenzial im Übergang vom Kindergarten in die Grundschule. In Fachgruppe Didaktik der Mathematik der Universität Paderborn (Hrsg.), *Beiträge zum Mathematikunterricht* (S. 1643–1646). Münster: WTM.

Schuler, S. & Sturm, N. (2019a). Mathematische Aktivitäten von Kindergartenkindern beim Spielen mathematischer Spiele. In A. S. Steinweg (Hrsg.), *Darstellen und Kommunizieren. Tagungsband des AK Grundschule in der GDM 2019* (S. 101–104). University of Bamberg Press. Zugriff am 20.06.2020. Verfügbar unter: https://fis.uni-bamberg.de/bitstream/uniba/46675/3/fisba46675_A3a.pdf

Schuler, S. & Sturm, N. (2019b). Mathematische Aktivitäten von fünf- bis sechsjährigen Kindern beim Spielen mathematischer Spiele – Lerngelegenheiten bei direkten und indirekten Formen der Unterstützung. In D. Weltzien, H. Wadepohl, C. Schmude, H. Wedekind & A. Jedodtka (Hrsg.), *Forschung in der Frühpädagogik. Interaktionen und Settings in der frühen MINT-Bildung* (S. 59–86). Freiburg: FEL.

Schuler, S. & Wittmann, G. (2020). Analyse von Konzeptionen früher mathematischer Bildung. Auf dem Weg zu einem anschlussfähigen Kompetenzmodell. *Zeitschrift für Mathematikdidaktik in Forschung und Praxis*, Vol. 1, S. 1–34. Zugriff am 21.10.2020. Verfügbar unter: https://zmfp.de/

Schuster, C. (2010). Beurteilerübereinstimmung. In H. Holling & B. Schmitz (Hrsg.), *Handbuch Statistik, Methoden und Evaluation* (S. 700–707). Göttingen: Hogrefe.

Schütte, S. (2001). Offene Lernangebote – Aufgabenlösungen auf verschiedenen Niveaus. *Grundschulunterricht*, 48(11), S. 4–8.

Schütte, S. (Hrsg.) (2004a). *Die Matheprofis 1. Ein Mathematikbuch für die Grundschule. Neubearbeitung Ausgabe D*. München: Oldenbourg.

Schütte, S. (2004b). Zur didaktischen Bedeutung eigenstrukturierter Zahlbilder. *Praxis Grundschule* (2), S. 5–10.

Schütte, S. (2008). *Qualität im Mathematikunterricht der Grundschule sichern. Für eine zeitgemäße Unterrichts- und Aufgabenkultur.* München: Oldenbourg.

Schwarz, B. B. (2009). Argumentation and learning. In N. Muller Mirza & A. N. Perret-Clermont (Hrsg.), *Argumentation and education* (S. 91–126). New York: Springer.

Schwarzkopf, R. (2000). *Argumentationsprozesse im Mathematikunterricht: Theoretische Grundlagen und Fallstudien*. Hildesheim: Franzbecker.

Schwarzkopf, R. (2001). Argumentationsanalysen im Unterricht der frühen Jahrgangsstufen – eigenständiges Schließen mit Ausnahmen. *Journal für Mathematikdidaktik, 22*(3/4), S. 253–276.

Sechtig, J., Freund, U., Roßbach, H.-G. & Anders, Y. (2012). Das Modellprojekt »KiDZ - Kindergarten der Zukunft in Bayern« – Kernelemente, zentrale Ergebnisse der Evaluation und Impulse für die Gestaltung des Übergangs vom Kindergarten in die Grundschule. In S. Pohlmann-Rother & U. Franz (Hrsg.), *Kooperation von KiTa und Grundschule. Eine Herausforderung für das pädagogische Personal* (S. 174–188). Köln: Carl Link.

Seeber, S., Nickolaus, R., Winther, E., Achtenhagen, F., Breuer, K., Frank, I., Lehmann, R., Spöttl, G., Straka, G., Walden, G., Weiß, R. & Zöller, A. (2010). Kompetenzdiagnostik in der Berufsbildung. Begründungen und Ausgestaltung eines Forschungsprogramms. *Berufsbildung in Wissenschaft und Praxis – BWP, 1.*

Seidel, T. & Prenzel, M. (2010). Beobachtungsverfahren: Vom Datenmaterial zur Datenanalyse. In H. Holling & B. Schmitz (Hrsg.), *Handbuch Statistik, Methoden und Evaluation* (S. 139–152). Göttingen: Hogrefe.

Selter, C. (2008). Wie junge Kinder rechnen lernen. In L. Fried (Hrsg.), *Das wissbegierige Kind* (S. 37–54). Weinheim: Juventa.

Siegler, R. S. (1987). The Perils of Averaging Data over Strategies: An Example from Children's Addition. *Journal of Experimental Psychology, 116*, S. 250–264.

Simon, T. J., Hespos, S. J. & Rochat, P. (1995). Do Infants Understand Simple Arithmetic? A Replication of Wynn (1992). *Cognitive Development, 10*, S. 253–269.

Sinner, D., Ennemoser, M. & Krajewski, K. (2011). Entwicklungspsychologische Frühdiagnostik mathematischer Basiskompetenzen im Kindergarten- und Grundschulalter (MBK-0 und MBK-1). In M. Hasselhorn & W. Schneider (Hrsg.), *Frühprognose schulischer Kompetenzen. Tests und Trends. Neue Folge Band 9* (S. 109–126). Göttingen: Hogrefe.

Skinner, B. F. (1953). *Science and human behavior.* New York: Macmillan.

Sophian, C. (1988). Early developments in children's understanding of number: Inferences about numerosity and one-to-one correspondence. *Child Development, 59*, S. 1397–1414.

Sowder, L. & Harel, G. (1998). Types of Students' Justifications. *The Mathematics Teacher, 91*(8), S. 670–675.

Spiegel, H. & Selter, C. (2011). *Kinder & Mathematik. Was Erwachsene wissen sollten* (7. Aufl.). Seelze: Klett Kallmeyer.

Spranz-Fogasy, T. (2006). Alles Argumentieren, oder was? Zur Konstitution von Argumentation in Gesprächen. In A. Deppermann & M. Hartung (Hrsg.), *Argumentieren in Gesprächen. Gesprächsanalytische Studien* (2. Aufl., S. 27–39). Tübingen: Stauffenburg.

Starkey, P. & Cooper, R. G. (1980). Perception of Numbers by Human Infants. *Science, 210*, S. 1033–1035.

Starkey, P., Spelke, E. S. & Gelman, R. (1983). Detection of Intermodal Numerical Correspondences by Human Infants. *Science, 222*, S. 179–181.

Starkey, P., Spelke, E. & Gelman, R. (1990). Numerical abstraction by human infants. *Cognition* (36), S. 97–127.

Steiner, G. (1997). Erwerb mathematischer Kompetenzen: Kommentar. In F. E. Weinert & A. Helmke (Hrsg.), *Entwicklung im Grundschulalter* (S. 171–179). Weinheim: Beltz.

Steinke, I. (2015). Gütekriterien qualitativer Forschung. In U. Flick, E. v. Kardorff & I. Steinke (Hrsg.), *Qualitative Forschung. Ein Handbuch.* (S. 319–331). Reinbek: Rowohlt Taschenbuch.

Steinweg, A. S. (2003). "Gut, wenn es etwas zu entdecken gibt" – Zur Attraktivität von Zahlen und Mustern. In S. Ruwisch & A. Peter-Koop (Hrsg.), *Gute Aufgaben im Mathematikunterricht der Grundschule* (S. 56–74). Offenburg: Mildenberger.

Steinweg, A. S. (2007a). Mathematisches Lernen. In Stiftung Bildungspaket Bayern (Hrsg.), *Das KIDZ-Handbuch. Grundlagen, Konzepte und Praxisbeispiele aus dem Modellversuch "KIDZ-Kindergarten der Zukunft in Bayern* (S. 143–159). Bad Heilbrunn: Klinkhardt.

Steinweg, A. S. (2007b). Mit Kindern Mathematik erleben. Aktivitäten und Organisationsideen sowie Beobachtungsvorschläge zur mathematischen Bildung der Drei- bis Sechsjährigen. In Stiftung Bildungspaket Bayern (Hrsg.), *Das KIDZ-Handbuch* (S. 136–203). Köln: Wolters Kluwer.

Steinweg, A. S. (2008a). Zwischen Kindergarten und Schule – Mathematische Basiskompetenzen im Übergang. In F. Hellmich & H. Köster (Hrsg.), *Vorschulische Bildungsprozesse in Mathematik und Naturwissenschaften* (S. 143–159). Bad Heilbrunn: Klinkhardt.

Steinweg, A. S. (2008b). *Mathe aktiv! Mathematik in Alltagssituationen in TransKiGs-Kindertagesstätten.* Zugriff am 25.11.2018. Verfügbar unter: http://www.bildungs ser-ver.de/pdf/BE5_Mathe_aktiv_2008.pdf

Stemmer, J. (2015). Steine sammeln. *Die Grundschulzeitschrift* (281), S. 38–41.

Stemmer, J., Bussmann, D. & Rathgeb-Schnierer, E. (2013). Spielintegrierte Mathematische Frühförderung (SpiMaF). In G. Greefrath, F. Käpnick & M. Stein (Hrsg.), *Beiträge zum Mathematikunterricht 2013. Band 2* (S. 1146–1147). Münster: WTM.

Stern, E. (1998). *Die Entwicklung des mathematischen Verständnisses im Kindesalter.* Lengerich: Pabst Science Publishers.

Stiftung Bildungspakt Bayern (2007). *Das KiDZ-Handbuch. Grundlagen, Konzepte und Praxisbeispiele aus dem Modellversuch „KiDZ – Kindergarten der Zukunft in Bayern".* Köln: Wolters Kluwer.

Strübing, J. (2013). *Qualitative Sozialforschung. Eine komprimierte Einführung für Studierende.* München: Oldenbourg.

The National Council of Teachers of Mathematics (2000). *Prinziples and Standards for School Mathematics.* Reston: National Council of Teachers of Mathematics.

Tietze, P., Klika, M. & Wolpers, H. (1997). Mathematikunterricht in der Sekundarstufe II. Band 1: Fachdidaktische Grundfragen – Didaktik der Analysis. Wiesbaden: Vieweg.

Toulmin, S. (1996). *Der Gebrauch von Argumenten* (2. Aufl.). Weinheim: Beltz.

Toulmin, S. (2003). *The Uses of Argument. Updated Edition* (2. Aufl.). New York: Cambridge University Press.

Tournier, M. (2017). *Kognitiv anregende Fachkraft-Kind-Interaktionen im Elementarbereich.Eine qualitativ-quantitative Videostudie.* Münster: Waxmann.

Unterhauser, E. & Gasteiger, H. (2017). „Das ist ein Viereck, weil das hat 4 Ecken." – Begründungen von Kindergartenkindern bei Identifikationsentscheidungen für die Begriffe Viereck und Dreieck. In U. Kortenkamp & A. Kuzle (Hrsg.), *Beiträge zum Mathematikunterricht 2017. Band 2* (S. 981–984). Münster: WTM.

van den Heuvel-Panhuizen, M. (Hrsg.) (2001). *Children Learn Mathematics. A Learning-Teaching Trajectory with Intermediate Attainment Targets for Calculation with Whole Numbers in Primary School.* Utrecht: Freudenthal Institute.

van Luit, J. E. H., van de Rijt, B. A. M. & Hasemann, K. (2001). *Osnabrücker Test zur Zahlbegriffentwicklung.* Göttingen: Hogrefe.

van Nes, F. & de Lange, J. (2007). Mathematics education and neurosciences: Relating spatial structures to the development of spatial sense and number sense. *The Montana Mathematics Enthusiast, 4*(2), S. 210–229.

van Oers, B. (2004). Mathematisches Denken bei Vorschulkindern. In W. E. Fthenakis & P. Oberhuemer (Hrsg.), *Frühpädagogik international* (S. 313–330). Wiesbaden: VS.

VERBI Software (2019). MAXQDA [Softwareprogramm]. Berlin: VERBI Software. Verfügbar unter: http://www.maxqda.de

Voigt, J. (1984). *Interaktionsmuster und Routinen im Mathematikunterricht. Theoretische Grundlagen und mikroethnographische Falluntersuchungen.* Weinheim: Beltz.

Vollrath, H. J. (1980). Eine Thematisierung des Argumentierens in der Hauptschule. *Journal für Mathematikdidaktik, 1*(1), S. 28–41.

von Aster, M. (2005). Wie kommen die Zahlen in den Kopf? – Ein Modell der normalen und abweichenden Entwicklung zahlenverarbeitender Hirnfunktionen. In M. von Aster & J. Lorenz (Hrsg.), *Rechenstörungen bei Kindern. Neurowissenschaft, Psychologie, Pädagogik* (S. 13–33). Göttingen: Vandenhoeck & Ruprecht.

von Aster, M. (2013). Wie kommen die Zahlen in den Kopf? Ein Modell der normalen und abweichenden Entwicklung zahlenverarbeitender Hirnfunktionen. In M. von Aster & J. H. Lorenz (Hrsg.), *Rechenstörungen bei Kindern. Neurowissenschaft, Psychologie, Pädagogik* (2. Aufl., S. 15–38). Göttingen: Vandenhoeck & Ruprecht.

von Aster, M., Schweiter, M. & Weinhold Zulauf, M. (2007). Rechenstörungen bei Kindern: Vorläufer, Prävalenz und psychische Symptome. *Zeitschrift für Entwicklungspsychologie und Pädagogische Psychologie, 39*, S. 85–96.

von Foerster, H. (1998). Entdecken und Erfinden. Wie lässt sich Verstehen verstehen? In H. Gumin & H. Meier (Hrsg.), *Einführung in den Konstruktivismus* (S. 41–88). München: Piper.

von Glasersfeld, E. (1987). *Wissen, Sprache und Wirklichkeit.* Braunschweig: Vieweg.

von Glasersfeld, E. (1997). *Wege des Wissens. Konstruktivistische Erkundungen durch unser Denken.* Heidelberg: Carl-Auer-Systeme.

von Glasersfeld, E. (1998). Konstruktion der Wirklichkeit und des Begriffs der Objektivität. In H. Gumin & H. Meier (Hrsg.), *Einführung in den Konstruktivismus* (S. 9–40). München: Piper.

Vygotskij, L. S. (1979). *Denken und Sprechen (G. Sewekow, Übers. / Original erschienen 1934).* Frankfurt a. M.: Fischer.

Vygotskij, L. S. (1987). *Ausgewählte Schriften. In dt. Sprache.* Köln: Pahl-Rugenstein.

Walsch, W. (1975). *Zum Beweisen im Mathematikunterricht* (2. Aufl.). Berlin: Volk und Wissen.

Walsch, W. (2000). Zum Beweisen im Mathematikunterricht. *Mathematik in der Schule, 38*(1), S. 5–9.

Walther, G., Selter, C. & Neubrand, J. (2012). Die Bildungsstandards Mathematik. In *Bildungsstandards für die Grundschule: Mathematik konkret* (6. Aufl., S. 16–41). Berlin: Cornelsen.

Watson, J.B. (1924). *Behaviorism.* New York: Norton.

Weber, C. (2009). Spielzeit. In C. Weber, I. Weigl, I. Raschke & J. Kempf (Hrsg.), *Spielen und lernen mit 0- bis 3-Jährigen. Der entwicklungszentrierte Ansatz in der Krippe* (3. Aufl., S. 68–87). Berlin: Cornelsen.

Weinert, F. E. (2004). Vergleichende Leistungsmessung in Schulen – eine umstrittene Selbstverständlichkeit. In F. E. Weinert (Hrsg.), *Leistungsmessung in Schulen* (3. Aufl., S. 17–31). Weinheim: Beltz.

Weinert, F. & Stefanek, J. (1997). Entwicklung vor, während und nach der Grundschulzeit: Ergebnisse aus dem SCHOLASTIK-Projekt. In F. Weinert & A. Helmke (Hrsg.), *Entwicklung im Grundschulalter* (S. 423–451). Weinheim: Beltz.

Weißhaupt, S., Peucker, S. & Wirtz, M. (2006). Diagnose mathematischen Vorwissens im Vorschulalter und Vorhersage von Rechenleistungen und Rechenschwierigkeiten in der Grundschule. *Psychologie in Erziehung und Unterricht, 53*, S. 236–245.

Weltzien, D., Prinz, T. & Fischer, S. (2013). Spiel und kindliche Entwicklung. *kindergarten heute. Themenheft zu fachwissenschaftlichen Inhalten. Das Spiel des Kindes*, S. 4–17.

Wember, F. B. (1989). Die sonderpädagogische Förderung elementarer mathematischer Begriffsbildung auf entwicklungspsychologischer Grundlage. Das Beispiel des Zahlbegriffs. *Zeitschrift für Heilpädagogik, 40*(7), S. 433–443.

Wertsch, J. V. (1991). *Voices of the mind. A sociocultural approach to mediated action.* London: Harvester Wheatsheaf.

Wheeler, D. H. (Hrsg.) (1970). *Modelle für den Mathematikunterricht in der Grundschule.* Stuttgart: Klett.

Williams, L. (1994). Developmentally Appropriate Practice and Cultural Values. A Case in Point. In B. L. Mallory & R. S. New (Hrsg.), *Diversity and Developmentally Appropriate Practices. Challenges for Early Childhood Education* (S. 137–165). New York: Teachers College Press.

Winter, H. (1975). Allgemeine Lernziele für den Mathematikunterricht? *Zentralblatt für Didaktik der Mathematik, 7*, S. 106–116.

Wittmann, E. C. (2006). Mathematische Bildung. In L. Fried & S. Roux (Hrsg.), *Handbuch der Pädagogik der frühen Kindheit* (S. 205–211). Weinheim: Beltz.

Wittmann, E. C. (2004). Design von Lernumgebungen zur mathematischen Frühförderung. In G. Faust, M. Götz, H. Hacker & H. G. Roßbach (Hrsg.), *Anschlussfähige Bildungsprozesse im Elementar- und Grundschulbereich* (S. 49–63). Bad Heilbrunn: Klinkhardt.

Wittmann, E. C. & Deutscher, T. (2013). Mathematische Bildung. In L. Fried & S. Roux (Hrsg.), *Handbuch Pädagogik der frühen Kindheit* (3. Aufl., S. 210–216). Berlin: Cornelsen.

Wittmann, E. C. & Müller, G. N. (1988). Wann ist ein Beweis ein Beweis? In P. Bender (Hrsg.), *Mathematikdidaktik – Theorie und Praxis. Festschrift für Heinrich Winter* (S. 237–258). Berlin: Cornelsen.

Wittmann, E. C. & Müller, G. N. (2009). *Das Zahlenbuch. Handbuch zum Frühförderprogramm.* Stuttgart: Klett.

Wittmann, E. C. & Müller, G. N. (2012). Muster und Strukturen als fachliches Grundkonzept. In G. Walther, M. van den Heuvel-Panhuizen, D. Granzer & O. Köller (Hrsg.), *Bildungsstandards für die Grundschule: Mathematik konkret* (6. Aufl., S. 42–65). Berlin: Cornelsen.

Wittmann, G. (2018). Beweisen und Argumentieren. In H.-G. Weigand et al. (Hrsg.), *Didaktik der Geometrie für die Sekundarstufe I*. (3. erw. und überarb. Aufl., S. 21–42). Berlin: Springer Spektrum.

Wolfgang, C. & Stakenas, R. G. (1985). An Exploration of Toy Content of Preschool Children's Home Environments as a Predictor of Cognitive Development. *Early Child Development and Care, 19*(4), S. 291–307.

Wood, T., Williams, G. & McNeal, B. (2006). Children's Mathematical Thinking in Different Classroom Cultures. In *Journal for Research in Mathematics Education, 37*(3), S. 222–255.

Wullschleger, A. (2017). *Individuell-adaptive Lernunterstützung im Kindergarten. Eine Videoanalyse zur spielintegrierten Förderung von Mengen-Zahlen-Kompetenzen.* Münster: Waxmann.

Wynn, K. (1992). Addition and subtraction by human infants. *Nature, 358,* S. 749–750.

Xu, F. & Arriage, R. I. (2007). Number discrimination in 10-month-old infants. *British Journal of Development Psychology, 25,* S. 103–108.

Xu, F. & Spelke, E. S. (2000). Large number discrimination in 6-month-old infants. *Cognition, 74*(1), S. B1–B11.

Xu, F., Spelke, E. S. & Goddard, S. (2005). Number sense in human infants. *Developmental Science, 8*(1), S. 88–101.

Printed in the United States
by Baker & Taylor Publisher Services